ものと人間の文化史
158

鮪（まぐろ）

田辺　悟

法政大学出版局

金桜神社に奉納されている「マグロ建切網」の絵馬（縦52cm，横82cm．明治時代に沼津在住の絵師，一運斎国秀が描いた．沼津市歴史民俗資料館提供．13頁参照）．

油壺沖の定置網によるマグロ漁（昭和 5 年・1930年．いずれも松崎発行の絵はがきより）．

房州白浜のマイワイ（大漁祝着）に描かれた五人囃子の「腰型」．左下の扇に鮪の文字がみえる（旧文部省資料館蔵．17頁参照）．

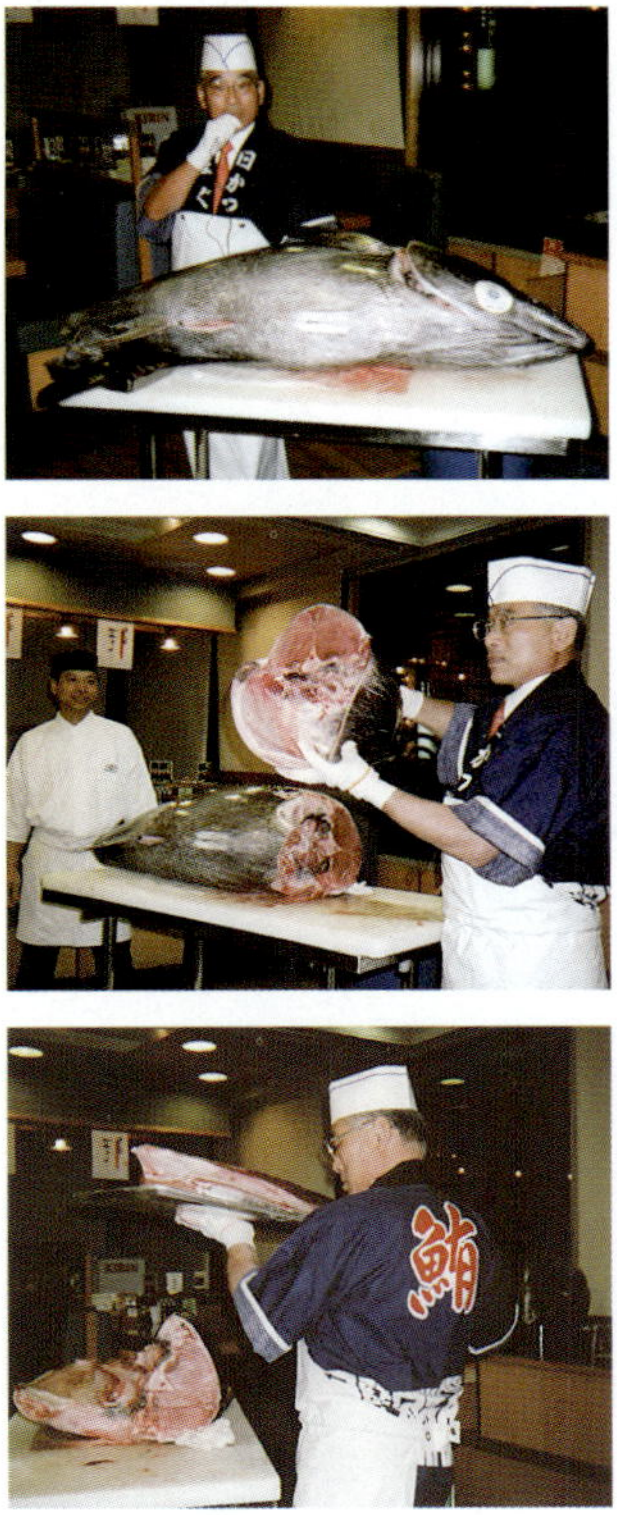

76キロの本マグロ（高知産畜養クロマグロ）の解体（93頁参照）.

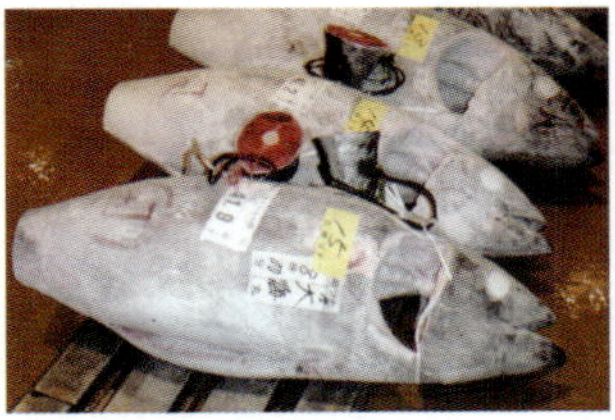

冷凍マグロは外見からは品質の判断がしにくい．仲買人は「しり尾」の切りおとした部分で良し悪しを判断する（311-2頁参照）.

1950年頃から母船式漁法による冷凍マグロの水揚げがはじまった（三浦三崎港．及川竹男氏撮影）.

入札前の魚市場（三浦三崎）.

「紀伊国北牟婁郡矢口浦ノ捕魚ノ図」．浜で働く女性が三人、頭に板を乗せ、その上にマグロを一匹ずつ乗せて頭上運搬している（『三重県水産図解』より．70頁参照）．

キハダマグロの切手（ガンビア共和国）．

出航するマグロ漁船に贈った三浦市のタバコのパッケージ．

大西洋マグロの釣果．ロードアイランド州ジュディスにて（Wikimedia Commons より）．

＊目 次＊

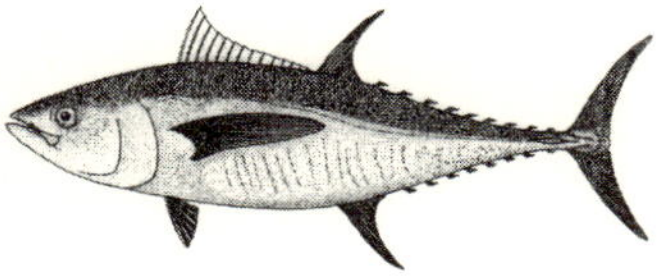

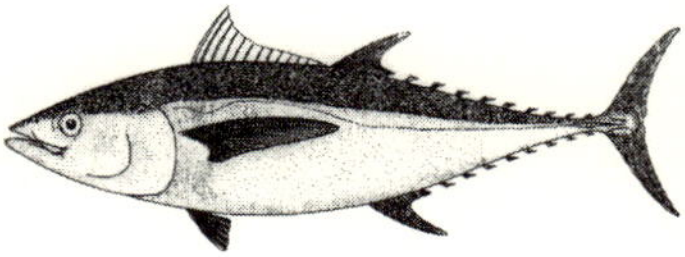

凡例

一、引用文および固有名詞は、原文がすべて旧字体であっても、旧字体と新字体で大幅に字形の異なるもの（澤と沢など）のみを旧字体とし、その他は新字体とした。また、読みやすさを考慮し、特に断りなく句読点、中黒、濁点、ルビを補った箇所がある。

一、引用原文中の「　」は、〈　〉に換えた。

一、引用文中の〔　〕内は、筆者（田辺）による注記、あるいは補足である。

プロローグ

「マグロと人間《ヒト》との関わり」について、あらためて考えてみると、人間《ヒト》はこれまで、ただひたすらマグロを捕（獲）りつづけ、食材に供してきたにすぎない。

その一連の行為は、人間《ヒト》の一方的としかいいようがなく、結果的に人間《ヒト》はマグロを餌食として消費してきただけということになろうか……。

しかし、もう少し立ち入って考えてみると、「ただ、それ（消費）だけ……にすぎない」ように思われる食料に供するという行為の中にも、「食」以外の別の関わりをみいだすことができる。

このマグロと人間《ヒト》の永いあいだの歴史的関係から、消費だけではない関わりが生まれ、育ってきたことがあることもみのがせない。そこにみえてきたものが「文化」なのだといえよう。

しかも、その文化の内容は、マグロに関わる食文化だけにとどまらない。

わたしたちが個人・集団をとわず、自分たちの希求する、あらゆる理想を実現するために、意識すると、しないとにかかわらず、日々努力する営み、プロセス、あるいはその成果（結果）を「文化」あるいは「文化遺産」であると規定すれば、衣食住の中の「食」は歴とした文化として位置づけることができうる。したがって、人間《ヒト》が生きていくための「食生活」と「料理・調理」とはやや別ものだ。

テーマの「マグロ」は、上述したように、人間《ヒト》によって、まず、食に結びつくため、「文化史」といっても、「食文化」が中心的内容になるのは、やむを得ない。

とはいえ、拙著はできる限り、マグロを消費（食文化）以外の切り口・接点でとり込み、食文化とは別の文化的な側面からクローズアップさせて扱い、さらに強調・力説していこうと試みた。

しかも、その内容は、マグロに関わる生物学、栄養学、自然史的要素や動物誌的な側面からの内容記述ではなく、あくまでも人間《ヒト》との関わりに重点をおくように心がけた。それゆえに、内容は、マグロに関わる漁撈（業）伝承・習俗、民俗（生活）文化の伝統、さらには、歴史的背景として、古文献・古文書等にみられるマグロ関係の史実を中心に、その系譜を探るようにした。

あわせて、江戸期以降、明治時代から大正期にかけておこなわれていた沿岸（近海）におけるマグロ漁の実証的な漁法を聞取り調査の結果により、具体的事例としてあげ、明らかに示すように務めた。

また、マグロと人間《ヒト》との文学・芸術文化的な分野はもとより、非文字資料（絵画・彫刻等）の内容にもたちいり、装飾・工芸品や象徴的側面（鋳造貨幣、切手など）にも関わりを求めた。

上述のように、「食文化」に関わる比重・割合が大きいため、この分野の内容（項目）を加えなければならないのは当然のことであるゆえ、マグロの調理（料理の種類・内容、レシピ、メニュー）等については意図的に割愛したが、わが国における伝統的ともいえる食文化の鮨（鮓・寿司）に関わる若干のテーマを設定し、付した。

本来ならば、マグロの生物学的な分類「マグロ一族の系譜」（二三五頁）は序章であつかうべきかとも思ったが、「文化史」であるため、あえて、後章にまわしたことを付言しておきたい。

I　綜合・芸術文化とマグロ

マグロを描いた人々

人間《ヒト》が文字を書いたり、絵画を描いたりする行為は、人間《ヒト》にとって最も特徴的な行為であり、文化の象徴ともいえよう。

そうした意味から、マグロと人間《ヒト》との関わりの歴史とその文化を明らかにすることにより、結果的に残された文字による記録（資料・史料）や絵画は、文化遺産として重要である。したがって、文化史を語り、文化誌を編むうえで、最も価値があるといえるのではなかろうか。

人間《ヒト》が自分の興味あるものや、関心の深いもの、あるいは理想を求める対象となるモノを文字で表記し、とどめようとしたり、絵画に描いてみようと努力する営みや行為そのものは、人間《ヒト》のできる、あるいは人間《ヒト》としての最も初原的な文化活動の一つであるといえる。

しかし、その結果が文学的内容であるか、あるいは芸術的に高い水準に達しているかなどは個人的な才能、力量等にゆだねられているので、その評価はまた別のものだといわざるをえない。

ようするに、表記したり、描いたりする行為は、最も初原的な行為で子供にもできるが、文学的、あるいは美術（芸術）的等に価値があるかどうかは別なのだ。だが、行為そのものは最も文化的な営みだと位置づけられよう。

ところで、今日のように、映像、写真、動画のたぐいを簡単に製作することや、入手することができにくかった時代にあっては、モノやコトの姿形（実像）を伝えるには、スケッチすることにより、スケ

上／ビーグル号（中央）
左／30歳前後のダーウィン（G. リッチモンド画）
いずれも Wikimedia Commons より

ッチ画を残すことが重要な仕事の一つであった。

今日、残された、伝えられている貴重な非文字資料（史料）としての膨大な『図譜』や『図説』をはじめとする絵画資料（史料）、古文献等に挿絵として紹介、利用されてきたこれらの文化遺産の多くは、「地理上の発見」とよばれる時代に象徴、代表されるように、以後、世界（地球）規模での博物学的発見をめざし、競って世界のすみずみまで探検家や航海者を送り出したヨーロッパ列強の国々によって刊行され蓄積されたものが圧倒的に多い。

それゆえ、数多くの探検家や航海者は、必ず画家や博物学者を同行させ、現地の風景や人々の暮らしの様子はもとより、めずらしい動植物、地形・地質、記念物、遺跡などを写生させている。まだ、写真技術が普及する以前の話だ。

たとえば、一八三一年にイギリス軍艦ビーグル号は、ロバート・フィッツロイ艦長の下にチャールズ・ロバート・ダーウィンを上（乗）船させたことにより、のちに五年後、帰国してから『ビーグル号航海の動物学』をはじめ『種の起源』の高著や多くの学術論文を残したことで知られている。

ペリーの浦賀（久里浜）上陸を描いたヴィルヘルム・ハイネ

また、その後の一八五三年に来航したマシュー・カルブレイス・ペリーは『日本遠征記』を刊行したが、遠征にあたり、画家のヴィルヘルム・ハイネを同行させている。ハイネは異常なほどに速筆のスケッチ画を描く技能をもっていることで若い頃から定評があった人物として知られている。

ハイネの描いたスケッチの原画は、アメリカ（ロードアイランド州）のアナポリスにある米海軍兵学校内の附属博物館に多数保管されている（二一四頁図絵参照）。

幕末・彦根藩士が描いたマグロ

江戸時代の末期、弘化・嘉永（一八四四～五三年）の頃、鎖国中の、わが国沿岸に外国船が頻繁に現われるようになったことは、ご存知の通りである。

そのような状況に、幕府は驚き、あわてて各藩に命をだし、全国の沿岸警備（海防）を強化した。

この不安な時代の潮流の中で、江戸湾の咽喉ともいえる三浦半島の南部（旧三浦郡上《かみ》宮田村）には、弘化四年（一八四七年）に、井伊直弼《なおすけ》により、彦根藩が上宮田陣屋をおいた。その地は江戸湾に面した村で、現在の京浜急行・三浦海岸駅に近い。そこは本陣（営）であった。そして、三浦三崎（原村）に

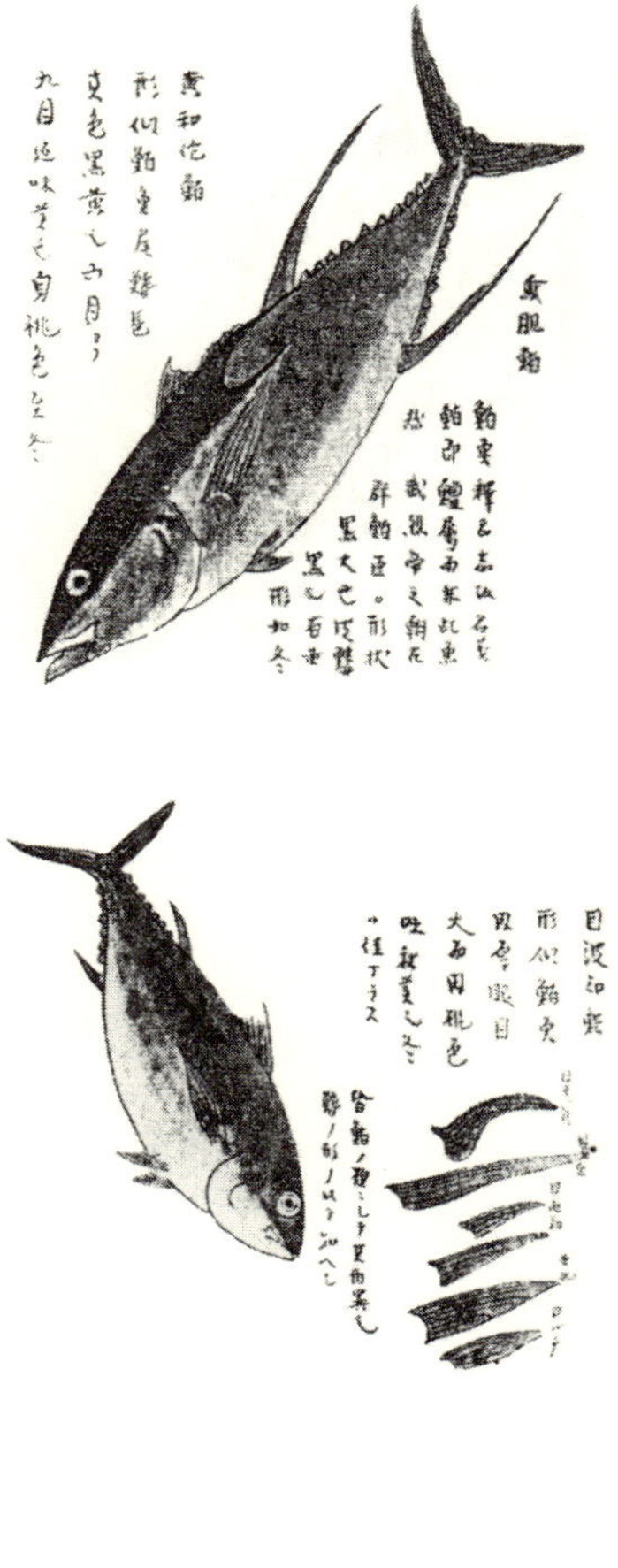

『相模灘海魚部』のマグロの図
右上から，マグロ（クロマグロ），キハダマグロ（黄和陀鮪，黄肌鮪），メバチマグロ（目波知鮪）．左上から，メジカ（クロマグロの若魚），ヒレ長（ビンナガ，ビンチョウ）

は分陣（営）がおかれた。

　この時、彦根藩から海防のために、三浦三崎に赴任してきた藩士の一人に村山長紀《ながのり》がいた。彼は「銃隊長」の任にあったが、公務の閑をみては「行人」（旅人）として、海辺の魚類等について興味をもったと自著『相模灘海魚部』の後書《あとがき》に記している。

　内容は魚類など一六〇種類ほど、イカ、タコ、カニ、エビなど約三〇種類、貝類など約二〇種類が主なものである。その他には海獣のアシカがいたり、クジラ類（イルカも含めて）もいれば、カッパや人魚までも……。

したがって、信憑性ということになると怪しい。

しかし、その中にマグロ類が五種類ほど紹介されているので、ここでご登場を願ったというしだいである（前頁の図参照）。

なお、同原史（資）料は彦根城の井伊家文書として保管されており、「干時《このとき》嘉永元年（一八四八年）七月　林正義令写　村山長紀述」とみえる。

マグロ類に関しては、その他の項目などとちがい、かなり、しっかりした記述があるのでテーマに即し、図譜のみを以下に紹介しよう。

その内容は、マグロ（クロマグロ）、キハダマグロ（黄和佗鮪、黄肌鮪）、メバチマグロ（目波知鮪）、メジカ（クロマグロの若魚）、ヒレ長（ビンナガ、ビンチョウ）である。

『グラバー図譜』にみるマグロ

四艘の黒い艦隊（ペリー Matthew C. Perry の艦隊）が浦賀沖にあらわれたのは嘉永六年六月三日（一八五三年七月八日）のことであるから、『相模灘海魚部』が描かれた五年後のことになる。

前出の現存する数多い動物全般や魚類等の海産生物、博物学的内容の図譜のうち、わが国の魚類図譜に関するものの一つとして注目すべきものに『日本西部及び南部魚類図譜』がある。

同図譜は、およそ二五年間をついやし、長崎に在住していたトーマス・アルバート・グラバークロマグロ（萩原魚仙画）.
倉場（グラバー）氏がつけた和名「くろしび」

キハダ（萩原魚仙画）.
倉場氏がつけた和名「きわだ」

コシナガ（中村三郎画）.
倉場氏がつけた和名「こしなが」

コシナガ（長谷川雪香画）.
倉場氏がつけた和名「うししび」

『グラバー図譜』のマグロ（長崎大学附属図書館所蔵）

(Thomas Albert Glover, 1870-1945. 倉場富三郎)によって編纂された。彼はグラバー邸で名高いイギリス人貿易商トーマス・ブレーク・グラバー(Thomas Blake Glover, 1838-1911)の子息である。

一般には『グラバー図譜』の名で呼ばれるこの図譜は、長崎近海の海産魚類、エビ、タコ、イカ、カニなど約八〇〇種を日本人画家の中村三郎、長谷川雪香、萩原魚仙たちに描かせたものだ。当時はすでに写真技術が発達していたが、画家たちによる精密な描写、正確なスケッチ、色彩など極めて美しく、映像(写真機による)とは別の価値が認められており、美術的にも高い評価をうけている内容の図譜である。

港街長崎を一望にみわたせる高台の景勝地にグラバー邸はある。今日では、観光客が一年中たえない長崎のビュースポットであることは、ご存知の通りだ。

なお、父であり「グラバー商会」の創立者であるトーマス・ブレーク・グラバーは安政六年(一八五九年)に来日。初期には日本茶の加工輸出などが主であったが、のちに武器や艦船の輸入などを手がけ、財をなした。日本人女性と結婚。東京麻布の自宅で死去した。

ここに紙上にて、同図譜を所蔵する長崎大学附属図書館の許可を得て、マグロに関わる種類を読者諸氏に広く紹介したい(前頁)。

『三重県水産図解』のマグロ

外題に『三重県漁業図解』とあるこの図説は、明治一六年に東京の上野公園で開催された、わが国に

シビ・鮪
「方言（ビンナガ）是ニ図スル者ハ南牟婁郡邉ニテ（目バチシビ）或ハ（ダルマシビ）ト云」とみえる．ダルマシビの方言が面白い（『三重県水産図解』より）

おける第一回の水産博覧会に出品するために三重県が製作したものである。三重県では、この貴重な文献を『三重県水産図説』とともに、昭和四四年に県の有形民俗文化財に指定した。

以前、筆者は文化庁の紹介で、三重県津市にある県庁へおもむき、同書の撮影をさせていただいたことがあり、その時拝見した「ムッチリと太ったマグロ」の絵図が眼底に焼きついている。そして今日でもその絵図が、写真の印画紙と同じように、昨日、拝見したかのように鮮明に残っており、よみがえるのだ。それほど「太ったマグロ」はインパクトが強かった。

同図解は、のちの昭和五九年（一九八四年）、全五冊を合冊し、内題の『三重県水産図解』を生かして表題とし、鳥羽市にある財団法人東海水産科学協会の「海の博物館」より編集発行された経緯がある。

もとより同図解は本文の序に「三重県水産図解」とあるのだが、水産博覧会の終了後、県に返された折、県で永久保存をするために表装するにあたって、「三重県漁業図解」の外題を付したにすぎないため、序にある内題に改めたものなのである。

同図解原書はＢ４判大形の著で五巻五冊から成る。解説を担当した編著者は県勧業課勤務の八等属早田秀純、絵図担当者は三重県等外一等出仕《しゅっし》（民間から出て官につかえる員外官をいう）の櫻井金次郎であった。そして、

「大マグロ」の図（木村静山画『魚類写生図』より）

解説の補佐役は九等属の石井勇二郎があたった。

画図担当の櫻井金次郎が描いた、みごとな絵図はもとより、解説の内容をみると、現地の自然状況を正確にとらえて描き、あわせて聞取りによる実態調査を詳細におこなっている。その結果、第一級資料による解説であることがわかる。

リアス式海岸の多い三重県内の海岸線であり、島嶼も多い。当時はまだ交通の便も悪かったことを思えば、関係者の苦労は察するにあまりある。

こうした努力がなければ、「ムッチリと太ったマグロ」の絵図も残らなかったであろう。マグロが紙上で、今でも生きているのだ。そして、その生きたマグロに、次のような記事がそえられている。

「漢名ハ金鎗《そう》魚（典拠不詳）方言（ビンナガ）是ニ図スル者ハ南牟婁郡邉ニテ（目バチシビ）或ハ（ダルマシビ）ト云」とみえる。

『魚類写生図』の大マグロ・他

木村静山が描いた「大マグロ」が『魚類写生図』の中に掲げられている。図には上掲のように「大マグロ」とあるが、「クロマグロ」であることはまちがいなかろう。現在、この写生図の原図は、国立国会図書館が所蔵している。

この他にも、マグロを描いた図絵に関しては多くの作品が現存し、それらの作品を探索することは可能である。しかし、本書においては以上の紹介にとどめたい。

「絵馬に描かれた」マグロ

現在、武蔵野美術大学の教授で、以前、静岡県沼津市の歴史民俗資料館に勤務されていた神野善治氏による次の調査報告がある。

「沼津市内浦湾に面した静浦口野の金桜神社には三点、マグロを捕獲している様子を描いた絵馬が奉納されている」と(「漁村の絵馬ノート——静岡県東部を中心に」)。

「マグロを描く」ということに関連して、ぜひ取り上げなければならないものの一つに上掲の「マグロの絵馬」がある。

金桜神社に奉納されている三点のうちの一枚の絵馬は明治四〇年(一九〇七年)に「東組西組両網中」が奉納したもの。「十一月吉日」ともあり、縦五二センチ・横八二センチの大きさ。

絵馬の中央には、頂《いただき》に金桜神社の社殿が描かれ、山道(参道)には満開の桜が咲きほこり、一の鳥居から三の鳥居までみえる。「金桜」の名にふさわしい情景(場景)だ。

手前には海岸まで迫った山裾の磯近くまで、おびただしい数のマグロ群が、一方向(東)を向いて泳ぎ、まるでマグロが金桜神社へ参詣におとずれているようにみえる。漁師たちが網船でそのマグロを磯

金桜神社に奉納されている「マグロ建切網」の絵馬（縦 52cm，横 82cm．明治時代に沼津在住の絵師，一運斎国秀が描いた．沼津市歴史民俗資料館提供）

場へ追い込んでいる様子も。

絵馬に描かれてるいる場所は、伊豆国との境にある「イカツケ」とよばれるアンド（漁場）で、中央の岩は「代官岩」と呼ばれ、韮山代官の江川太郎左衛門がしばしば訪れたことがあり、この岩の上でマグロの建切網漁の様子をご覧になったという伝説のある場所だという。

また、この絵馬には、村の故老や子供たち、それに母親が、壮観なマグロ漁の様子を見ているところや漁船など、かなり多くの情報がつまっている（写真参照）。

山の中腹や浜などには三カ所に藁葺きの小屋が見えるが、これは「魚見」のための小屋で、毎年マグロの漁季になると、魚見役のベテラン漁師や経験豊富な故老がここに登ってきて、魚群の来るのを発見すべく見張りをおこなったり、知らせたりする所である。マグロの群れが来るのは海鳥の動き（鳥つき）や、海面の色あい、波の立ち具合

同前（部分．この絵馬に描かれたマグロの群を筆者が数えたところ，百尾〈本〉以上におよんだ）

などで判断したという。

毎年、大瀬神社の祭礼が終る時期（沼津市西浦大瀬岬・大瀬神社船祭・四月四日）になるとメジ（メジマグロあるいはメジカともいうホンマグロの若魚）がやって来た。やがて夏になるとクロマグロ（ホンマグロ）やキハダマグロが来る。そして、晩秋になるとホンマグロの大きくなったシビ（シビマグロ）がやってきた。こうしたマグロを捕獲する漁網が建切網であった。

マグロの建切網は「立切網」とも表記される。ついでながら、漁網も「魚網」とも。これらのマグロ網は、一般的には「大網」の名で総称されてきた。

漁網の大きさは地域により異なるが、『静岡縣水產誌』によると、張置網とよばれる長さ四三〇尋もある網を、水深二五尋ほどの沖合に張り、魚群の通り道を遮断して、マグロの群を陸地の方向に誘導し、さらに大網、小網、大囲網、口塞網、取網、寄網、しめ網、まき網などの名でよばれる各網でマグロの群を追いつめ、陸に引きあげるという網漁である。

今日では旧廃漁業となってしまった「マグロ建切網漁」も、金桜神社に奉納されている絵馬が無言のうちに、過去の繁栄した浦の姿を語ってくれる。

なお、この絵馬は、明治時代に沼津に在住していた絵師の一運斎国秀（菊池金平）の筆によるものであるという。

マグロの大漁を描く――マイワイ（万祝）

海付きの村や街では、ある日突然、「豊饒の海」の恵みにより大漁があり、浜や港は活気に満ちあふれることもあった。しかし、何年待っても豊漁に結びついた「晴れの日」がやってこない村や街も多くあった。

こうしたちがいは、捕獲対象の魚種・漁法によるほか、漁獲対象物の移動に関わる自然的・地理的条件に関わることが多い。

南関東では房総半島沿岸のイワシ漁（大地引網漁）は春と秋、三浦半島や伊豆半島の相模湾側では初夏のカツオや入梅マグロ（キハダマグロ）、小田原方面では冬のブリ漁、マグロ漁というように季節によって、晴れの日（大漁）が多い村や街もあった。

「漁村」や「漁師街」で、俗に千両・万両といわれるような大漁に恵まれたとき、マイワイ（マンイワイ）とよばれる大漁の祝いごとがおこなわれた。「マ」または「マン」という語彙が「運」または「幸運」という意味をもった言葉であることは、よく知られているが、この言葉や意味が地域により、かなり訛って「マイウェイ」と発音されたり、転用されて使われたりしている場合が多い。

しかし、「マイワイ」の本来の意味は、恵まれた大漁（豊漁）に際しての祝（大漁祝）そのもののことを称していた。

予想した以上の漁獲があったとき、船主や網元、あるいは漁師仲間の共同出資による網株仲間などの漁業経営者が、関わりのある船子（水夫）や網子（仲間など）を集め、大漁を祝い、祝宴を催した。その規模、範囲はいろいろで、漁獲高が多い時には家族や親戚を招くこともあった。その祝いの宴席そのものを「マイワイ」（萬祝・万祝）と称した。後に、それが、その宴席で「引物《ひきもの》」（ひきでもの。特に個々のお膳にそえて出す肴や菓子などの土産品が、のちに記念品に変わった）として、揃いの半纏（大漁祝着・萬祝着）を出したので、もともとは「マ」を「イワウ」（間がいい）の意味である言葉が時がたつにつれて大漁祝の宴席で出す引物の半纏（反物）を「マイワイ」「マンイワイ」と呼ぶようになったのである。したがって、大漁祝といっても、それほど漁獲高の多くない大漁の宴席で出される「手拭」や「帯」「浴衣（地）」など、すべての引物にあてられた言葉であった。

宮城県の気仙沼地方では、東日本大震災がおこる前のごく最近まで、引物の半纏に、船主や網元の家名や屋号などが入っていることから、この半纏を「看板」と呼んできた。こうしたことからも、転用されてきたいきさつがわかる。近年では半纏や反物にかえて、作業用のジャンパーや帽子が引物として出され、これまたネーム入りである。

伊豆七島の八丈島では「大漁着」と呼び、「島ではやっていなかったが、房州のを真似して始めた。染めは房州の白浜や富津へ注文した」（田原久『八丈島報告書』）という報文がある。千葉県富津の染物屋（小林栄一氏宅）に、八丈島へ売りに出したという郵便ハガキの記録があり、このことを裏書きしている。

わが国における「マイワイ」に関わる漁業の習俗は、千葉県九十九里におけるイワシの地引（曳）網をおこなっていた網主たちが、互いに競って派手な大漁祝（マイワイ）をおこなったことに由来する。

今日までのところ文化年間（一八〇四〜一七年）頃にはじまったとされている。したがって、江戸時代でもそれほど古くからのことではないらしい。

こうした漁撈習俗は黒潮の流れに沿って伝播し、東日本の太平洋沿岸では千葉県（房総半島）から北の沿岸へ、茨城県、福島県、宮城県、岩手県、青森県につたわり、名称（呼び名）もカンバン、ハンテンなどに変化していった。北海道の一部ではハンテン（半纏）と呼んでいる（『日本の民具』第三巻、慶友社）。

また、千葉県から西南方面にかけては東京都（伊豆七島を含めて）、神奈川県、静岡県に分布し、いずれもマイワイと呼ばれている地域が多い。

ところが、愛知県以西においては「大漁祝着」が伝わっているという報告は、筆者の知るかぎり、今日までのところ知られていない。

しかし、愛知県知多半島の南端、羽豆《はづ》神社に氏子が奉納する踊りの衣装としての「踊りゆかた」があり、この浴衣の派手なデザインは大漁祝着に共通するものがあるため、影響をうけたものかもしれない。あわせて、日本海側には、このような大漁祝着に関わる習俗はまったくといってよいほどない。

「マイワイ」「マンイワイ」は一般に「萬（万）祝」「間祝」「真祝」「前祝」「舞祝」が漢字としてあてられているが、いずれも当て字にすぎない。大漁祝のことも「マイワイ」「マンイワイ」と呼ぶことは、逆に不漁なおしのことを「マナオシ」あるいは「マンナオシ」ということからもわかる。

千葉県旭市の岩井家の史料によれば、安政二年（一八五五年）の秋から明治二八年（一八九五年）の春までの七〇年間に、同家では一四回、イワシ大地引網による大漁に恵まれ、マイワイをおこなった史料が残っている（山口和雄『九十九里舊地曳網漁業』アチック・ミューゼアム）。
近世の史料（三井文庫編『近世後期における主要物価の動態』東京大学出版会、一九八九年）によれば、安政二年春における米一石は銀で一一三匁（金で約二両）、同年秋の物価は米一石が銀九三匁（金で約一・五両）、酒一石は同年春に銀二五一匁、同年秋に銀二五三匁、塩一石は同年春に銀三四匁、同年秋に銀三三匁五分とみえる。

当時は、金一両がおよそ銀六〇匁にあたっていたので、安政二年における岩井家のマイワイ代六五両が、いかに多額の出費であったかを伺うことができる。すなわち、米一石が金で約二両として計算すると、六五両あれば米が約三二石購入できることになる。四斗俵で算出すると八〇俵の米を購入できるマイワイの額になる。

三浦三崎の事例をみると、明治二〇年頃、三崎二町谷《ふたまちや》の「半次郎丸」がマグロ流し網漁やサンマ流し網漁でマイワイをおこなったことがあった。また、三崎の城ヶ島では、大正九年と大正一三年の二回、アジ巻網漁で、城ヶ島の網株仲間である「マルシン」（丸新）がマイワイをおこなったことがある。三浦半島における、マイワイの宴席で引物とした反物は千葉県の勝山、館山、鴨川などに注文して染めたものがほとんどである。

大正一二年、鴨川の山田染物店「万祝注文受取帳」（千葉県安房郡白浜「海洋美術館」柳八十一氏所蔵資料）によれば、「相州三崎町　梅原商店　セ紋ツル　モヨー五人立　地色真鼠　三〇〇　十反　セ紋金ジク　モヨー三福神　十反　〆《しめて》六〇円也」と記されており、上記のように「房州へ注文して染めた」という聞書きを裏づけている。

三浦三崎をはじめ三浦半島の下浦《したうら》地方では、マイワイの宴席で、引物に反物が出されると、それを各自が仕立て、一同は大漁のお礼参りに「大漁祝着」（マイワイ着）を打ち掛けのように着て（羽織り）、揃いの新しい手拭いの鉢巻きをしめ、氏神をはじめ、武山不動尊、成田山、日光、大山の阿夫利神社や、なかには大正五年の小田原の事例のように、遠く伊勢神宮へ出かけ、ハレ（晴）の日を祝い、さらなる大漁満足・航海安全を祈願した。

三浦半島では毎年「武山の初不動尊」御開帳の一月二八日には大漁祝着（マイワイ）を打ち掛け、マグロ船の乗組の者たちがそろって、大漁のお礼参りと今後の大漁祈願、航海の安全、家内安全等に威勢よくやってくるのを羨望のまなざしでみたものだということを聞いたことがある。

また、三浦三崎に在住していた郷土史研究家の内海延吉氏も、『海鳥のなげき』という自著の中で、次のように述べている。

「千両祝とはヤンノ（マグロ延縄漁船）の水揚げが千円に達したときの祝いのこと。このとき親方はマイワイの着物を船方に着せたものだが、その頃なかなか千円の水揚げはできなかったようだ。給金乗りのマグロ船の千両祝の慣行は、マグロ、メダイ、ムツを組み合わせた三崎の〈大テントウ〉にも移って同様のことが行われ、マイワイの反物は漁期の〈シマイ勘定〉の酒宴の引出物として配られた。この着物を三崎ではマエ

神奈川県水産試験所船「相模丸」の「背型」（背紋ともいう）がついたマグロの大漁祝着・マイワイ（横須賀市自然・人文博物館蔵）

右／「腰型」の扇に鮪の文字が，その右に「五人囃子」四人の顔と五人の足がみえる（横浜市歴史博物館蔵．神奈川県立博物館の平成 19 年特別展「大漁の証　万祝」より）
左／「鮪大謀」網のカンバン（石巻文化センター蔵）

イワイと言っているが、マイワイの訛言で、漁がマだ〔マは漁を意味する〕。〔あるいは漁の〕マがいい悪いのマ（間）の意味であろう。」

大漁祝着の絵（図）柄は、華やかなものが多い。染物屋は、おもに房総半島沿岸における富津町、鋸南《きょなん》町、館山市、白浜町、鴨川市、天津小湊町、勝浦市、御宿《おんじゅく》町、大原町、岬町、銚子市などの紺屋《こうや》に注文して製作されたものが多い。

染めるときは型紙を用いた「型染」で、「筒染」といわれる友禅染の技法と同じである。人物の表情など、こまかい部分は専門の職人が手で直接描くことが普通だ。

万祝着の文様（模様）は藍地を主に「背型」と「腰型」とよばれる文様が描かれている。

「背型」は背中にあたる部分の文様で、多くは空を舞う鶴を中心にすえ、注文主の網元や船主の家紋が大きく染めぬかれており、その鶴がくわえた吹流しに、船名や注文主の屋号、名前などが記されているものが多い。

「腰型」の文様は大きく四分類することができる。

その第一は、生業や漁業に関するもので、マグロ、カツオ、イワシ、タイ、ブリ、アワビ、タイラガイなど、漁獲物や漁法、漁具などを描いたもの。第二は、吉兆、縁起のよいもので、鶴亀、注連縄《しめなわ》、松竹梅、恵比寿（須）大黒、七福神、宝船、宝珠、盃《さかずき》、扇、寿、熨斗《のし》、宝尽《たからず（づ）くし》などを描いたもの。第三は昔話や物語りの主人公をはじめ、人物を中心にしているもので、龍宮城に浦島太郎と乙姫や玉手箱に亀、高砂（翁《おきな》・媼《おうな》）、三人囃子、五人囃子、三番叟《さんばそう》、牛若丸と弁慶など。第四は、その他で、鷗、海鳥、岩礁、サンゴ、蕪《かぶ》（船や網の株の仲間を意味する）、鳳凰、キリン、唐獅子、牡丹、花魁《おいらん》道中などである。

マグロを描いた場合の事例としては、「浦島太郎―龍宮―亀―鮪―扇（大漁の文字）」や、その他に、「鮪―亀―鷗―三重盃―扇」などがある。

また、東日本大震災（平成二三年三月一一日）以前、宮城県石巻市南浜町の石巻文化センターには、三重格子の模様の地染に、鶴―家紋―鮪―鯛―流網―海鳥―扇（扇に鮪大謀の文字、袖の左右に大漁の文字）などを描いた「カンバン」があったが、津波による被害をうけたかどうかは確認していない。

マグロを描いた鋳貨

魚をデザインしたコインは古代ギリシア＝ローマ時代に鋳造・発行されたものが多く、中でも海獣のイルカをデザインした鋳貨が多いことはよく知られている。

かつて、田口一夫氏の高著『黒マグロはローマ人のグルメ』を拝読した際、「コインに描かれたマグロの絵」というタイトルに興味をおぼえた。

同書によると、「金貨に描かれたマグロは、紀元前三世紀から紀元二年頃まで、ジブラルタル海峡の近辺諸都市のもので、単純な魚のデザインだが、なぜ、マグロだとわかるのかというと、マグロ特有の背鰭と尾鰭の間にある小さい独立した背鰭を明確に描き、さらに黒マグロの特徴である小さい胸鰭を無視しているからである」という。

そこで筆者も拝読後、素人なりに、魚をデザインしたコインの中に、背鰭に特徴のあるものはないかと探してみたが、そう簡単にみつかるはずがないのは当然といえよう。

しかし、最近になって、『世界のコイン図鑑』をひらいてみると、クロアチアで一九九三年に製造・発行されたコインで、表に「マグロ」を、裏に国名、国章、額面をデザインした鋳貨（クーナ kuna. 複数形はクーネ kune）を目にした。その時は、子供の頃に細やかなものを見つけ、「大発見」をしたような気持をおぼえた時と同じように胸さわぎがするような童心が蘇ってきた。

このコインに描かれた魚の背鰭に特徴はまったくないが、表に「TUN」と記されている。

ちなみに、クロアチアは、一九九一年にユーゴスラヴィア連邦が解体して独立国となった。前掲書によると、「独立後、首都のザグレブで造幣局建設に着手し、一九九三年四月からコイン製造を開始。新貨幣制度実施は一九九四年だが、コインは製造開始の一九九三年から存在する」というから、マグロのコインはクロアチア独立後、最初につくられた記念すべき鋳貨といえよう。

なお、この際、裏面に関することも上述書により引用させていただくと、「クーナという貨幣の単位は、クロアチア語で小動物の〈テン〉を意味する単語で、中世ロシア、東ヨーロッパ地域ではテンなど小動物の毛皮が貨幣の役割を果たしていたことに由来している」とか。したがって、クロアチア・コイ

クロアチアのマグロのコイン（2 クーネ．直径 24.5mm，重さ 6g，素材は銅 65%，ニッケル 23.2%，亜鉛 11.8%．1993 年発行）

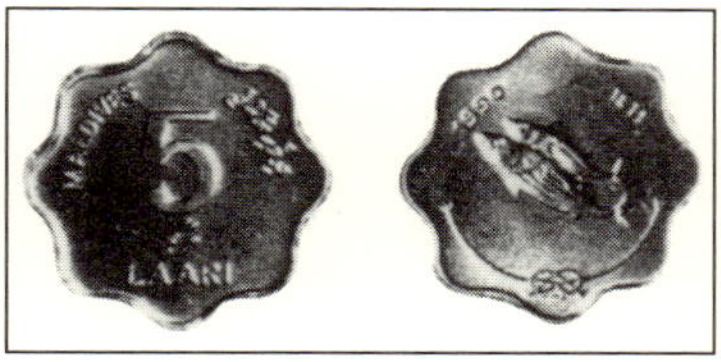

モルディブのマグロのコイン（5 ラーリ．長径 20.32mm，短径 17.7mm，重さ 0.95g，素材はアルミニウム 100%．1990 年発行）

ンのクーナ額面数字の背景で、元気がよさそうに跳ねているのがそのテンで、額面はテンの姿そのもので表現されているともいえる。それで、このコインのデザインの意味・内容がわかり、大いに納得した。

また、「国名はクロアチア語でフルヴァツカ（HRVATSKA）と書かれ、クロアチア（CROATIA）はどこにも出てこない」とも。通貨レートは、一クーナおよそ二〇円。

さらに、現在の通貨のうち、マグロを図案化したコインを、『世界コイン図鑑』により調べてみると、モルディヴ共和国のコインに、マグロをデザインして発行したものがある。モルディヴは、二〇〇〇もあるともいわれる珊瑚礁の小島からなる群島国家。一九六五年に独立し、一九六八年から共和国になった。今日では世界的なダイビング・スポットの多い、海の観光国として日本人になじみ深い。

通貨の単位はルフィア ruifiyaa. この貨幣単位は、イスラム国家である同国が独立した頃に使用していたペルシャのラリスタン地方の貨幣にちなんだもので、ルピーの訛ったものだという。その他にも、コインの単位にラリー laari がある。

一〇〇ラリーは一ルフィアとなる。通貨レートは約一二ルフィアで、およそ一〇〇円。

マグロ二匹を裏面にデザインした五ラーリの硬貨（前頁写真）の初発行は一九八四年。イスラム国家であるため、西暦の算用数字にイスラム暦がアラビア文字で併記され、表には国名と額面が記されているだけ。

特筆すべきは、硬貨の形がスカラップト（帆立貝形）をしていること。この国の一〇ラーリも同じような形をしているが、写真の五ラーリは八つの帆立貝形、一〇ラーリは一二の帆立貝形になっており、手がこんでいる。素材は一〇〇パーセントのアルミニウム。長径二〇・三二ミリ、短径一七・七八ミリ。

なお蛇足ながら、このコインの「マグロ」は、「カツオ」のようにも思える。モルディブ共和国の近海はカツオの好漁場でもあるので……。しかし、高著を引用させていただいており、現物を確認していないので、なんともいえないのが残念だ。

マグロ類と思われる魚のコイン（『アルカイック期および古典期のギリシア貨幣』より）

コーリン・M・クレーイによる『アルカイック期および古典期のギリシア貨幣』には、魚類を図案化したコインも数多く掲載されているが、それがマグロ類であるかどうかを確認するのは困難である。ギリシア史では、紀元前七世紀または紀元前六世紀から、紀元前四七九年までをアルカイック（期）、古典期は紀元前四七年から紀元前三三六年まで、その後はヘレニズムと細分している。ここでは、前掲書から、特にマグロと思われるデザインの、大きな魚類のコインを紹介するにとどめた。しかし、マグロだという保障はどこにもないので、お許し願いたい。

なお、『ギリシアの鋳貨』（P・R・フランケ、M・ヒルマー共著）にも、同様のコインが掲載されているが、マグロ類だという確証はえられない。読者諸賢はいかがであろうか。

切手のデザインとマグロ

「郵便切手」ほど、手軽で楽しいコレクションはないといわれる。そのためか、マニアも多い。切手のコレクターが多いということは、子供から老人まで年齢層をとわず、興味をもてるためだといえる。切手ほどデザイン（図案）化されたジャンルの広い印刷物、広範囲なスケッチを対象にした作品もめずらしいといえよう。

それに嬉しいことは、小遣いをそれほどかけなくても、ある程度は収集することができ、コレクションも増えていく。図柄も美しいものが多いし、収納場所を気にする必要もないのが収集するのに魅力なのであろうか。だが、郵便切手も本格的にコレクションに目覚めての収集となれば、これは別だ。奥が深く、小遣いどころではなく、お金がいくらあってもたりないというのが切手のコレクションなのかもしれない。いや、趣味の分野は切手にかぎらず、すべてがそうなのであろう。

それに近年では、切手を収集したいと思えば、インターネットで簡単に集められようになったことも、この方面のマニアを増やしている理由なのであろう。

筆者が学生の頃、「切手の水族館」とかいうテーマの企画で、ある企業の広報紙が、魚の切手ばかり集めたシリーズの「表紙」を見たことがあった。面白い企画だと思ったので記憶に残っている。この例のように魚の切手も多い。毎月、種類の異なった魚のデザインされた切手を掲載することができるほど同種類の切手は世界中で発行されており、中には同種類の魚が数カ月にわたって掲載されていたものもあったと思う。

その中で、マグロに関する切手の種類はどうなのであろうか。

切手収集家の加藤和宏氏によると、「マグロの切手」は、その気になって探せば、かなり収集できるだろうという。ただ、日本では過去に発行された「魚介シリーズ」の魚介類の数が少なく、魚種も少なかったので、その中にマグロはなかったのではないかとも……。

それゆえ、筆者が知りえた数種のマグロに関わる切手の紹介にとどめるしかない。

まずは、バハマ諸島で発行されたクロマグロの曳縄釣漁の切手である。ツナ・フィッシングとみえる。バハマ諸島は、アメリカ合衆国のフロリダ半島に近い大西洋上の島々で、北回帰線上に位置する。もとはイギリス領であったが一九七三年に国として独立した。首都はナッソー。人口は約三四万人ほど。近くのバーミューダ諸島でも二〇〇四年にクロマグロ（英名ブルーフィン・ツナ）の切手が発行されている。

コスタリカではビンナガの竿釣漁を描いた切手を一九五〇年に発行した。ビンナガを豪快に一本釣で漁獲している様子を、まの当たりにしているような臨場感あふれるデザインである。ビンナガは体長およそ一メートル内外、体重は一五キロから二〇キロほどの小型のマグロ類であるから、わが国で伝統的

4　コスタリカのビンナガ竿釣漁

1　バハマのクロマグロ曳縄釣漁
2　ビンナガの竿釣漁
3　セイシェルのビンナガ

5　ガンビアのキハダ
6　ニューヘブリジーズのマグロ・
　カジキの曳縄釣漁

マグロの切手

におこなわれてきたカツオの一本釣と同じように竿釣漁ができる。肉質は淡紅色。やわらかい身肉なので刺身にはむかないが、最近は腹のトロの部分を「ビントロ」とよんで、人気があり、スーパーマーケットなどで刺身としてかなり流通している。アメリカではシーチキンの名で油漬の缶詰として人気が上昇中である。

ちなみに、コスタリカは中央アメリカのパナマに近い国で、北緯一〇度線上にあり、西海岸は太平洋、東海岸はカリブ海（大西洋）。コスタリカ共和国として一九四五年に独立。

また、ビンナガを図案化した切手は、タークス・カイコス諸島でも発行されている。ビンナガは英名でアルバコーレ・ロングフィン・ツナという。タークス・カイコス諸島のビンナガ漁も切手でみるかぎりは竿釣漁だ。

もと、フランス領であったセイシェル諸島はアフリカ大陸の東側、インド洋上にある。映画「さようならエマニエル夫人」のロケ地として知られる楽園のように美しい島々である。近くにアミラント諸島があり、赤道から南緯一〇度、東経五〇度から六〇度内に点在する。セイシェル共和国として一九七七年に独立した。セイシェルでもビンナガのマグロをデザインした切手を発行している。

ガンビアでは「キハダ」マグロの切手を発行している。ガンビア共和国は一九六五年に独立した。もとはイギリス領で、アフリカ大陸の大西洋岸に面し、セネガル共和国に囲まれた国である。キハダの英名はイエローフィン・ツナ。オーストラリアでもイエローフィン・ツナとよばれ、同国でも切手を出している。また、アフリカ大陸のインド洋側に面したタンザニア連合共和国（一九六一年に独立）でもキハダをデザインした切手を発行している。

ニューヘブリジーズ諸島はオーストラリアの東側、メラネシアに位置する。赤道の南側、南緯一五度、東経一七〇度に近く、イギリス領やフランス領である。これらの諸島ではマグロやカジキの曳縄釣漁がおこなわれ、釣漁を図案化した切手が発行されている。

本格的なコレクター精神というか、「蒐集」の「蒐」の文字は草の根をわけて、鬼のような心で探しまわることだといわれるように「収集鬼」になって探せば、マグロをデザインした切手もまだまだ集まるだろう。読者諸氏の中には、ここに紹介したもの以外に多くの、異なるマグロに関わる切手をおもちの方がおいでになると思うと、筆者自身の根性のなさをいたく反省せざるをえない。

アクセサリーになったマグロ

老若男女をとわず、海獣や魚をデザインしたアクセサリーは人気が高い。中でもクジラやイルカのたぐいや、淡水ではキンギョやコイのデザインは人気があるといわれる。しかし、マグロもまけてはいない。その気になって探してみれば、かなりの数になると思われる。

ここに紹介するのは、マグロをデザインした紳士用のネクタイピン。「マグロの街」として、かつて日本一を誇った神奈川県の「三浦三崎」にゆかりのあるネクタイピンである。

平成六年（一九九四年）五月二四日、三浦市が三二億円をかけて、三浦市三崎水産物地方卸売市場の建設をおこない、当日、その新市場の竣工記念式典がおこなわれ、記念品として特別注文したのがピン

マグロ（ビンナガ）のネクタイピン
（全長 5cm，実物大）

ナガをデザインしたネクタイピンである。図鑑でみるように精密に作られているので、デザインしたというよりはエスキス esquisse（スケッチ）というべきかもしれない。ネクタイピンは純銀製で、ビンナガの眼には天然のダイヤモンドがあしらわれている（写真参照）。

三浦三崎は昭和三〇年代以降、マグロの水揚げ日本一を誇ったが、昭和五〇年代にはいると商社による「一船買い」といわれる、魚問屋ぬきでマグロ漁船の積荷をそっくり買取る商売がはじまったため、翳りがみえはじめてきた。

それでも平成元年に入ってから、三浦市超低温魚市場冷蔵庫や製氷工場が建設され、同六年に新港魚市場が竣工した頃は、マグロ類は一日に六〇〇〜七〇〇本から一五〇〇本もの取扱量があり、年間およそ六万トンものマグロが取引きされるという実績があったため、地元としては威光、信望に関わる産業であるため、まだまだ将来に期待をかけていた時代でもあった。こうした期待が、純銀製ダイヤモンド入りのマグロのネクタイピンにこめられたのであろう。

次頁のカジキのブローチは、マカジキを図案化したものらしいが、クロカジキにも似ているので、いずれともいえない。なお、カジキ類は一般に「カジキマグロ」の名前で親しまれ、マグロ類と同じように刺身としても消費されてきたので、ここに仲間入りさせていただいた。

ハワイ諸島のオアフ島に立ち寄った際、アクセサリーを売る土産物店で偶然にみつ

カジキのブローチ（全長 4.2cm）

けたもので、淑女用のブローチである。しかし、カジキは鼻先が鋭く尖っているので、実用としては敬遠されそうなブローチといえよう。

マグロのオブジェ、モニュメント

イルカやタコをデザインしたオブジェをはじめ、海の動物に関わるモノは公園などで時折みかけることはある。が、マグロは主人公になれるのであろうか。世界中を旅しても、マグロのことは聞いたり見たりしたことがないように思う。

しかし、サメやカジキは剝製とは別に、どこかで見かけたことがある。キー・ウェストかと思う。だが記憶がはっきりしないのが残念だ。

ところが、マグロのオブジェ、モニュメントも「マグロの文化史（誌）に関わるので、その一ページに加えたい……」と思い、その気になって探してみると、不思議なもので、かなり存在していることに驚かされる。

三浦三崎は筆者にとって最も身近な場所なので、魚市場に近い港のあたり一帯を歩いてみた。

すると、これまであまり気にとめていなかった街中にマグロのオブジェはあった。それも、ゴロゴロしているのだ。

それは、かつてこの地で海に関わるイベントが開催された際、「マグロの街」をア

水揚げされるマグロ（及川竹男氏撮影・提供）

ピールするために制作されたマグロのレプリカ（模造品）で、セメント製のものなどいろいろある。

昭和三〇年代の後半、マグロの水揚げ日本一を誇った三崎では、マグロ船が入港すると、船の超低温保冷庫から、カチカチに凍ったマグロがクレーンを使って陸揚げされた。

岩石のように硬く凍った冷凍マグロは魚市場のある岸壁ばかりでなく、街中にあふれており、日常、だれでもが見る有様だったし、三崎らしい風景・風物になっていたのである。そのような、過去のなつかしい風情を想いおこさせるためにセメント製のマグロが制作されたのだ。以前は街中で、陸揚げされたカチカチのマグロが大気にふれて煙のように白い湯気を立てながら運搬される様子が毎日みられたものである。しかし最近は、めったに出会えなくなってしまった。

三浦市三崎の店頭に並ぶマグロのオブジェと売物のカブト（兜・頭）

今日、マグロのレプリカが街のあちこちの商店や道の脇にオブジェとして、ころがしてあるのを見ると、過去の「マグロ景気」を想いおこさせる。

また、気がつくと、港の周辺のガードレールもマグロをデザインしたものであった。

マグロを「県の魚」に指定し、積極的にアピールしている和歌山県の中でも、特に紀伊勝浦は「マグロ」に力を入れて観光政策を展開している。

　紀伊勝浦駅をおりると、プラットホームで実物大のマグロのレプリカが観光客を迎えてくれる（写真参照）。そして駅前には「海産物センター」等のアンテナ・ショップがあり、ここにもマグロが……。

マグロのレプリカ（上：紀伊勝浦駅，下：同駅前の海産物センター）

観光客に人気のマグロ一本釣のモニュメント（森田常夫氏提供）

街を散策すれば、「名物・マグロうどん」にもめぐりあえる。旅先で賞味できる名物の味は、旅を一層、想い出深いもの、中味の濃い、豊かなものにしてくれるから嬉しい。

近年、青森県の下北半島における「大間崎の豪快なマグロ一本釣」はテレビ等で放映される機会が多くなったため有名になり、知らない人はいないといっても過言ではないだろう。

大間崎の漁民は津軽海峡を漁場として、「マグロの一本釣」という、わが国のマグロ漁でもめずらしい伝統的な漁業をおこなう。これは雄強な漁法である。

朝早く、港を出た数トンたらずの漁船には多くて二人、ほとんどの船は一人で、潮流の速い海峡にのりだす。今でこそ漁船も大型化し、施設・設備もととのうようになったが、筆者が学生の頃の昭和三〇年代には、小説『老人と海』(ヘミングウェイ) さながらの、マグロ釣であった。

沖に出ると用意した釣具に、餌のサンマ、イカなどをつけて流し、長年の経験で身につけた漁場をはしりまわる。風向、潮流、海水温など、あらゆる条件を考慮して、みえない獲物にめぐりあうためには、子供の時からはぐくんだ、するどい勘《かん》にたよることだけがすべての漁法であった。しかし現在では魚群探知器も船にそなわっている。

最近は、大間のマグロを現地で賞味したいという観光客も増加したため、地元では観光客用に「マグロ一本釣のモニュメント」を制作し、人気をよんでいる (前頁の写真参照)。

II

民俗・生活文化とマグロ

マグロの釣鉤

数あるマグロ類の中でも、クロマグロ（ホンマグロ）は最も大きくなる種類で、最大級のものは五〇〇キロを超すものもある。二〇一〇年一〇月、カナダのプリンス・エドワード島沖で獲れたクロマグロは五四〇キロあったと伝えられている（『OPRTニュースレター』四六号による）。

わが国でも、これまでに記録されたクロマグロの大きいものは、青森県の大間崎に水揚げされた四四〇キロのものがあったという。

こんなに大きなマグロを釣り上げるのには、どれほど大きな釣鉤を使うのだろうか……。素朴な疑問をいだくのは筆者だけではないと思う。なにしろ五四〇キロの重量といえば、一人六〇キロの大人、九人分ということになるのだから……。

以前、筆者は、わが国でマグロを釣るときに使用する釣鉤のことを調べたことがある。調べてみたいと思った動機は、〇・五トンもある大マグロを釣るのに使う釣鉤というのは、「どんなに大きな釣鉤なのだろうか……」ということであった。

科学技術の発達している現代ならばともかく、江戸時代や、その時代を引き継いだ明治・大正時代には、どうやって巨大なマグロを釣り得たかという疑問からでもあった。

ところが、この調査は、すぐ壁にぶつかってしまったのである。その理由の一つは、「マグロの釣鉤を調べようと思っても、わが国の博物館や歴史民俗資料館には、江戸時代や明治時代の釣鉤を収集・保管しているところがほとんどない……」ということがわかったためであった。そこで、実物のマグロの釣鉤を調べることを断念し、古文献や古文書などの資（史）料をもとに調べてみようと考えたのである。そんな時、澁澤敬三著『日本釣漁《ちょうぎょ》技術史小考』や『明治前　日本漁業技術史』『日本水産捕採誌』などを、あらためてみなおすことになった。

　そこでわかったことは、日本の古い時代に使われていた釣鉤は古くなれば捨てられてしまい、博物館資料として収集されているものはないが、アメリカのボストンに近い博物館に保管されている資料があるということであった。しかも日本の全国各地の釣鉤が収集されているというのだ。それには驚き、知的感動と興奮をおぼえた。

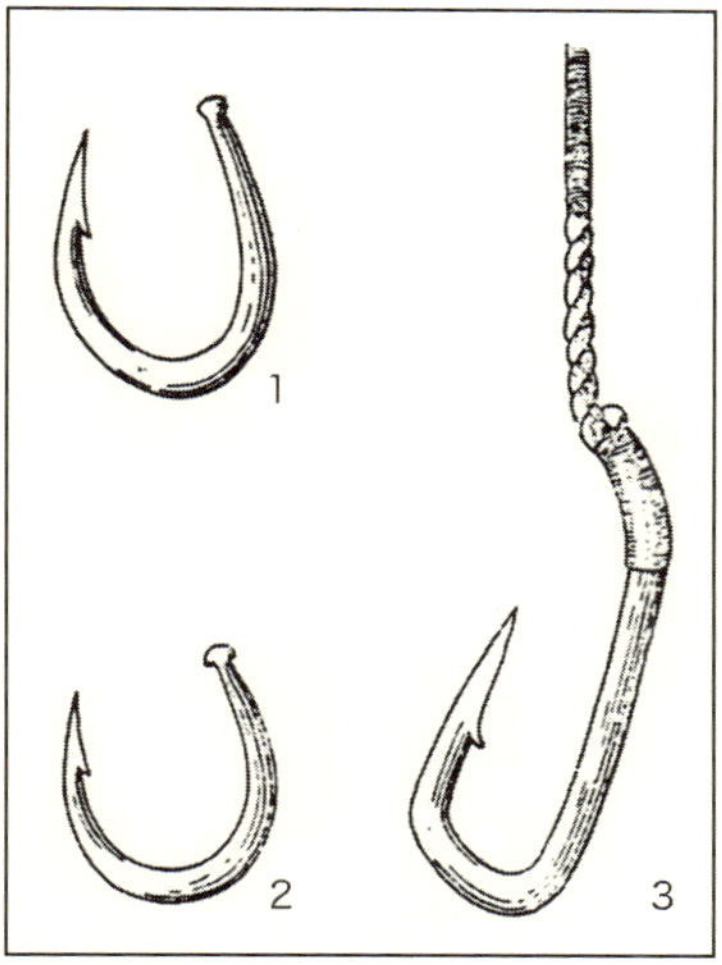

鮪延縄釣鉤（1：豊後国にて使用のもの，2：紀伊国にて使用のもの，3：安房国にて使用のもの．『日本水産捕採誌』より）

　その、ボストンに近い博物館というのは、セイラム・ピーボディー博物館（Peabody Museum of Salem, Massachusetts）で、明治一〇年（一八七七年）六月以降、三回にわたって来日した、アメリカの動物学者エドワード・シルヴェスター・モース（Edward Sylvester Morse, 1838-1925. 以下モースと略す）が日本から持ち帰った資料の中に含まれているということであった。

　そのことを知って以後、ピーボディー博物館に保管されている「モース・コレクション」を調べるために、筆者は昭和五四年（一九七九年）六月をはじめ、三回にわたり出かけたことがある。

最初に、モースが収集した「マグロの釣鉤」と対面したときの収蔵庫内での驚きを次のように記した記憶があるので、以下に紹介しよう。


……最初、ピーボディー博物館の館長ピーター・フェチコ氏と民族学部のキュレーターのジョン・セイヤー氏に案内されて、地下の収蔵庫で、マグロの釣鉤コレクションの実物を見た時は、わが眼をうたぐったほどであった。というのは、百年も前の鉄製のマグロの釣鉤が、昨日、鍛冶屋でうたれたかと思われるほどに光沢をおび、ピーコックの尾羽根のように、紫色に、そして銀色にと何種類もの色彩が怪しく輝いて見えたのだ。錆ひとつない……。

……この釣鉤を自分が手に持ったら、作業用の白い手袋をしているとはいえ、それがもとで錆が生ずるのではないかと思うほど、そのあつかいには緊張した……。（『モースの見た日本』）

澁澤敬三もモースから影響をうけた一人である。澁澤は『明治前　日本漁業技術史』の巻頭において、アメリカのセイラム・ピーボディー博物館が所蔵する「モース・コレクション」中の釣鉤などの写真を掲げ、「モール《（ママ）》ス博士の日本に於ける蒐集品を悉《ことごと》く展観して居るが、その中に当時の釣鉤を地方毎に集めた一扁額がある。現時の我国ではもはや到底手に入らぬものでありこの標本を精細に研究して見度いものであることを附記しておく」と特筆している（『日本釣漁技術史小考』にも同様の文面が記されている）。

以下、日本におけるマグロの釣鉤をはじめとする釣鉤の地域差（特に形態）や、モースが収集したマグロの釣鉤などについて述べる。

モースが収集した日本の釣鉤を魚種別にみると、マグロ釣鉤、カツオ釣鉤、サバ釣鉤、タラ釣鉤、アユ釣鉤が主なもので、その他に各種の釣鉤がある。このうち、マグロの釣鉤は一三点がまとめられており、数は多くないが各地の釣鉤の形態的特徴をよくあらわしているものが収集されているため貴重な資料である。

わが国には、釣鉤の形態に地域差があることが知られており、三形態に分けられている。

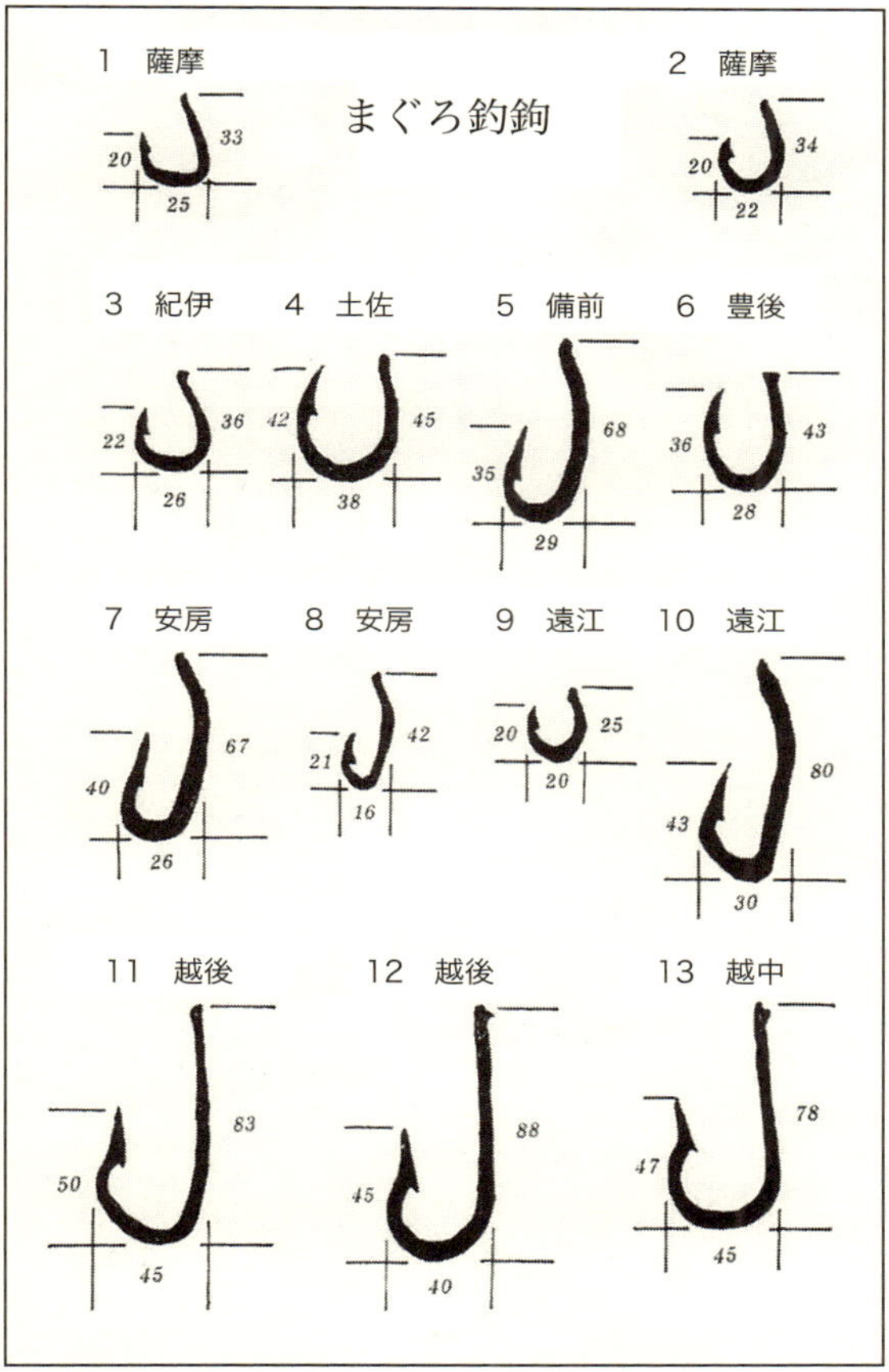

筆者によるマグロの釣鉤の実測結果（単位：mm．セイラム・ピーボディー博物館のモース・コレクション蔵．原図は右横書き）

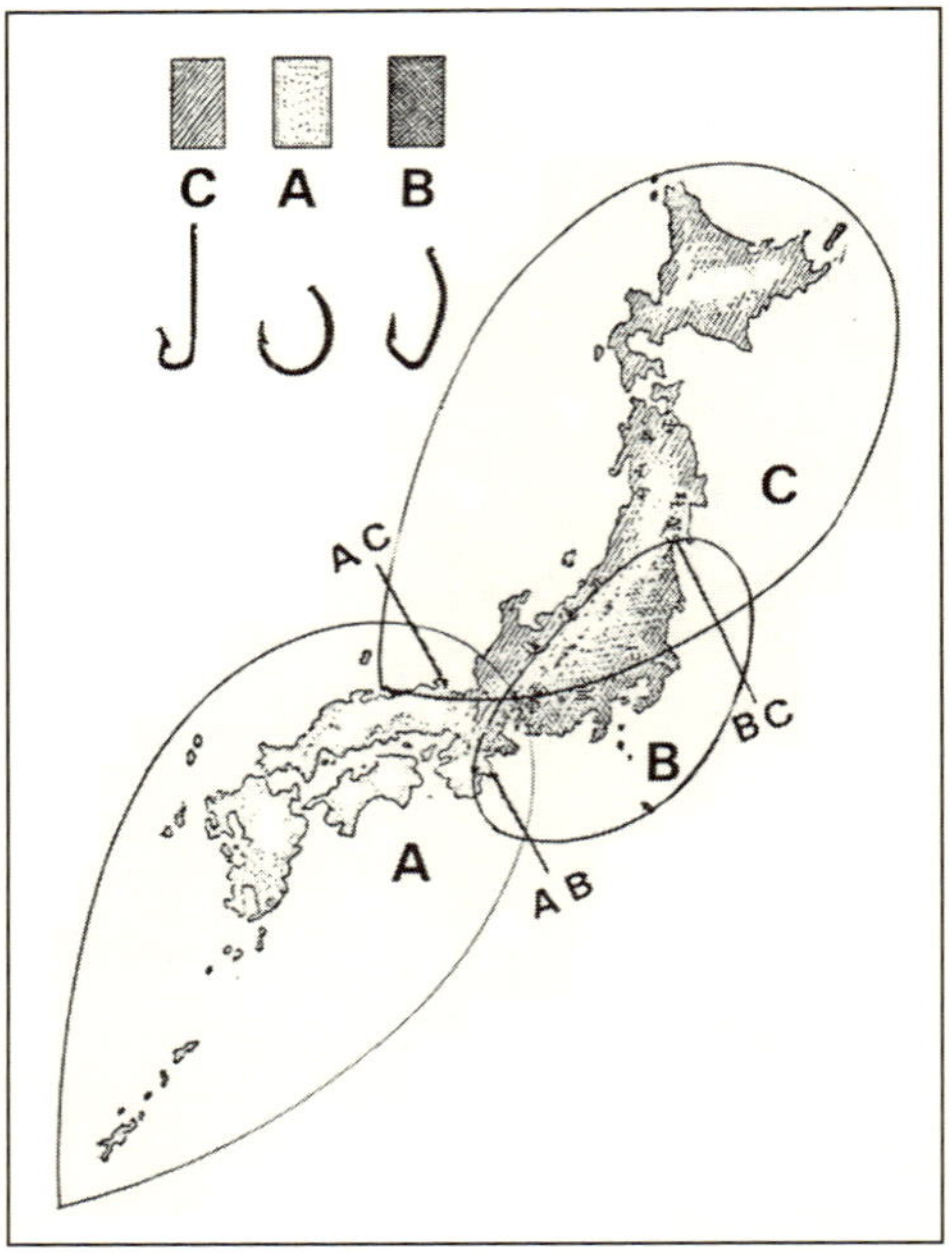

釣鉤形状の分布（原図は『日本水産捕採誌』より）.

A　丸　型（西南型）……太平洋側は紀伊国牟婁郡以南、日本海側は丹後あたりまで

B　角　型（中部型）……紀伊半島から宮城の仙台湾あたりまで、日本海側にはない

C　軸長型（東北型）……仙台湾以北から宗谷岬をまわって日本海に至り、丹後、若狭あたりまで

の分布圏を形成していることが、これまでの調査・研究の結果知られている（中村利吉『日本水産捕採誌』、田辺悟「釣鉤の地域差研究」『海と民具』）。

「モース・コレクション」中のマグロの釣鉤を上述の三つの地域にあてはめてみると、「丸型」に属する地域は1～6まで、「角型」に属する地域は7～10まで、「軸長型」に属する地域は11～13までとなる。これらのマグロの釣鉤を形態的にみると、備前で使用の釣鉤は丸型に属しているものの角型に似ている。たしかに「曲り」の部分は「先曲り」「腰曲り」ともに丸型なので、釣鉤の「ふところ」の部分も丸型ではあるが「軸」の長さが他の地域のものに比較すると長い。9の遠江で収集された釣鉤は「角型」に

属するが、「曲り」や「軸」の長さからすると、むしろ丸型に近いものであることがわかる。「軸長型」といわれる釣鉤は、数は少ないが中村利吉が指摘した三つの型と地域差が一致する（『日本水産捕採誌』。なお、中村利吉が釣鉤を分類するために用いた実物資料は、三重県伊勢市にある「神宮徴古館農業館」の収蔵庫に保管されているが、保存状態が悪く、筆者が調査した際には、研究資料に活用するには無理があったし、マグロの釣鉤は確認できなかった）。

このように、モースが収集したマグロの釣鉤は、わが国には三つの「釣鉤の型の分布圏」があることを実証するために役立つ資料として貴重である。

千葉県で製作され，横須賀市長井で使用のマグロの釣鉤（横須賀市人文博物館蔵）

ところで、同じようなマグロ類を釣るのに、せまい日本の沿岸諸地域に、なぜ三つの地域差があるのかや、その形態変化による特徴的な製作方法など、わからないことが多く、今後の民具研究の課題は多いといわざるをえない。

この釣鉤に関する形態変化の地域差について、最近あきらかになってきたことは、マグロ漁を例にとってみると、「一本釣」のマグロ漁においては、マグロの釣鉤を漁業者自身が製作（自製）することも可能であり、事実、これまでは漁業者が、自身で製作する必要があった。

しかし、「延縄」漁をおこなうとなると、一回の操業において、多数の釣鉤を必要とするため、漁業者自身が釣鉤を自製することでは間にあわず、特定の鍛冶屋に注文するか、あるいは不特定の鍛冶屋が製作した釣鉤を商品として購入し、使用するようになる。そこに、「釣鉤製造業者」が誕生し、商品としての釣鉤が伝統的な漁撈習俗や漁撈技術とは別の流れとして、流通するようになったとみることができる。

要するに、漁業者は、いちどに多くの釣鉤が必要になった際、自製することが困難なため、入手可能なところに求めなければならない。それは、すでに特別に注文して生産してもらう釣鉤ではなく、できあいの商品として販売されている、購入可能なもので満足しなければならなくなったということなのである。

ということは、釣鉤の地域的な形態変化は、商業圏のちがいが表面的にあらわれた結果であり、商品流通の現象的な一側面としてとらえることができるのである。

以上、マグロの釣鉤でみてきたように、私たちが知っている、数多くの民具のうちには、普段はあまり気にもとめないが、ちょっとでもたちいって調べてみると、わからないことが多い。特に消耗品と同じようにあつかわれがちな釣鉤などは、使用してきた漁業者自身が保管していることは皆無に等しい。「モノ」を専門に収集し、保存・管理する博物館や歴史民俗資料館等でも、最近になって、やっとその重要性を認識するようになったにすぎない。芸術的価値・経済的（貨幣的）価値の高いものは江戸時代以前から大切にされてきたものが多いのに対して、生活文化に関わる庶民の暮らしを知るうえで大切な学術的・教育的価値があり、文化史的な価値のある「モノ」は、必ずしも大切にされてきたとはいえないのではないか。

私たちの先祖が、いかに海と関わりをもって暮らしてきたかを具体的に「モノ」で知り、理解するためにも、「釣鉤一本の保管と研究」がいかに大切であるかを「モース・コレクション」は無言で教えてくれているのだと思う。

マグロ漁と海上習俗――「ヨイヤマ」(宵山)

マグロ漁はもとより、漁業を中心とする海浜の伝統生活にみられる民間伝承(漁撈習俗・漁撈伝承)の中には、全国的な視野と関連でとらえ、位置づけ、考察しなければ解釈できない習俗が多くみうけられる。それは漁民や船乗り(廻船など)が移動しやすいこと、またあわせて、時代の移り変わりの中で、伝承者たちが、習俗の本来の意味を忘れてしまい、形式(行為)だけが伝承されてきたことなどの理由による結果であるともいえよう。

海上の信仰「ヨイヤマ」(宵山をあげる)の習俗は、その代表的で典型ともいえるものの一つである。以下、本項では、三浦半島をはじめ、相州沿岸(神奈川県)や比較的沖合のマグロ漁をおこなってきた漁民による「ヨイヤマ」と呼ばれる習俗がいかなる目的のためにおこなわれてきたのか、それは、どのような意味をもって伝承されてきたものかを明らかにしていきたい。

まず、「ヨイヤマ」または「宵山をあげる」という行為は、どういう伝承であったのか、その聞取り調査の事例をあげることからはじめたい。

横須賀市久里浜の事例

「海上で、あたりが薄暗くなって、宵暗がせまってくると、ヨーマンダキということが船の上から行なわれる。ヨーマンダキはオタキアゲともいい、薪をナタ庖丁できれいに削ったケズリカケに似たケズリッパに火をつけて、それを海に流すことをいう。風が強いと直ぐ火は消えてしまうが、ナギの時には板切れを枕にして流すと、海上でしばらくもえている。ケズリッパを作るには松のゴサイ薪（五本で一把になっている薪）を用いる。これをアグリ網などの船ではメーロシ（見習）が暇を見て昼間のうちに作って置く。メーロシは船上では炊事当番をやることになっているが、薪などは潮でしめって燃えにくいので、薪をケズリッパにしてたきつける。もっともオタキアゲに使うのは特別に念を入れて作る。ちょうど削りかすは鳥の羽根のようになる。これが薪からとれてしまってはならないので、一五も二〇も重ねて削るには相当の熟練を要した。だから、ケズリッパを千枚に削ることが出来れば漁師は一人前だといわれた。若い者が船に乗ると、先ずやらされたことが、このケズリッパ作りと飯たきだった。

ヨーマンダキは小釣や見突きなどの小職ではやることはなく、縄船（マグロなど）、カツオ船、アグリ網船などの大職の船で主に行なわれた。ヨーマンダキは沈み行った太陽に感謝し、海上安全を祈るために行なわれるものなのではあるまいか。でも、ヨーマンダキの意味については詳しいことは知らない。」（話者＝山本松蔵・明治三二年五月五日生。辻井善彌「山本松蔵翁漁業聞書」『郷土の研究』第一〇号）

三浦市三崎白石の事例

「長い間、カツオ漁を主に漁業生活を営んできた。三崎ではケズリッパまたはタイマツといい、薪を鉈庖丁で削り、〈一本の薪を百束にかく〉などといって、こまかく削りかけをつくった。そのために、鉈庖丁はつねに砥石で磨きあげておかなければならなかったという。

このケズリッパづくりは、夜の商売といわれるマグロ延縄《はえなわ》や流し網漁（サンマ流し・イワシ流し）の時などにやった。

夕方になると〈ツオー・ツオー〉といいながら火をつけたケズリッパを三回右にまわして、できるだけ遠くの海面へ投げる。この、ケズリッパに火をつけて投げる行為の内容的な意味は、龍宮様に、おあかり〈お灯明〉をあげるためか、または〈魔よけ〉のためにするのかは明確でないという。とにかく、話者が子どもの頃には一〇艘の漁船が夕方出漁すれば、そのすべての船が同じようにおこなったという。そして、流した〈ケズリッパ〉は〈出雲の神様にみんなよってしまう〉のだと言っていたのを聞いたことがあるという。」（話者＝小川慶次郎・明治一五年五月二日生。筆者聞書き）

三浦市城ヶ島の事例

「城ヶ島におけるヨイヤマの方法は、薪を鉈庖丁できれいに削り、ケズリカケのようにつくりあげ、それに火をつけ、片手に持って空に大きく三回まわしてから海中に投げこむ。この時は無言で、とくに呪文を唱えるということはなかった。また、三回まわす方向などについては明確な聞取り調査ができなかった。漁民は、このヨイヤマをおこなうため、沖で飯を炊く時、とくに素性のよい薪をとっておいた。

〈明治四〇年頃まで、このマジナイは、みんながおこなっていたし、これは、城ヶ島の漁師だけのマジナイではなく、房州から来た漁船でも同じようにおこなっていた〉という。

ヨイヤマは沖で網漁の網入れをおこなうときのマジナイであると聞いたことがあるという。したがって、あたりがうす暗くなる〈日暮れ〉におこなうのが習いで、ヨイヤミがせまる時刻と関係している。漁師が自分の腕を夕空にかざし、手に生えている産毛が見えているようでは、まだ時がはやすぎて効果がない。いちばん効果的な時刻は、産毛が見えなくなる頃で、暗くなりすぎてもききめがないと伝えられている。（青木広吉）

また、ヨイヤマは豊漁を祈るマジナイであったが、暗くなった時に漁船同士が接近して網を入れたりしないようにするための合図にもなった。」（池田熊吉）（話者＝青木広吉・明治二一年九月一〇日生。池田熊吉・明治二五年一〇月一七日生。田辺悟『相州の海士――三浦半島を中心に』）

横須賀市佐島の事例

「マグロ船が夜にマグロナワを流している頃、日暮になると薪を燃やして海に流した。それは船頭がやっていたようである。（話者＝福本為次・明治二七年生。『相模湾漁撈習俗調査報告書』）

他地域・足柄下郡真鶴町福浦の事例

「小田原でナダをはしるマグロ船が、天候が悪く、暗くて方向をまちがえたり、迷ったりした時などは、〈オバケにまよわされていることがある〉と言って薪に火をつけ、〈ウチノヤマの地蔵さん……〉と言いながら海中に薪を投げたものだという。これは、龍ごん（宮）・龍神さんや海にたいまつ（灯明）をあげることだともいった。

また、暗い荒天の日の海中には、うかばれない無縁仏が現れて海を荒らすといわれ、それらの霊を払いのけるためにも薪に火をつけて海中に投げるのだという。

福浦では、そんなこともあるため、浜施餓鬼をおこなって無縁仏の供養をおこなったり、盆にはヒャクハッテンテンといって一〇八個のタイマツをススキでつくり、浜に並べて火をともした。これらのタイマツは、浜に青年団が三組あったので、組ごとに分担してススキ刈りに出かけ、協力して作った。松明（タイマツ）は、竹棹の先端につけて高くあげ、火をともした。」（話者＝高橋千治・明治三一年一〇月二二日生。筆者聞書き）

静岡県伊東市の事例

「夜間の漁に海上に出た場合、〈灘火・ナダビ〉といって、薪に火をつけ、三回振ってから海に捨てるという。これは青峯山（三重県鳥羽市松尾）に献ずるのだという。」（木村博「風に関する伝承と呪法」『日本民俗学』第一一七号）

石川県大聖寺（加賀市）の事例

「大聖寺（加賀市）の瀬越集落には北前船船乗りの信仰体験の中にヨイヤマアゲル（宵山あげる）

があった。〔中略〕
入港はたいてい夕刻で、オヤマ下（燃火《たくひ》権現様の下）にさしかかって、ほんの日の入りの時刻になると、カシキがヨイヤマをアゲる。藁とトマ（スゲやカヤでつくり和船の荷物の上に覆いとしてかけるのに用いる）で作った二尺ほどのタイマツを持って、船の下に積んである（実際は吊してある）テンマに乗って、船の進行方向後向きになり、三べん、時計の針の方向に廻しておしいただき、海に投げる。投げたあとは振り向かないようにしてもとの位置に戻る。」（北見俊夫「海上の信仰」『日本民俗学』第七〇号）

ヨイヤマの本来的な意義・目的

これまで、三浦半島および相模湾をとりまく海村に伝承されてきた「ヨイヤマ」についての事例と、他地域における若干の事例を掲げた。

上掲の事例から、ヨイヤマと呼ばれる海上習俗は、その呼びかたにちがいはあっても、類似性、共通性があることがわかる。だがその内容、意義づけ、解釈などは必ずしも一致しているとはいえない。

それでは、以上の事例で掲げたヨイヤマの本来的な意味をどこに求め、どのように解釈すればよいのだろうか。

「ヨイヤマ」に関する意味づけは、第一に、城ヶ島の事例でみたように「豊漁を祈るためのマジナイ」とすること、第二に、三浦三崎をはじめ真鶴、伊東などの事例でみたように、龍（宮）神あるいは海神、または青峯山などに「お灯明をあげる」とか、「魔を払いのける」といった仕分けができる。

ところで、このヨイヤマの本来的な意味は、どう解するべきであるかを明らかにするため、掲げたのが他地域における若干の事例である。北見俊夫が報告した隠岐国（島）の焼火権現に対する信仰がそれである。

北前船をはじめとする帆船による海上交通がさかんであった近世初期・中期は、航行技術が未発達であったため、沿岸各地の自然的・地理的景観に熟通するといった経験にもとづいた航海術（航法）がその主流であった。そうしたなかで、特徴のある山やミサキ（御先・岬）はもっとも頼れる指標であったことはいうまでもない。したがって、山は海上交通における山アテの対象として、しぜんに航海者たちの尊崇の的となり、海で暮らす人びとを山にひきつける信仰の対象になりえたといえよう。

宵山をあげるという習俗も、最初は焼火権現を信仰している海の人びとによって「お灯明をあげる」という意味であったのだろう。それは湊に出入りする帆船が「御先」の先端にある社にオブリをあげることを省略し、形式化して、船上より海中へオブリを投げることによって済ませることに似ている。つまり、海上遠く船上にあっても、信仰する神仏へお灯明をあげるという行為が宵山をあげると表現されたにすぎないとみることができよう（六二頁参照）。

また、常日ごろ信仰している「山」に「宵山（お灯明）」をあげることによって海難にあわず、航海の安全をはかってもらえるという気持ちが、別に特定の「山」が臨める場所でないところでも「宵山をあげる」という習俗を久しく伝えてきたのであるといえる。

太平洋岸の海村では隠岐の焼火権現に対する信仰はあまり知られていないが、三浦三崎の事例のよう

「隠岐焚火（たくひ）社」（二代広重『諸国名所百景』より）

に、流したケズリッパは「出雲の神様にみんなよってしまう」のだという伝承には、日本海指向型の信仰の一端がかいまみられるような気がする。そして古い時代から日本海において育った海の民間信仰が廻船（北前船など）の船頭をはじめとする乗組員（水夫《かこ》）たちによって、しだいに太平洋側の海村にも伝えられ、広められてきたものとみられる。あわせて、海村の中でも比較的沖合で漁をおこなう漁民の海上信仰にとり込まれ、伝えられたとみられよう。

北見俊夫によれば、九世紀初頭の『日本後記』に、延暦八年、遣渤海使船が帰りに嵐にあって、焼火権現を心に唱え、火が山頂にともって無地帰路をみつける内容を初見として、平安時代の『栄華物語』、そして、鎌倉時代に承久の変で隠岐に流された後鳥羽上皇の渡海のおりにも、焼火権現の信仰を自ら行ぜられたという記載があるという。（北見俊夫「海と日本文化」『太平洋学会』所収）

また、江戸時代には歌川広重の『諸国三十六景』に、廻船の船首のところに立った人たちが松明を振っている図が描かれており、そこに添え書きで「焼火権現」と明記されている。同じく、『諸国名所百景』（二代広重画）も……。したがって、少なくとも江戸期には、江戸人士の間にも広くこの信仰が知られていたと推測される。

上述のような「焼火権現」の信仰が相州（神奈川県）にも広まっていたことを実証できる資料がある。それは、相州の西浦賀で廻船問屋（米や塩を主に商っていた）を営んでいた大黒屋儀兵衛が安政二年（一八五五年）に、武山不動尊（持経寺）境内に建立した石仏の台座に「海上安全　隠岐国焼火山冩　願主西浦賀　大黒屋儀兵衛　安政二乙卯八月佛歓喜日　西浦賀石工　源右衛門」と記されていることによる。

このことからも、焼火権現の信仰が浦賀湊の商人や、所持する廻船の船頭（水夫を含めた乗組員）によっても信仰されていたことが実証できる。

以上のように、江戸湾に入る弁財船（樽廻船や菱垣廻船などの大型帆船）は、上方方面より伊豆半島の石廊崎をまわり下田湊に至り、三浦三崎、浦賀湊などで風待ち、潮待ちして江戸湾に入るのが常であったから、そのような廻船の船頭たちによって湊ごとに民間信仰が伝えられたとしても不思議はない。三浦半島をはじめ、相模湾沿岸におけるヨイヤマの伝承は、おそらく、近世における帆船の船頭をはじめとする乗組員たちが伝えた民間信仰を、各地の海村の人びとが受け入れ、自分たちなりの信仰におきかえて近年まで伝承してきたと解釈することができる。

大黒屋儀兵衛が航海安全を祈って武山不動尊（持経寺）境内に建立した石仏（大黒屋は米や塩を主に商っていた浦賀の豪商）

それは、太平洋側における航海信仰の山が志摩半島の青峯山に変わっている事例によって、さらに裏づけられよう。太平洋沿岸の海村においては、志摩半島の青峯信仰が広く分布しており、事例としてあげた静岡県伊東市の灘火はその一例である。

さらに、真鶴の事例にみられる「魔をはらいのける」という内容については、桜田勝徳が『海の宗教』（一九七〇年）の中で松浦静山著の『甲子《かっし》夜話』を引用しているように、船幽霊をおいはらうために、苫を焼いたり、焚さしの薪を投げたり（傍点筆者）、灰をふりまいたりするのは、「陰物は陽火に勝つことなきを以ての法であると、舟人は云い伝えている」ということとの関連もみのがせない。

このように、各地のヨイヤマに関わる事例を比較してみると、その本来的な意味は三浦市城ヶ島や真鶴町福浦の事例にあった豊漁を祈るための呪《まじな》いではなく、山にお灯明をあげることであり、豊漁を祈るための呪いとするのは副次的であることがわかる。

また、三浦半島の横須賀市佐島の事例にみられる「マグロ船が夜にマグロナワ（鮪延縄）を流している頃（時代）に、日暮れになると薪を燃やして海に流した。それは船頭がやっていたようである」という『相模湾漁撈習俗調査報告書』の聞取り調査結果や、辻井善彌の調査報告にある三浦半島の横須賀市久里浜の事例にみられるヨーマンダキとかオタキアゲと呼ばれた海上信仰の習俗は、すべて近世以前から伝承されてきた「山」に関わりのある民間信仰であると位置づけることができよう。

なお、三浦半島の「武山」にある武山不動尊（持経寺）は、近在近郷の人々による信仰の篤い不動様だが、特に一月二八日の初不動には漁民やその家族で賑わう。それは、漁民が「山あて」をするための重要な目印としての「山」でもあるからにほかならない（二一一頁参照）。

東京湾にもマグロはいた

「東京湾でもマグロが漁獲できた……」と聞いても、今日、信用する人は、まずいない。しかし一〇〇年程前の明治三〇年頃までは、東京湾にもマグロがいたのだ。昭和四三年（一九六八年）当時、神奈川県教育委員会は県内各地沿岸の漁撈習俗の調査を実施していた。その目的は、近年、沿岸各地の開発が進み、漁業を中心とする社会は、大きな転換期に直面したため、調査を実施し、漁撈習俗に関係する民俗資料（有形民俗文化財）の収集、保管、整備をはかろうとするものであった。

また、調査当時の直前、昭和四一年七月に三浦半島に京浜急行電鉄が三浦海岸駅まで延長敷設されたため、それまでの船小屋・網小屋が解体され、海水浴客のための民宿が数多く新築されていた時代でもあった。

門口（玄関口）におかれたマグロの尾鰭・ナマグサケ

当時、調査を担当していた筆者は、三浦市南下浦町の金田という旧村（海付きの半農半漁村で東京湾口・外湾にあたる）の岩瀬義雄宅を訪れると、玄関口（大戸）の左脇の上、鴨居ともいうべき場所に、一見してマグロだとわかる大きく古ぼけた尾鰭《おひれ》が立てかけられていた。飾られていたといった方がよいのかもしれない（写真参照）。

それまでにも海付きの村に出かけると、小さな魚の乾《ほし》物《もの》（タイやハリセンボンなど）や貝殻（アワビの殻やスイジ貝など）が軒先に吊されているのを見かけたことはあったが、こんなに大きな尾鰭を眼にしたのは初めてであった。そのマグロの尾鰭は見事という表現をとおりこして迫力があり、印象に残った。

後日の調査で、そのマグロの尾鰭について、以下のような、意外な史実が明らかになったのである。というのは、明治三〇年（一八九七年）頃までは金田湾（東京湾口）にマグロがかなり洄游してきたので、ブリの刺網を使ってマグロも漁獲してきたのだという。金田村で使用してきた漁（魚）網の中ではブリ刺網が最も大きくて、丈夫であったためである。しかも「マグロ専用の網」はなかったからだ。

ブリの刺網は長さ一〇間ほどの網をつなぎあわせて使う漁法である。麻材で、当時の漁網としては強かった。網糸の太さは、マッチ棒を五本ぐらいたばねた太さ（直径）があったという。

金田湾の中でも、雨崎に近い「小浜《おばま》」（入《いり》ともいう）地区は、東京外湾の咽喉に位置し、立原正秋の小説『剱ヶ崎《つるぎがさき》』の灯台に近い場所にあるため、ブリやマグロのような大型の洄游魚が外洋から入ってきやすい、恵まれた漁場だったのである。

小浜（入）ではマグロが洄游してくると、村中の者たちがそれぞれの網を小船に積んで沖へ出る。まずマグロの群を大きく網で囲み、しだいに小さくしながら波打際へ網を移動させつつ、網の輪をちぢめていく。渚へ近づくと、漁師は胸のあたりまで海中に入り、囲い込んだマグロをカギを使ってかけとったり、かかえ込むようにして捕獲するなど、村中が大さわぎになったという。

このようなマグロ漁は、三浦半島に限られたことではなかった。江戸時代から明治時代にかけては、わが国の沿岸に、マグロの群が洄游してくるのは、あたりまえのことだったのである。

金田湾（剱崎）・浦賀水道付近の地図（国土地理院発行「三浦三崎」）

天保三年（一八三二年）に描かれた『伊豆紀行』（静岡県立中央図書館蔵）の中にも、内浦の「長浜村ノ漁猟ノ景」として、波打際にマグロを網で囲い込んだあと、カギを使ってマグロを捕獲したり、漁師が胸まで海中に入り、マグロをかかえて捕獲している様子がみえる。

同絵図には「渚ニ五十、七十ト鮪ヲ積ミテ賣ラントシ、買ハントスル者ハ江戸、甲斐、駿河ノ魚儈《ぎょかい》ナリ」とあ

内浦の「長浜村ノ漁猟ノ景」（『伊豆紀行』より）

る。「魚儈」とは「魚仲買人」をいう（絵図参照）。

また、『沼津市史（史料編・漁村）』においても同資料を引用し、「塞ぎ網で建切られ、逃げ場を失った鮪や鰹は、小取網や取網によって陸に曳き寄せられ、鉤などを使って曳き揚げられた」との説明がみえる。

昔から、めでたい贈り物などに添える熨斗《のし》や熨斗代わりに添える魚の鰭《ひれ》は、縁起の良いものとされてきた。同じように門口や玄関先に魚の尾鰭を飾る地方も全国各地にあるが、調査地の金田では、このマグロの尾鰭に関する聞取りはできなかった（一六六頁「江戸（東京）周辺のマグロ漁」、次頁「マグロに関わる習俗」を参照）。

マグロ漁にかかわらず、漁撈・漁業に関する民間伝承（民俗伝承）は「漁撈習俗・漁業習俗」とか「技術伝承」、あるいは「漁撈慣行」などともよばれる。

海と深い関わりもって伝統的に生きてきた日本人の、この方面の伝承は幅広く、質量ともに多いので、重要な研究対象ともなってきた経緯がある。ここではその中で「マグロ」に関わるいくつかの民俗伝承に注目してみたい。

マグロに関わる習俗

「ナマグサケ」という語彙

一般に「生臭物《なまぐさもの》」は「精進物《しょうじんもの》」と対称的に、生臭いもの、すなわち魚、鳥、獣類の肉などをいう。精進料理の反対にあたる食材を思いだしていただけばよい。

「ナマグサケ」について言及した桜田勝徳氏は、『総合日本民俗語彙』(柳田国男監修)に記された事例をあげ、「海のナマグサケは好ましくはないなどとはほど遠く、塩とともに汚れを払いのけ、浄める力を持ったものと考えられると言ってよいであろう。〔中略〕ナマグサケは神祭の神供として欠くことのできない食品であり、また神を迎える神聖な場所の維持のために不浄を払う力のあるものとしても考えられて、それがいろいろの習慣として伝えられてきたものであろうと考えられる」としている(「海と日本人」『海の世界』)。

すなわち、魚類を魔除け、まじないとして門口や軒先につるす風習や、蟹の甲羅やアワビの殻を魔除けとして吊すなどは、「ナマグサケ」に通ずるもので、節分のイワシの頭やハコフグ、ハリセンボン、カサゴなども同じように用いられてきた。

矢野憲一氏の『魚の民俗』には、「静岡県御前崎の漁師の家の戸口にマグロのものらしい大きな尾ビレが掛けられいるのを見た。これは〈ナマグサケ〉といって、家内に不浄が入らぬようにするまじないだそうだ」と記している。

こうした事例は三浦半島にも残されている。横須賀市の相模湾に面した旧佐島村では、門口にトビウオ（飛魚）の羽根を一対はりつけ、「安産のお守り」だといわれていたことから、やはり、家の中に「不浄なものが入り込まないよう」にして、無事に出産を願う信仰、風習があったのであろう。

横須賀市佐島のナマグサケ（トビウオの羽根）

また、前項でも述べたが、三浦半島南下浦町の旧金田村（小浜・入ともいう）では、門口にマグロの尾鰭をさしかけ、魔除けとしていた。不浄なものが外から家の中に入らないようにしたナマグサケである。

しかし、三浦半島金田では昭和四三年（一九六八年）の漁撈習俗調査を実施した当時、すでに「ナマグサケ」という語彙を話者から直接伺うことは、できなかった。

「オブリ」「ニアイ」という語彙

わたしたちが日常生活で聞かない言葉だが、三浦三崎には、マグロやカツオを漁獲すると、マグロのときはワタ（内臓）、カツオのときはホシ（心臓）を、日頃から信仰している氏神や龍神様に供える慣行があり、これを「オブリ」または「オブリをアゲル」といった。

この「オブリ」と「ニアイ」の語彙について、内海延吉氏は『海鳥のなげき』の中で、関敬吾氏の「漁撈と祝祭」（『海村生活の研究』所収）の事例を挙げながら、

「この草藁〔ツト〕に包んで沈めた池が犠合《にあい》の池〔池といっても、三崎港内にあった御座の磯といわれた場所の深くなった海底のことで、池にみたてての呼び名〕、即ちニアイの池である。腰越〔鎌倉市の旧漁村〕で、カツオやマグロを捕った時立てるネアイ印シは、このニアイの転訛で、三崎の盆で切り替わるネアシビ〈明治の末頃まで三崎町の一部と二町谷では、一年間の漁季を四漁季にわけており、ネアシビとは二漁季目の八月十七日から十月五日までの四十日間をいった。ネアシビは相模湾の手釣マグロの漁季にあたる〉のネアも同じであろう。三宅島では鰹漁で最初にとった魚をニアイという処があり、安房国富崎村ではこの魚をオブリといっている」

と記している。

「草藁に包んで海に沈める習俗」に関しては、筆者の調査においても、長崎県西彼杵《にしそのぎ》郡大瀬戸町向島下波《しもはと》の漁業者に共通していることを確認しており、全国的に広い分布を示すものである。なお、向島下波地域の事例では、「タルオサメ（樽納め）」などといい、海神・漁神を祀る「ジュゴンサン（龍宮さん）」の行事に関わる習俗で、自然石を「ツト」（苞。わらなどを束ねたもの）に包んで、龍宮さんのおいでになる海中の定められた場所に沈める。この場所は、かなり沖合にあたると聞いた。

また、内海氏は同書で、「オブリ」について、

「『三崎志』の犠合《にあい》も、生き物をそのまま神に献じた古代の風習の名残りとして、初魚を池に沈めたものと思われる。ここで特に誤解を招くおそれのあるのは、『三崎志』の分利《ぶり》の文字である。これは漢字の音標文字として使ったにすぎない。利を独占せず神に分けると解するのは甚しい誤りである。それでは何故カツオをオブリと言ったか、おそらくオブリは「お鰤《ぶり》」ではないかと思う」

とし、関西・九州方面で出世魚として祝の魚とされる「鰤」が関東においてカツオやマグロに変わったものと解している。しかし、相州（神奈川県）をはじめ関東における事例をもう少し詳細に調べてみることが、必要であろう。

三崎では「海南神社、龍宮様、船玉様に供えた。船玉様には御神酒《おみき》も共にあげた。海南神社には社務所へ持参、神官が神前へ供えるが、龍宮様や船玉様へも供え、附近に子供が遊んでいると、すぐに呉れてやった」（内海延吉『海鳥のなげき』）という。

「オブリ」については、『三崎志』（宝暦六年版・一七五六年）に「海南社記日　貞観《じょうがん》（八五九〜七五年）ノ昔ヨリ以分利《おぶり》例故初取者号犠合《にあい》包草稾　沈御座磯海内ト云　今尚其例アリ」とみえる。

「ドウシンボウ」「カンダラ」「ナイショモン」という民俗語彙

「ドウシンボウ」という民俗語彙は、漁獲された魚類を公然と盗みとる風習、あるいはその行為にあてられてきた。黙認された盗みのことである。地域によっては漁獲されたイルカやクジラ等への同じ行為を「カンダラ」ともよんできた。三浦三崎在住の故内海延吉氏は高著『海鳥のなげき』の中で、

「ドウシンボウは広く各地の漁村に通ずる長い間の風習であった。盗み魚のことである。魚を盗むのに皆が同心する意であろう。旅を働く給金制のヤンノに行われたことは周知のことで、親方に見せる仕切書とは別に、船方だけで分ける分を別口として売ったものである。また、現在のマグロ漁船では、サメのひれや魚の肝臓が、また、サケ・マス延縄漁船ではサケの卵（スズコ）が代分け計算から外ずされ、公然と船員だけで分配するのは、網船などで、サイ（おかずの意）分としてド

ウシンボウが許されていた慣行の名残であろう。ホマチとドウシンボウとは同じに考えられるが、語のニュアンスが違うようだ。ドウシンボウは盗み魚隠し魚——魚を盗む行為であり、ホマチはそれによって各自の懐に入る余禄の意である。ドウシンボウが給金制の漁船に公然と、或いは黙認の形で行われていたのに対し、歩合配当制の三崎の一本釣漁船には全然行われなかった。これは船主が船頭をする家族経営形態であって、船シロ（代）の率も低かったためで、ヤンノにこれが行われたのは、その給金が安かったのも一つの理由とされてきたが、要するに船主の監督の眼が届かないためであった」

と述べている。なお、文中に「ヤンノ」とあるのは、比較的沖合でマグロ延縄漁などをおこなう「ヤンノ型の漁船」のことで、この漁船に乗組む、船頭以下の乗組員のことをさしている。

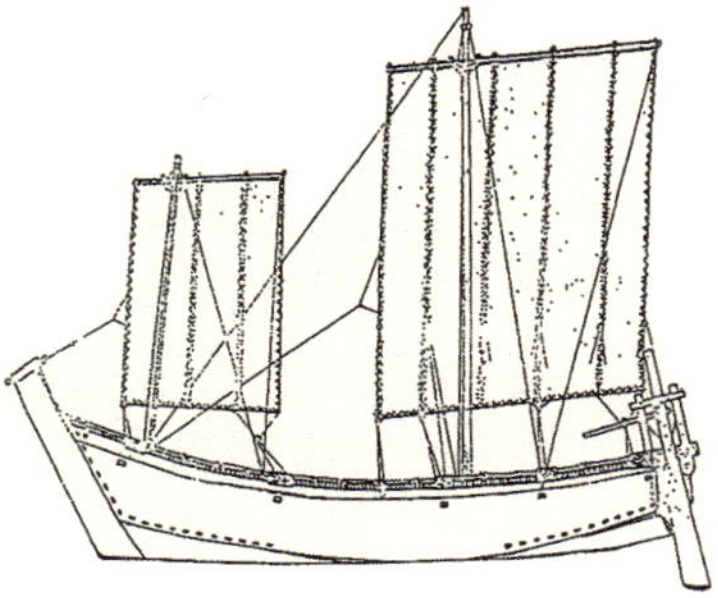

「ヤンノ」とよばれた型の漁船（沖の大波や，うねりを乗りきるため梶が長い）

イルカの捕獲がさかんにおこなわれていた長崎県の対馬では、「女若者衆や中老の女達が浜に引揚げられた海豚に赤い腰巻を履（ママ）せると、その海豚は女達が取得していたことになる不思議な風習があった」（ものと人間の文化史『イルカ（海豚）』参照）。これを「腰巻カンダラ」といい、それは黙認され、大目に見られる盗みであった。

また、働き手の主役である男若衆たちによる「カクシカンダラ」もあった。これは「イルカ捕りの花形役である男若衆の隠し盗りで、イルカと格闘するたくさんの若者衆の目ざましい活躍と、取揚場の昂奮《こうふん》と騒擾《そうじょう》の中で若者の誰かが、一頭、時には数頭のイルカを格好の場所に隠し取るのであった。そして、それは、男若衆一同の取得になったのである」とみえる（同前書参照）。

また、竹田旦《あきら》氏は『離島の民俗』の中で五島列島のイルカ猟にふれ、「イルカを陸へ上げると、長刀でノドビエを切って、すぐに血を出してしまう。そこには群衆が見物しており、中からちょいと出て、タテガラ〈イボともいい、背びれのこと〉を切って逃げる。これがカンダラである。見つけて、ちょっと追いかけても取りかえすことはなく、公許のような格好である習俗なのだ。昔から〈海豚の浜ごと〉という言葉があり、仲のよいものが組んでカンダラをしたのを、仲買人が安く買ったりする場合もある。カンダラという言葉はクジラ・イルカに使うだけで、シビ（マグロ）のときは〈ナイショモン〉といい、発見されるときつく罰せられた。イワシ揚繰網《あぐりあみ》をやっているような所でも盗み魚はカンダラで通用するが、多くは〈ビワヲ引ク〉などという」とみえる。

カンダラは一般的に認められた魚の盗みだとはいえ、シビ（マグロ）は特別に「ナイショモン」と呼ばれていたとあり、みつかると、きびしく罰せられたというのは、大型のマグロは高価であったためかと思われる。

神仏になったマグロ

三重県尾鷲市須賀利（浦）の高台に曹洞宗・普済寺がある。境内からは集落やリアス式海岸の湾内が一望できる風光明媚な場所だ。

昭和 30 年頃の須賀利浦の集落（昭和 34 年の伊勢湾台風以前には行われていた真珠養殖の筏が見える．尾鷲港の渡船場にて）

須賀利（浦）は、「日本一小さな漁村」などと呼ばれ、日本の数ある漁村中でも特筆されることが多い。また、前出の普済寺が海村（漁村）研究者の中で知られているのはなぜかというと、それは、かつてマグロ（シビ）が大量に漁獲された村であること、普済寺の境内に「マグロの墓」が建立され、祀られていることが、この小村を有名にした理由なのである。

一般に「マグロの墓」とよばれる石塔は、今日わかっているものが三重県内だけでも四基ある。その最も古い、天保一二年（一八四一年）に建立された「法華塔」とよばれる石碑が普済寺の本堂前の境内にあるのだ。境内といっても、入江の奥の石段を登りつめた高台にあるので広くはない（次頁写真参照）。

その他には、慶応四年（一八六六年）に造立された熊野市甫母《ほぼ》町の海禅寺にある「法華塔」、その三は、度会郡南島町奈屋浦（現在の南伊勢町奈屋浦）の照泉寺境内横の丘の中腹に建立されている慶応四年（一八六八年）の「支毘《しび》大命神」と、同寺同地に併立して造立されてい

須賀利浦の普済寺（曹洞宗）

る明治一三年（一八八〇年）五月建立の「支毘大命神」である。

　これら四基の供養塔（大漁碑）が祀られている海村（漁村）はいずれも、三重県下の熊野灘に面したリアス式海岸の奥まった地に、ひっそりと佇む小さな旧海村であり、寺である。そしてこれらの供養塔は、四基とも、マグロ（シビ）の大漁に感謝し、その亡霊の冥福を祈るために建立されたものであることが共通している。この共通点の中に脈打つ心情の流れの渦中に、日本人が永いあいだ関わってきた仏教思想に基づく自然観、動物観、無常観、世界観、宇宙観といったものまでが感得できる。一口にいえば人間《ヒト》と自然との「共生文化」だ。

　以下、前述した三重県内四基の「マグロの墓」のうち、普済寺の本堂前庭にある「法華塔」が造立されたいきさつについて、詳しくみていくことにしよう。

　わが国では、天保四〜七年（一八三三〜三六年）にかけて、「天保の飢饉《ききん》」として伝えられ、知られているように全国的に飢饉がおこり、どこの村も貧困にあえぎ、疲弊しきっていた時代であった。特に海付きの耕地の少ない漁村の暮らしが貧しかったことはいうまでもない。

　ところが天保一〇年（一八三九年）、マグロの大群が須賀利（浦）の湾内に入ったので、湾口を漁（魚）網で遮断し、マグロ三七九五尾（本）を漁獲するという大漁に恵まれたのである。実は、須賀利浦では一〇年前の文政一二年（一八二九年）、約五〇〇〇尾（本）のマグロを漁獲するという大漁に恵まれたことがあったし、それ以前にも庄屋の芝田吉之丞（一七九〇?～一八六一年）による苦労をかさねてのマグロ網の考案・改良による「新規網」で文政五年（一八二二年）一一月にマグロ三三〇尾（本）を漁獲した経験があったので、毎年のようにマグロの捕獲をねらっていたのであった。

また、天保一一年（一八四〇年）の春には、驚くなかれ、三万九〇〇尾（本）のマグロの大漁があり、村の全戸に一戸当り九両という大金が配分されたということが当時の藩の役人山本清蔵（退役後は須賀利浦の庄屋を務める）の「日記」に記されている。

上述したように、須賀利浦では同浦の有力者であった庄屋の芝田吉之丞が私財と苦労をつぎ込んで漁網の工夫・改良を重ね、新たなマグロ網（立切網）を開発したので、その成果が大漁につながったのであった。

この吉之丞をはじめとする村人たちの努力により、須賀利浦のマグロ漁獲高は飛躍的に伸び、天保一一年には、網方などは一軒一口に対して、二五両の収入があったとされる。

さらに、天保一三年（一八四二年）の春にも約一万八〇〇〇尾（本）のマグロの大漁があったことが記録に残されている。

供養塔をみとる、その刻字に、

（前面）　法華塔

（背面）　天保十三丑春鮪魚得漁事奉

謹大乗妙典一部書写造立

マグロの頭上運搬（鮪漁・矢口浦）

マグロの墓碑（普済寺の法華塔）

宝塔仲供養也
十世代　庄屋　吉之丞
　　　　肝煎　孫次郎

とみえる。

なお、これまで述べた須賀利浦のマグロ漁に関わる漁法や網漁具などに関しては、三重県が明治一六年の第一回水産博覧会（東京上野で開催）のために制作した『三重県水産図解』（現本は三重県庁所蔵・「海の博物館」で復刻）中に詳細に図示されている。また、同書の中の解説に、「鮪ノ尾関《オバリ(カ)》ヲ左右ノ手ニ二尾ツヽヲ捕へ各船ニ収ム　最モ大魚ニテ一人力ニ應セサルモノハ漁夫自ラ網ニ飛入リ縄ヲ掛ケ数人ニテ曳揚ク……」とみえる。

このような記載からすると、マグロといっても大小さまざまな大きさと形があったようで、それを裏書きするように、同書の「紀伊国北牟婁郡矢口浦ノ捕魚ノ図」には、浜で働く女性が三人、頭に板を乗せ、その

須賀利浦（左）と鮪漁法（右湾内）の図（『三重県水産図解』より）

上にマグロを一匹ずつ乗せて頭上運搬している図絵がみえる（写真参照）。

このことからも、マグロ数千尾（本）といっても、今日、わたしたちがイメージする大型のマグロばかりではなく、大小さまざまの大きさのマグロだったであろうことが伺える。

「マグロ網」の改良・民俗技術

宮城雄太郎氏の著作『日本漁民伝』（全三巻）は昭和三九年に発刊された。

その上巻には「熊野の浦風」と題して前掲（六六頁「神仏になったマグロ」）した須賀利浦の元庄屋であった芝田吉之丞が登場する。もちろん芝田吉之丞が『日本漁民伝』の中に登場する理由は、苦労をかさねてマグロ網の考案・改良に尽くし、村人を貧困から救った業績をたたえられたことにある。

あわせて本書において芝田吉之丞に注視し、再評価をするにふさわしいと思うのは、近年、民俗技術やその背景となる技術的な文化史がみなおされている点にある。

しかし、『日本漁民伝』は半世紀も前に発刊された本であるため、読者諸賢にとって、入手がきわめて困難であろうことを考慮し、その一部を以下に引用させていただいた。

「　鮪漁を夢みて

芝田吉之丞は寛政二年〔一七九〇年〕、紀伊国北牟婁郡須賀利村〔現在の三重県尾鷲市須賀利町〕の大前の子として生まれたと伝えられる。この年の前年から倹約令が強化されて、備荒貯蓄が奨励された年であるが、漁業の不漁が全国的にあらわれ、肥料としてなくてはならぬホシカ〔鰯干〕の値段が高騰したため、漁業奨励の必要上〈麻苧《あさお》の類その他船道具の値段はもちろん、水主給金などいわれなく引上候儀致間敷候〉というような、物価抑制令のでた年である。

こうした不漁や漁業資材の値上りで、漁村が深刻な不況に見舞われたことは、奥熊野の漁村とて同じであった。吉之丞の家は代々網元の家格であったが、うち続く不漁のため、彼の少年時代にはその網もいつとなく質流れとなり、小前同様の苦しい家計の中の人となったのである。それだけに吉之丞は、なんとかして自分の代に家運を挽回したいと早くから念願していた。僅かばかり残った山畑を耕し、親方の山をかりて炭を焼き、ときには山稼ぎの日傭に出るなど、彼の青年時代は、大網一張をもつ希望だけで骨を砕いて働いてきたといえる。

吉之丞の暇さえあれば海に出る熱心さは、少年のころから持って生まれた性分である。それも、村の漁師たちが湾内の磯魚だけしかやらぬのにひきかえ、尾南曽鼻《おなそばな》をまわつて沢崎や寺島の沖など、黒潮がじかに磯を洗うあたりに出て漁をする熱心さであった。

こうした熱心さは、もちろん家運をおこすという望みのためでもあるが、生きるためには他村の磯の盗漁までする自村の漁師たちのあわれさを、なんとかならぬものかと考える、社会をみる眼から出たものといえぬこともなかった。それは、

わたしたちに五両のお金をお貸し下されば、新規網をつくり、村人たちの働ける漁場の開発をしてみせましょう程に……

と、村の素封家に申し入れたことでもわかる。

そのころ、吉之丞は一つの網型を考案していた。それは、ときに湾内までも入ってくるマグロを獲る網であった。村の漁師たちは、マグロが尾南曽鼻につけることを知ってはいても、磯船しか持たぬ悲しさに、それは自分達には獲れぬものと諦めてきたのである。

奥熊野でも、大前漁師の仕事といえば、ブリ刺網やカツオ漁であったが、この村ではそうした漁法は発達していない。ときには他村に漁夫として出稼ぎするものはあっても、永つづきはしない気風であった。こうした村人の眼を沖にむけることは、地形を利用した網を考案し、まず自分がよい漁をしてみせるよりほかはない。かくて出来あがったのが、湾入を利用して入込みマグロを捲きとる楯切網である。彼の考案した初めの網の形は不明であるが、新規網でマグロ三百三十尾を漁獲したのは、文政五年〔一八二二年〕であったと記録されている。しかし、漁は永く続かなかった。網を張りたてても、潮に流されたり、魚群に逃げられたりするときのほうが多かったからである。そうした失敗の連続は、彼を一層網と漁法の改良にかりたてた。〔七一頁図絵参照〕

初めは九鬼や長島組の錦浦あたりのブリ立廻し刺網などを参考にしたり、浜中籐兵衛の漁法をはじめ各地のよいという漁法は、遠近の別なく出かけて、その網仕立法を学んでは、新規網の改良の基としたのである。こうして骨を削るような一〇年間は急潮のごとく過ぎ去った。

吉之丞は知恵まけして、せっかく若い間にため込んだ虎の子を、フイにするぞな……

と、人の噂するころには、吉之丞はついに〈コックリ網〉という楯切網を完成させていたのである。

この大網は、五〇人からの網子のいる大型網であった。一介の漁民である彼の財産では、どうすることもできなかった。吉之丞は再び金策のため方々を駆け歩いた。彼の詳しい新網の目論見をきいてくれる親戚や友人の誰れ彼れはこういった。

吉っあん、ご入用しましょう。けれど、それはお前さんにではない。お前さんの漁熱心にだ。お前さんの漁熱心が実を結べば、村の衆は助かるでのし……

言葉は短くとも吉之丞にとっては、頂門《ちょうもん》の一針《いっしん》〔頭の上に一本の針をさすように、人の急所をおさえて戒めを加えるという意。痛切な戒め〕であった。

常々、〈ワシが気狂のようになって網を工夫するのは、ワシ独りのためではない。同じ貧乏に育ってきた村の衆に新しい仕事をつくるのだ〉といってはきたが、その心の底に、家門の挽回をと願う心の渦巻きは、もっともっと激しいものであったからだ。

やがてこの新網は、湾内に導き入れたマグロの群を立てきり、数千、数百とまきとる日がきた。そしてその漁利は、金主への返済金と網の償却費を差引いて、平等に分配された。妙なもので、漁する日が続けば、それだけ村人の気風はなごやかとなり、ひところ村内の貧乏に輪をかける基であった賭博の風習も、いつのころか影を潜めた。

この新規網の漁法の大要は、つぎのような仕組である。マグロの洄游する魚道の要所に、あら見台を設け、荒掛網を備えつけておく。

マグロが外海から入ってくるのを認めたならば、見張人が荒掛網をもって湾口を遮断し、魚が入ったことを網組に知らせる。

この報をきいた網組は、かねて準備してある網船二隻に水主が七人ずつ乗り、これに四人の漁夫が乗った手船十二、三隻が従って漁場に急ぐのである。

そして、網代では吉之丞の指揮に従って、荒掛網の中側に網船の網を下ろして、マグロを囲み、これを岸に引きつけて獲る。この場合、海岸の条件の悪い網代では、掛留という網をつかって、荒掛けの内を囲み、捕り網という前網でマグロをとりあげる方法であった。

マグロは三貫ぐらいの魚体のものでは手捕りにするが、二〇貫以上のものとなると、漁夫が数名海に飛びこみ、激しく抵抗する魚を抱いて陸にあげるのである。だから、網組のものは屈強の若者でなければならず、敏速な活動のためにも、統制力のある船頭が必要であった。だから吉之丞は自らその指揮に直接あたったのである。

この陣頭指揮で、人びとの心にも変化が生まれた。たとえ経営は吉之丞個人のものであっても、村人は自らの漁業同様に精をだしはじめたのである。マグロによる漁歩合がはいるなら樵夫《しょうふ》〔きこり〕に雇われてゆくこともなく、家族ともども村の中で炊煙をあげることができるのだからだ。しかし、吉之丞はいつまでも〈コックリ網〉を自分一人のものにしておくことはしなかった。個人経営でスタートしたのは、村網で発足しては、失敗の損害を痩村全体におわせることをおそれたからである。

今はその心配はないと見とった吉之丞は、天保七年〔一八三六年〕の飢饉が全国の町や村々を襲うころ、これを村民一同に解放することで、飢饉の難から村人を救う策に出た。かくておのれの持網一式を、漁民の協同組織に託したのである。かつて資金の融通をしてくれた人びとの、〈お前さんの漁熱心が実を結べば、村の衆は助かるでのし……〉といった言葉の実行であった。」

以上、漁撈・漁業技術をたんに民俗伝承として技術論的に記載するのではなく、民俗技術伝承の、考え方の大切さや重要性を示唆する一事例として「マグロ網」の改良について紹介した。

また、民具学的な視点からしても、田村善次郎氏が述べたように、「民具研究は広い意味に技術を解釈して、作る技術と、使う技術から出発するものである」（『民具研究ハンドブック』）とする「技術大系の比較」といった、一歩ふみこんだ技術論ととり組んだ比較研究もあり、重要な視点である。

「　木盃と柏の葉

榎峠を境とする島勝浦〔現在の北牟婁郡紀北町海山区島勝浦〕が「鯨漁の栄えたころは大前の者共は身上柄もよく、浦も豊かであったが鯨漁が寂れ、不漁は続き大前の者はもとより小前は飯料にも事欠き」と記録されるころ、かつての陰惨な貧乏村は、天保期の不況をよそに、活きいきとした協同の実を結んでいった。その基礎は天保十年に六万尾、その翌年には七万尾というマグロ大漁におかれていたのである。

吉之丞はこうした大漁に適応するため、網数を増加し、マグロ漁期には漁家一戸から一人は必ず出役し、労働力の不足分は働き手の多寡や、暮らし向きの状態を考慮して雇い入れる方法をとった。これは貧窮の中に成人し、貧困の悲しさを身をもって味わってきた彼の、〈貧乏の辛さを平等にとり除く〉という処世訓からきたものであった。それだけに吉之丞の網組経営は厳格であった。彼は口癖のように、〈漁はいつまでも続くものではない。大漁の後には、いつかは不漁の谷がくる〉といった。これはともすれば、昔の貧乏を忘れ勝ちな村人への警告であり、自身の戒めでもあった。そのため大網操業の権利を確保するために、藩庁には尾鷲組役所を経て、五十金から百金の運上を納め、毎年漁獲高の三分五厘を割いて積立て、これを凶漁に備えて備蓄した。

また、吉之丞が奥熊野のような山林地帯にありがちな、村民の山地主に対する隷属を好まなかった。村中がこうした財力の袖にすがって生きている根性では、凶漁が村を襲えば再び盗伐盗漁の気風が生まれるからである。そのため自ら大型船をつくって、立切網漁期外の沖漁にと若い漁夫たちを導き、浦の奥の耕地開墾などにも力を注いでいった。

〽ヤンサそれまけ　シビ漁は大漁　沖で鷗が鳴くときにゃ　陸じゃ娘がカネつきける　ヨウホイ……

沖では威勢のよい船唄がきこえる。網を揚げる若者たちの手も心もはずむ。それは貧窮の渓間《けいかん》から解放された鼓動なのである。

こうして村の姿の移りかわりにしたがい、吉之丞の財力も大きく蓄積されていった。藩からの御用金仰せ付けに対しても、尾鷲組の富豪土井孔十郎に劣らぬほどの上納金をする身上となっていたのである。

吉之丞は安政六年〔一八五九年〕、七十歳で隠居し、自ら資力を投じて開墾に力を注いできた浦の奥に、新居の普請をした。そのとき彼の長年の功を慕う村民は、その徳を称える方法として、協同で積立ててきた備荒貯蓄の大部分を割いて贈ることを決議した。けれど吉之丞は、それを拒否して受けなかった。貯蓄はそのような個人の表彰のためにつかわれるものでなく、凶漁に備えるためのもので、いわばそれは山の造林にも似たものだ。みだりに伐るべきものではない。もし余分があれば、それは新しい漁法のために、備えるべきものである、というのが理由であった。

そこでやむなく網組総代たちは、組合仲間の寄合をひらいて協議の結果、村の共有林でノナシロと呼ばれている一画《いっかく》の土地を贈り、功に酬いんことを申し出たのである。こうなっては吉之丞も、好意をむげに退けることはできない。そこで彼は、村人の誰れ彼れ問わず、船材や薪木の用があるときは、従前通りこれを利用するという条件で、漁民たちの報恩をうけたのである。

星移り、時かわって、奥熊野の漁業はその後大きな変化があった。だが、ここに一つだけ変わらぬ行事が残されている。

それはこの村の祭礼には、氏神に供した神酒を頒つのに、二個の粗末な「木盃」を用い、魚肉を盛るには「柏の葉」を用いて、皿を使うことはない。これこそ、それまでの悲惨であった困窮の時代を偲び、その渓間から救出してくれた先覚、芝田吉之丞の功を永く忘れざらんためであるといわれている。」

以上、『日本漁民伝』中の芝田吉之丞に関わる評伝的内容を掲げた。この文中に記載されている年代やマグロの水揚げ量などに関しては、史料と必ずしも一致していない。若干なりとも異なる点がある部分は同書が読み物として執筆されたため、潤色された結果であると思われる。
なお、本書に関しては、後述する史的・民俗的内容を含め、史料、出典が明確なものであることを付記しておきたい。

須賀利浦の史的背景

尾鷲湾の北部に位置する島勝半島の南半分が須賀利浦で、東に元須賀利湾、西に須賀利港がある。北に位置する島勝浦（現在の北牟婁郡紀北町海山区島勝浦）とは榎峠を越える道が一本ある陸路であった。したがって、交通は海路の方が便利な地であった（次頁参照）。

古く、『神鳳鈔《じんぼうしょう》』（成立は延文から応安、すなわち一三五六〜一三七〇年頃とされる。「群書類従」神祇にあり）に佐和・須賀利御厨と記されている。佐和というのは元須賀利のことであるとされる。

『紀伊続風土記《きいぞくふどき》』（仁井田好古著。天保一〇・一八三九年刊）に、「此村は巽《たつみ》（南東の方角）の方、出崎にありしに風波荒く住かたき故、今の地に移すという、旧の村居の所、今元須賀利という」とみえる。

口碑においても、元須賀利の地は南の風波を受けることが多く、現在地に移住したといわれ、尾鷲組大庄屋文書所収の享和元年（一八〇一年）の文書には、同じように口伝として、村人の半数は島勝浦へ、他の半数は須賀利浦へ移ったと記されているという。

慶長検地目録（和歌山県間藤氏蔵）に、「須賀利村」と記されているが、寛文年中（一六六一〜六七年）の頃、「須賀利浦」と改称、江戸時代にはすでに尾鷲字組に属していたとされる。

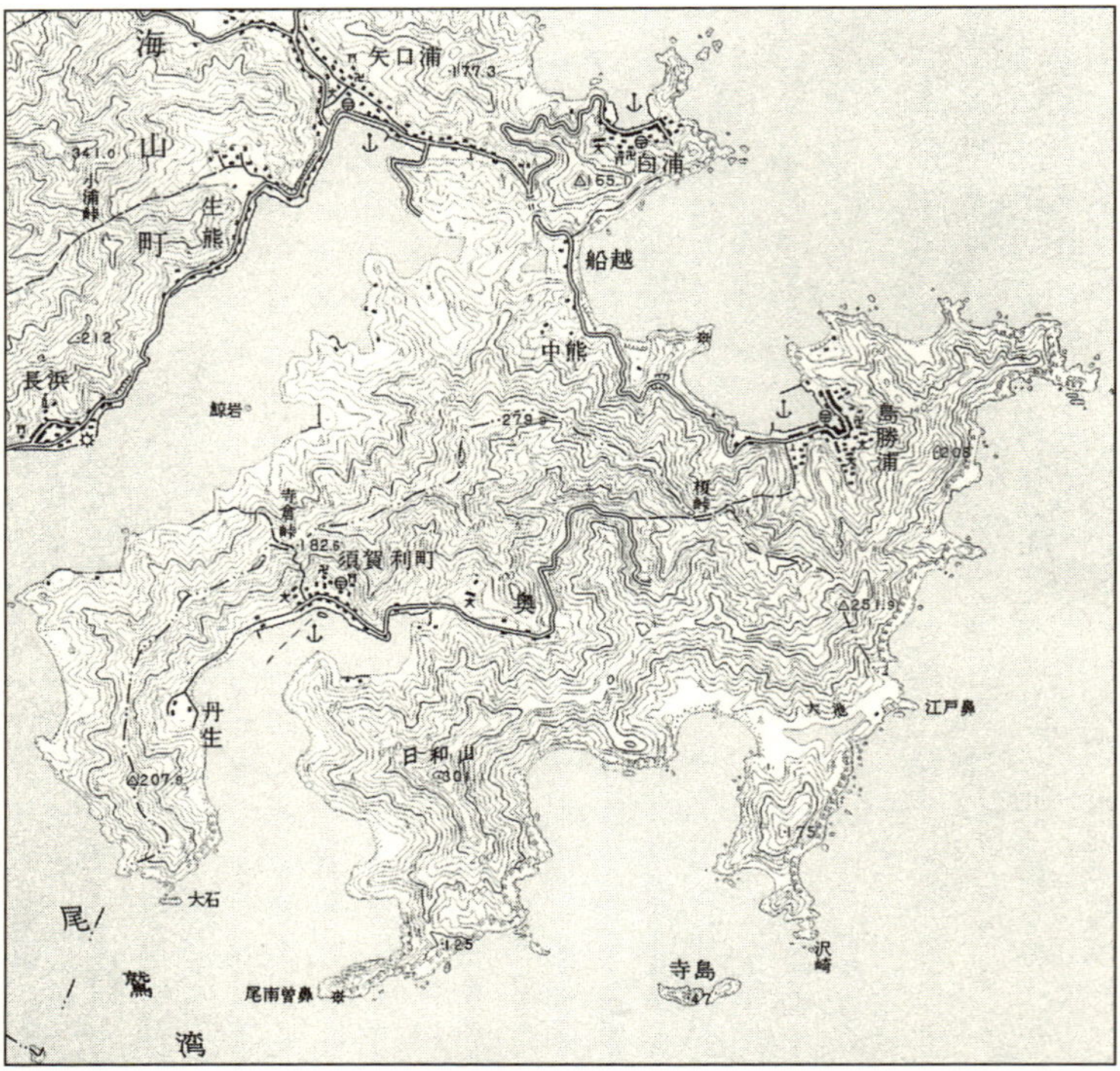

須賀利（浦）付近の地図（国土地理院発行「島勝浦（しまかつうら）」）

寛政五年（一七九三年）の大差出帳（尾鷲組大庄屋文書）の中に、須賀利浦の「家数五八、人数三六三、船数三二（鰹船六、さっは船十二など）、網数十（海老網、細魚《さより》網二、鰯網二など）」と記されており、この時代に、鰹漁や伊勢海老網漁などがおこなわれていたことがわかる。

　また、須賀利浦について特筆すべきは、江戸時代後期、海上交通のさかんな頃には、大坂と江戸を結ぶ廻船の寄港地として栄えていたことである。リアス式の海岸は難所の熊野灘を航行する弁財船（樽廻船や菱垣廻船など）の避難港であり、風待ち、潮待ちの中継地であった。天然の港に入港した廻船は、文化一三年（一八一六年）、一八六艘を数えた。廻船は二日から四日滞船する場合が多かったので、船宿が一三軒に増え、船行遊女もおり、夜はおそくまで「須賀利節」が聴こえるなど、浦は賑わいをみせた（牧田茂「海の民俗」『海村生活の研究』）。

他方、延宝六年（一六七八年）から明治初年までに、難破船として須賀利浦へ入港した船も多く、その数は約一七四艘にものぼり、村民はそのつど難破船の救助にあたるなどの苦労も多かったようである。

このように近世における須賀利浦は、小前の漁師とよばれる零細漁民がいる一方で、廻船の船宿を営む、かなりの富裕層もいたようだ。したがって、主人公の芝田吉之丞は、こうした富裕な人びとからマグロ網を考案・改良するための資金を調達したのであろう。ようするに多くの漁民は貧しかったが、ひとにぎりの商人は豊かな暮らしが営めた時代だったのである。

奈屋浦の支毘大命神

三重県度会郡南島町奈屋浦（現在・南伊勢町）の照泉寺《しょうせんじ》（浄土宗）には二基の「マグロの墓」が祀られている。いずれも「支毘《しび》大命神」と記されており、建立年代は、慶応四年（一八六八年）と、明治一三年（一八八〇年）五月の銘がある（八四頁参照）。

奈屋浦の「マグロの墓」（供養塔）も須賀利（浦）と同じく、マグロの大漁に対するカミ・ホトケ（神仏）への感謝と、マグロの亡霊を供養するために建立されたものだが、特筆されるべきことは、照泉寺の本堂には、マグロの位牌が二柱祀られていることである。この位牌には「支毘大命神縁由略記」が残されている。以下、中田四朗氏による「奈屋浦における鮪大漁記録から」より、その様子やいきさつをみよう。

「慶応四年（一八六八年）の春二月に造立された供養塔は、前年の慶応三年（一八六七年）三月三日、マグロの大群を荒見《あらみ》（赤見《あかみ》・魚見《うおみ》とも）とよばれる魚群洄游の見張り役によるマグロの大群の発見にはじまる。荒見は魚群の見張り役で、群が赤く見えることから「赤見」の名もある。

奈屋浦では、江戸時代の中期頃からコノシロ（鮗）やボラ（鯔・名吉《みょうきち》とも）の群を二月から五月にかけて見張り、群を発見すると法螺貝《ほらがい》で浦の人々に知らせたり、菅笠《すげがさ》などで合図を送り、船頭は荒見の指示にしたがって操船し、漁網を入れるという漁法をおこなってきたのであった。したがって、魚群を発見した時は、ただちに湾内に群を追い込み、網船は、まず湾の入口を遮断し、魚群が湾の外に出られないようにすることにはなれていたのである。

この日は、群がるマグロ約三、〇〇〇尾（本）であったため、捕獲するのも大変であった。そこで、大網をもつ、近くの神前浦《かみさき》に応援をたのんだのである。

まず、湾内にとどめたマグロを小さな群に分散させ、岸辺に追い込み、「帰り隅」「行くさ浜」など呼ばれる浜辺で連日マグロを捕獲し三日から十一日まで、九日間を要した。

この、マグロの大漁は奈屋浦のような寒村にとっては、まさに奇蹟であった。マグロの勘定帳の表紙に、「昔今稀鮪大漁勘定之帳」とみえ、その内訳は、収入六、〇〇〇両余であった。」

中田氏によると、慶応元年になって社会不安と凶作で米価が騰貴《とうき》し、慶応三年のころは、一両で僅か

奈屋浦・神前（かみさき）付近の地図（国土地理院発行「贄浦（にえうら）」）

に米八升しか得られないほどに暴騰し、これと同時に諸物価も騰貴したので、奈屋浦の人々は飢餓においこまれていた。このようなとき、マグロの大漁があり、その恩恵で浦人は難局を切りぬけることができたのである。

　このため、大施餓鬼を勤修し、十七夜誦経《しょうけい》称仏（佛）をして冥福を祈り、なお毎年三月三日と春秋の彼岸には「永世退転勤行、追善菩提」をすることを忘れてはならないため、この供養塔を建て、なづけて「支毘大命神」とした、というのである。

　また、同浦では、翌年の慶応四年（一八六八・明治元年）にもマグロが七九尾（本）、四〇七両の漁獲があり、この年も、他の年に比較すれば大漁にはちがいないのだが、なにしろ前年の

奈屋浦の照泉寺に祀られているマグロの墓（「支毘大命神」の碑．右：地表より260cm，左：地表より253cm）

マグロの大漁にくらべれば、「たいしたことはなかった」ということだったのであろう。

　その後、奈屋浦でも、近くの神前村のように、マグロ捕獲のための大網をつくり、普段はボラ漁の網として使用し、マグロの大群がくるのを待ったが、マグロの洄游は永らくなかった。以後、マグロの洄游があったのは明治一三年（一八八〇年）一月三〇日になってからのことで、この時、捕獲されたマグロの数は二三〇〇尾（本）余、価格にして一万八〇〇〇円ほどの大漁であった。

　慶応四年（明治元年）に建立された供養塔のそば（横）にある「支毘大命神」の碑（「明治十三年五月」の銘がある）の背面には「去卯十二月十八日、鮪二、三〇〇余頭、其価一万八千円《ママ》余也」と刻してある。この日付の「十二月十八日」は旧暦で、その後、暦もかわり、明治一三年一月三〇日のことである。また、照泉寺に安置されている鮪群霊の「位牌」二柱のうちの一柱の背銘文には「支毘大命神縁由略記」とあり、「照泉寺十二世住職の根誉大善識《こんよだいぜんしるす》」として次のようにみえる。

　「慶応改元丑年ヨリ殻価高貴。同三年丁卯孟春《もうしゅん》ニ至テ未曾有ノ高価ナリ。活業・漁業亦少微、殆餓死ニ向トスル際、三月三日ヨリ十一日マデ鮪数凡三千有余ノ多漁ヲ得、価金凡六千両余ナリ。依テ餓死ヲ免ル。故同四年戊辰仲春、石碑新立スル所以ナリ。時ニ住職制誉代。

又明治十二年己卯十二月十八日ニ至リ、偶然トシテ鮪数二千三百余頭、其価金壱万八千両《（ママ）》余ノ巨利ヲ得テ、憂窘《ゆう（ママ）》ヲ免レタリ。是ヲ以テ、更ニ石碑ヲ建テ、邨民《そんみん》ヲシテ永世忘失セサラシメ且ツ位牌ヲ設置シ、香火供シテ晨昏《しんこん》不怠ニ回向《えこう》スル者ナリ。明治十三年庚辰七月　以上」

筆者が照泉寺に参詣し、長尾浩之住職（第十八世）にお世話になったのは平成二一年三月一四日のことなので、それほど古いことではない。当時、筆者たちは全国の大学研究者一〇人ほどが集まり、平成一八年度から二一年度にかけての四年間にわたり、文部科学省の補助を得て「日本における漁業・漁民・漁村の総合的研究」という課題で調査・研究を実施していた。その三年目に三重県鳥羽市神島の共同調査によるフィールドワークがあり、以前からの懸案でもあった照泉寺参詣が実現したのであった。伊勢市駅前から三重交通のバスに乗り、南島町の道方を経由し、さらに町営バスに乗り換えて奈屋浦まで、バスの待ち時間を含めると片道四時間以上を要したが、車窓にひろがる澄んだ空・山・海の景色が時間の経過を帳消しにしてくれた。

照泉寺に安置されているマグロの位牌（右.「支毘群霊離苦得楽超生浄土位」とみえる）

照泉寺にお邪魔して、まず驚いたのは、リアス式海岸の奥まった漁村特有の密集した家々のやや高台に建立されている寺にもかかわらず、境内が広々としており、こどもたちがボール遊びをを楽しめるほどの広さがあるほどだったことだ。それは、この地域の人々の信仰心の深さや、寺院に対する崇敬の念を象徴していること以外のなにものでもないのだと感じた。

ご住職によると、今日でも、毎年八月一五日と八月二〇日の施餓鬼会にはマグロの供養をおこなっており、近年は地元のマグロ旋網《まきあみ》漁を主とする水産会社二社が中心となって供養祭をおこなっている他、金毘羅様を祀る日にも、マグロの供養塔（支毘大命神）の供養をあわせておこなっているのだと伺った。だが、奈屋浦には卒塔婆をあげる慣習はないのだとも聞いた。

もとより、この地の人々は和歌山（県）方面からの出稼ぎ漁民が多かったので、貧しく、さらに「他《よ》所者《そもの》あつかい」されてきた経過もあったので、そうした人々に与えられたマグロの大漁は一層大きな喜びとなり、信仰心（神仏に対する感謝の気持）を増幅させたのかもしれない。

二柱ある位牌の一柱は、白木の木牌で、墨書により「支毘霊皆蒙慈恩解脱憂苦位」と記されている。年号もなく、全体の高さは六六センチ、幅一〇センチほど。他の一柱（写真右側）には「支毘群霊離苦得楽超生浄土位」とみえる。こちらは立派に漆塗加工された上に、金泥によって記されており、総高七七センチ、幅一三センチとやや大きい。

長尾住職によると、最初は白木の木牌に墨書したもので供養し、のちに改めて立派な漆塗加工して金泥文による位牌がおさめられ、供養されたのであろうと伺った。

五島有川湾のマグロ漁――漁業組織

竹田旦《あきら》氏の高著『離島の民俗』の中に、長崎県の「五島有川湾の漁業組織」という一節があり、次のようにみえる。

「鮪を捕るのはシビ網あるいは大敷という定置網で、いくつかのアジロがあった。この網代の権利、あるいはその所有者のことを「カトク」といい、旧藩時代はそれが知行として認められていた。家督といえば、西日本で家の主要なる田畑を指す土地であることはよく知られているが、ここでは世襲の漁場権を意味し、それが田畑と変わらぬ重要な意義あるものであった。」

竹田氏は以上のように、まず、五島有川湾周辺におけるマグロ漁場の重要性について、指摘している。このことは、「五島のマグロ」といえば、江戸時代の中期以降にはすでに江戸城下にもよく知れわたり、「房総のイワシ」や「松前のニシン」と並んで「天下漁猟の大なるもの」と記されていることを裏書している（一四三頁「江戸時代以後——各地のマグロ漁業」を参照）。

つづいては同書には、次のように記されている。

中通島の概略地図

「明治十九年に分村した北魚《きたうお》ノ目《め》を含めて、魚ノ目には十五のカトクがあり、おのおのアジロを一丁ずつもっていいた。

そのうち榎津には、オモヤ・コチノ宿・シダラ・下ノ宿の四つのカトクがあり、各郷のうちでもっとも秀でていた。このカトク制は廃藩置県のとき、半カトクだけは郷持にすることに決め、北魚ノ目では小串《おぐし》・立串《たてぐし》の二郷、魚ノ目では浦桑・榎津・丸尾・似首《にたくび》の四郷で経営することになった。したがって一五家督団は旧藩知行時代の半分だけ保有することができ網代からの収入を郷と折半した。

郷持ちは後に漁業組合が設立されてそれに移されたが半カトク（半カク）の家督はそのまま残った。これでは組合員の福祉をはかることができないといって、昭和八、九年に一家督団二万円の割で組合が買いとり家督制（カトク）は消滅した。

そのころ榎津では、もとの家督が持っていた半カク《(ママ)》の権威を転売したり、分売したりして細分された家督を八軒でもっていたという。

五島では浜を家督制で保有していた所としてほかには福江島の岐宿《きしゅく》が挙げられる。ここは浜方百姓と十石百姓との二つにはっきりわかれており、浜は磯を含めて、古来五二名の浜方組全部の家督として継承されていた。

鮪漁は洄游する鮪をミチ網でとらえ、それをシビ網に導き、逆戻りするのはタテマワシ網で廻しとるという仕掛けであった。それにはオカ山見を五人ぐらい必要とし、彼らは魚群（オーガキ、大魚群をイロという）を発見すると、ジャー（釆）を振って魚見に合図した。

魚見は一人だけで海上に竹で作ったウキセイロウに乗っていた〔詳細は『五島列島漁業図解』の鮪漁業の項を参照のこと〕。魚見は大敷きの沖番一三人の一番大将で、その下に六番まで大将がいた。二番大将をダイクといい、ヒコ網をあげる総指揮役、ヘタノガワヒコに乗り込んだ。三番大将をムコウヤク（向こう役）といい、沖ノガワヒコについて、ダイクの女房役をつとめた。四番大将は中ヒコノオヤジとかママタキとか呼ばれ、ヘタ・沖の中ヒコにおのおの一名ずつ。五番大将はトモモ

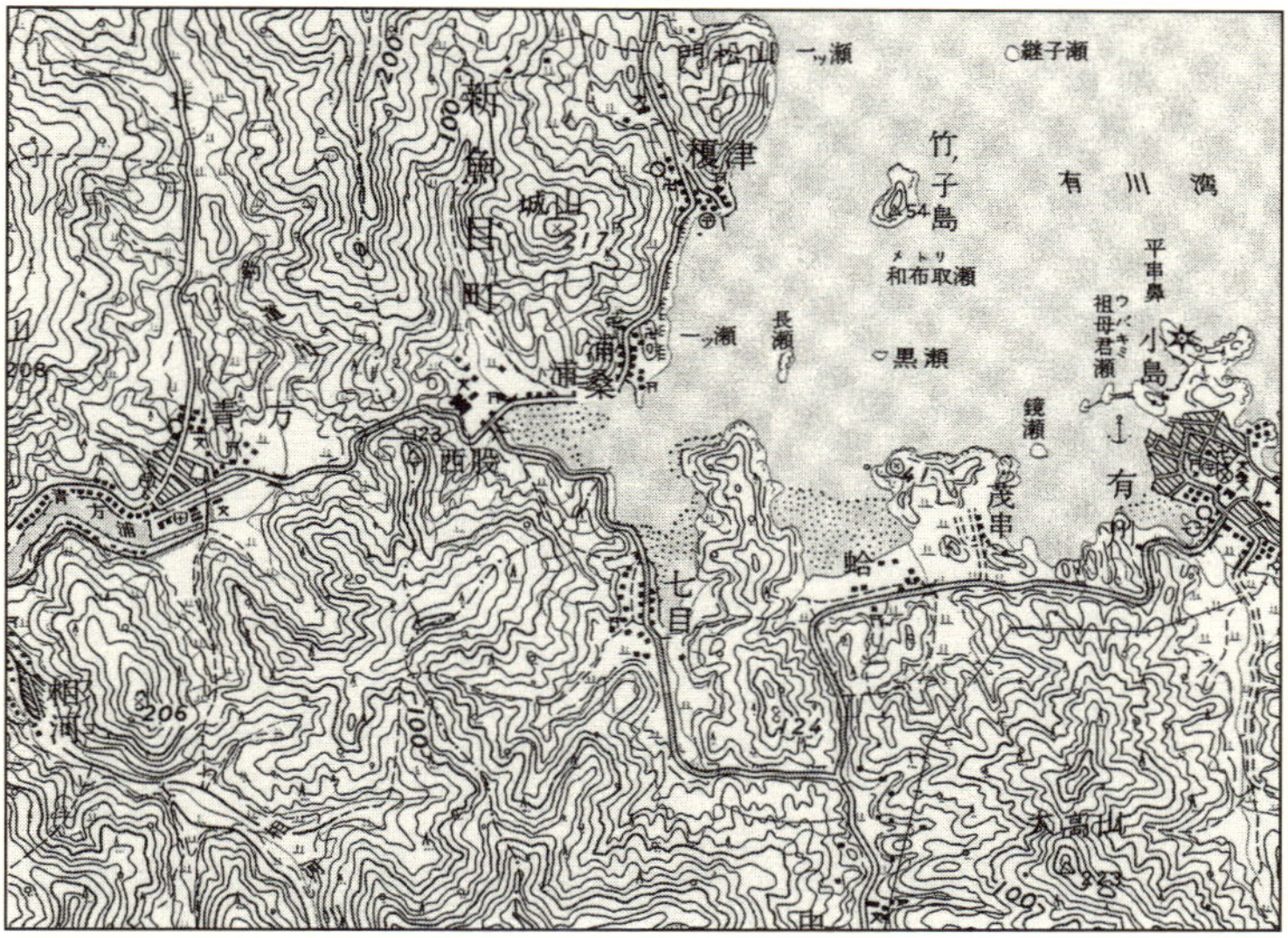

五島列島有川付近の詳細地図（国土地理院発行「有川」）

チ、六番大将はオモテモチで、四隻のヒコ船にそれぞれ一名ずつ乗っていた。ヒコ船はいずれも苫船《とまぶね》であった。分配にあたっては山見・魚見には三人、ダイクに二人、向こう役には一人半の歩がついた。

鮪の漁期は、春シビと冬シビの二期があった。春は旧四月に敷き入れて、五月末までの二か月間であるが、一番多くとれた。冬シビは八月中、遅くとも九月には敷き入れ、師走に入らぬうちに半カクだけあげ、他の半カクは鮪の見えなくなるまで入れておくならわしで、正月いっぱいはあげなかった。

敷き入れにあたっては、家督団が何月何日に入れたらよいかということを、浦桑の常楽院という禅寺に伺いに行った。これは旧暦六月二十八日、いまは新暦で一月遅れの同じ日に行われ、それをヒミ（日見）という。

取った鮪は、三丁櫓のブエンタテ船という帆船で本土の早岐《はいき》〔佐世保市早岐町内〕へ運んだ。二、三百匹も取れたりすると、塩に漬けて、馬関《ばかん》〔下関の別称〕・大阪へも持って行った。この船も帆船で、コマワシといった。春シビはすべて煮て、それをしめて油をとったという。カスは肥料にした。昔はアカシを買わずにセキ（肺）の油をたいた。あまり鮪がとれすぎて、アシナカ〔足半。草履の一種でかかとの部分がなく、足の裏の半分ぐらいの短いもの〕を作る暇もなく、鮪一本とアシナカ一足とを換えたという話もある。鮪の心臓をウシ（臼）といい、えらをキネ（杵）とよんだ。

家督に属するものとして、なおブリタテ網とヒオがあった。ブリは霜月・師走から四月までが漁期で、シビ網の邪魔にならぬようにたて廻した。朝たてて翌晩あげるもので、一網ごとに網代をかえた。ヒオとはマンビキ（シイラ）のことで、この網もたて廻しの定置であった。旧八月のキタカゼのころ、カナヤマとよばれるヒオのうちもっとも太い種類がとれ、次にカナブクロ、その次にコメン、終わり九月、十月にかけてシイラがとれた。」

以上の竹田氏の報文には、民俗調査ならではの研究成果がいくつもみられる。その一つは、マグロの敷き入れ（定置網）を入れる日を、常楽院という地元の禅寺に行って、伺いをたてるということである。一般には、生産や生業に関わる神事や祭事（五穀豊饒・大漁満足など）はカミ頼みが多いのだが、「頼《たのみ》寺《でら》」という民俗語彙があるように菩提寺など、それほど遠くない先祖の祖霊に伺いをたてるために、たのみとする寺に出かけるという伝承が残ってきたことがわかる。

また、数多く漁獲されたマグロは、五島列島（長崎県）の中通島の有川湾周辺（有川町・新魚目《しんうおのめ》町など）ということもあり、交通手段や流通機構が整備されていない当時にあっては、マグロも肥料にしかならず、イワシと同じく、魚油の原料にしかならなかったことを具体的に知ることができる。

あわせて、江戸時代の庶民の暮らしを引き継いだ明治〜昭和初期の時代にあって、マグロの脂（魚油）をもってアカシ（灯し）にするなど、この地域の生活が伺える。

上述したような、「五島のマグロ」は江戸時代から、つとに江戸城下町の人々にも特産品（名物・名産）として知れわたっていたとはいえ、一部は下関・大坂などに移送されたとしても、「春シビはすべて煮て、それをしめて油をとった」という伝承など、今日では考えられない驚きでもある。当時は「下魚」としてしかあつかわれなかったマグロとはいえ、イワシと同じく、油をしぼり、肥料にするぐらいしか価値がなかったという事実を、「もったいない話」だと思うのは筆者だけであろうか……。

後日、筆者によせられた民俗学者竹田旦氏からの私信によれば、五島列島有川湾での調査は「短時間の聞取りだけに終わり、腰を落ちつけて文献資（史）料をも追及する時日がなかったのは残念……」としたためられていたが、マグロに関する貴重な調査結果であることは変わらない。

食生活とマグロ

日常生活において、あらゆる理想を実現するために、私たちは、いろいろな営みをおこなっている。人間《ヒト》がもつ理想は「高い方がよし」とする見方もあるが、必ずしも、そうともいえない。

一概に、「高い」「低い」でその良し悪しを判断しきれない人間がもつ理想であるが、そのものを実現する営みを「文化」であると個人的見解として定めてみれば、結果、生みだされたものは「文化財」であり、「文化遺産」ともなりうる。

しかし、同じ理想の実現、努力でも、文化財や文化遺産になりにくかったり、なりえないものもありうる。その一つが「食文化」なのだと思う。最近は食文化も遺産だという意見もあるのだが……。

わたしたちが、日常生活の中で、「美味《おいしい》・好物にありつきたい」と思って努力することも「食文化」だし、「特定のモノを食べたい」と思って美味求心するのも「食文化」にちがいない。

ところで、マグロは大型で、『三重県水産図解』の記載には「捕獲スル鮪ハ一尾三貫目以内ト云フ、時ニヨリ二十五貫目ヨリ四十貫目の大魚ヲ捕スコトアリ」ともみえる。

このところ、すっかり有名になった青森県の下北半島の大間崎で水揚げされたホンマグロのうち、これまでで最も大きかったのは、体長約四メートル、体重約五〇〇キロほどであったという。しかも上述したように、肉味が優れており、刺身（生食）やスシ（鮨・寿司）によし、照焼（焼物）や煮物はもとより缶詰加工、そしてフシ（節）加工など、わが国民の食生活の中で好まれてきたため、経済的価値がきわめて高い。したがって水産上、もっとも重要な資源の一つに数えられるし、実績もあり、今日では高級魚の座をしめるに至っている。

しかし、古い時代から高級魚とされてきたわけではなかった。そのいきさつは後に詳述しよう。

気になるマグロ資源

76 キロのホンマグロ（高知産の蓄養クロマグロ）の解体

「水中・水産生物」という言葉（語彙《ごい》）は、魚介類・魚貝藻類などという言葉より、その意味は、ずっと幅が広く、奥が深い。

　というのも、「水産生物」の中には、大は海獣（海産哺乳動物）から、小は植物プランクトンや、アミのような動物プランクトンを含む、意味・内容を包括的に示しているため、きわめて範囲（内容）が広く、水中植物もその中に、当然、含まれている。

　そうした多様な水産・水中生物の中で、マグロが食文化をささえる存在理由、位置や価値をただしてみることは、人間《ヒト》にとってかなり大切なことだと思う。

　その理由は、「人間《ヒト》にとって、マグロは重要な餌なのだ」からである。特に日本人にとっては、他国の人間《ヒト》より重要であるためだ。

これまで、地球上で人類は、意識するしないにかかわらず、永い進化の過程をへて、生物の食物連鎖の頂点に立つようになった。したがって、最近は人間《ヒト》が他の動物に襲われ、食われてしまったという話はあまり聞かない。だが、以前には人間《ヒト》も他の動物の餌になるということは多かったにちがいない。

しかし、他の動物の数に比較して、逆に人間《ヒト》の数は日ごとに増加傾向にあるため、ヒト（人類）が地球上で生存するためには、多くの生物が犠牲にならなければならない時代になり、あわせて、ヒト（人類）社会では文明が発達することにより、それは逆転した。

本書の主題である「マグロ」も、人間《ヒト》の被害にあっている動物の一種類といえよう。

そのマグロが、これまた日ごとに減っているのは事実である。わが国におけるマグロの漁獲量が減少していることがそれを実証している。

しかし、考え方を変えて極論し、ヒト（人類）がこの地球上から姿を消せば、マグロは増加の一途をたどるだろうか……。そうとも思えないふしがある。

今日、地球上には、ヒト（人類）が学習を積み重ねた結果、まちがい以外に餌にしない毒のあるものは多い。毒フグや毒キノコの類だ。しかし、それらの種はヒト（人類）が餌としないにもかかわらず、爆発的に増えつづけているという様子はない。とすれば、地球上の約五五億とも六〇億ともいわれるヒト（人類）が生きていくために必要な食料（生物）の量は膨大なものであっても、知恵があれば、ヒト（人類）が生存していくためのエサ（食料）は継続的に確保できるのではなかろうか。

そこで、あらためて、マグロの漁獲量や水産有用生物あるいは食料全体の中における食文化の中のマグロの位置づけをみていこう。

世界のマグロに関する漁獲量については、次のようなデータがある。

世界の主要なマグロ五種（クロマグロ、ミナミマグロ、キハダマグロ、ビンナガ、メバチマグロ）の漁獲量は、年間約一四〇万トンとされる。

このうち、漁獲量の多い順からみると、(1)キハダマグロ（九〇万五四九三トン）、(2)ビンナガ（二四万二八八四トン）、(3)メバチマグロ（二二万八九九三トン）、(4)クロマグロ（二万九八四八トン）、(5)ミナミマグロ（一万九二七〇トン）となる（「データスポット」『朝日新聞』一九九二年三月八日）。

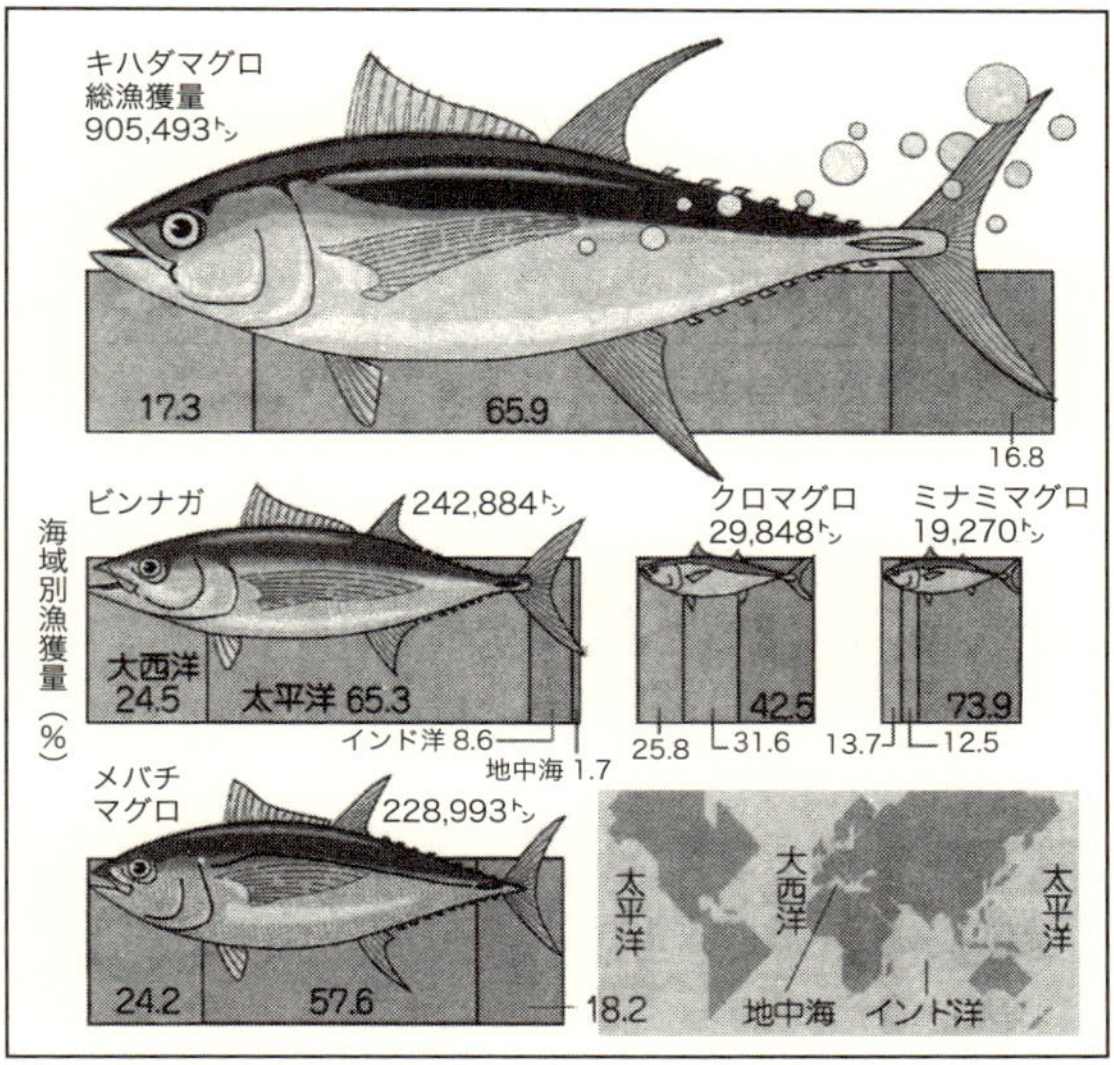

マグロの漁獲量（「データスポット」『朝日新聞』1992 年 3 月 8 日. 文字は一部修正した）

また、他のデータによると、世界のマグロ漁獲高に関して、次のように記されている。

「世界のマグロ漁獲量は一九五〇年以来、順調に増加しており、特に一九七〇年以降、急激に増えている。たとえば一九五〇年には世界中で五〇万トンに満たなかった漁獲量が一九七〇年代には一〇〇万トンを超え、二〇〇〇年以降は四〇〇万トンを超えるといったように、実に八倍に増えている。一九七〇年代と比べても四倍である。

これを国別にみると、日本の漁獲量はいまだ世界第一位であるとはいえ、一九八四年に約七六万トンのピークに達した後はしだいに減少し、二〇〇七年は約五〇万トンとピーク時の三分の二まで減少した。

……マグロの漁獲量上位一〇カ国は、かつて上位を占めていた先進国が姿を消し、インドネシア、フィリピン、パプアニューギニア、エクアドル、モルジブなどの途上国が漁獲量を急増させている。この他にもイラン、パナマ、中国、タイ、セーシェル、バヌアツなども同様な傾向にある。先進国の漁獲量は、特にアメリカの減少が著しい」

とみえる（『マグロは絶滅危惧種か』）。

マグロ漁獲量上位一〇カ国は、上掲した国々の他に、日本をはじめ台湾、韓国、スペイン、スリランカなどである（なお、本稿のデータソースはＦＡＯ〈国連食糧農業機関〉で収集している一九五〇〜二〇〇七年までの世界の主要マグロ類〈クロマグロ、ミナミマグロ、キハダマグロ、ビンナガ、メバチマグロ〉のほかにカツオも含まれての漁獲統計である）。

縄文の魚食・弥生の米食

ひとくちに「スシ」（鮓・鮨・寿司）といっても、その種類は多い。各種の食材による加工方法はもとより、形式的なつくりかたをみても、「握りズシ」もあれば「押しズシ」（箱ズシ）、「巻きズシ」もある。その数多いスシの種類の中でも「江戸前のスシ」（握り）とよばれるスシほど、日本人的な食べ物はないだろう。

日本人の食生活の中で伝統的に使用されてきた食材は、いってみればすべてが日本人的な食べ物なのだが、ここで、あえて「日本人的」という意味は、縄文文化の時代の食生活の伝統と、弥生文化の時代の食生活の伝統が、うまく一体化し、複合的な食文化として、子供から大人まで、今日でも人気があるのが、「江戸前のスシ」（握りズシ）で、それが、とりもなおさず、日本人的な食べ物だという意味なのである。

特に、江戸前の「握りズシ」は文政年間（一八一八〜二九年）頃、江戸の華（花）屋與兵衛が屋台ではじめたのが最初と伝えられるが、「シャリ」（舎利・米つぶ・米飯）はまさに弥生時代以来の食文化を象徴する食べ物であるし、上に乗せた「ネタ」（スシの種）である魚介類（魚貝藻類）の生物《なまもの》等は、縄文文化の時代以来の食文化の伝統を引き継いでいる。

その両方、二つの伝統的な食文化を複合させたところに「江戸前の握りズシ」に対する嗜好の高まりや人気の根源（元）があるのだといえようか……。

特に江戸を中心とした人々（関東・東北日本に代表される）にとって好まれてきた「江戸前のスシ」は、そこに集まる人々が東北地方をはじめとする縄文文化をささえ、その文化を伝統的に温存してきた末裔なのだといえないこともなかろう。それは今日的にいうと、縄文人としてのＤＮＡを多く保有しているということなのである。

したがって、他方、京都・大阪を中心とした人々（関西・西南日本）に好まれてきた「なれずし」（古代鮨）は弥生文化の伝統を今日に伝えているし、これは弥生人としてのＤＮＡを多く保有している末裔が、今日でも西南日本に多く暮らしているからにほかならないのだと筆者は解釈している。

もとより、発酵食品である「なれずし」は、今日でも滋賀県の琵琶湖に近い彦根や米原で土産に売っているニゴロブナを用いた「フナのなれずし」に代表されるように、アユやフナなどの腹をさき、中に米のメシをつめ、樽や桶などに入れて、上から重しをしておくと、メシが発酵して酢めしのような酸味や甘味がかもしだされるのだから、「なれずし」とても縄文時代の食材と弥生文化の食材が複合してできあがった食文化だといえないこともない。

こうした「なれずし」の歴史は古く、わが国では平城宮址から発掘された出土木簡（荷札）の中に、若狭国（福井県）からとどけられた「多比鮓《たいずし》」をはじめ、「鰒鮓《あわびずし》」「貽貝鮓《いがいずし》」等があることで実証されている。

また、これらの「なれずし」のルーツは東南アジア方面で、中国経由でわが国に伝えられたとされるのが一般的なみかただ。

そのような「スシをめぐる食文化」に関しては、「魚と米がワンセットで移入された」と解釈するスジもある。

その根拠は、スシの起源をたどっていくと、古代中国にたどりつき、二世紀末から三世紀の初頭頃にはすでに、米飯を魚と塩で醸しだし、それを保存しておき、のちに食べるということが古文献の『釈《しゃく》名《みょう》』にみえるという。

わが国のことを記した最も古い文献は『魏志倭人傳』とされるが、この史料は、三世紀後半頃の記録であるから、前掲書の内容はそれより約一世紀ほど前のものである。

さらに、こうした古代中国に伝わる、魚の保存を兼ねた発酵食品のルーツは、中国南部から東南アジア方面に求められることから、淡水系の魚類の保存と米（稲作）とが結びついて伝播したのだとするのが「セット論」の根拠なのだ。

今日でも、わが国には上述したような食文化に関わる東と西に分かれる「文化圏」らしき食習慣があることはたしかだ。

どうしたことか、その文化圏は地質・地形学、古生物学などで知られるナウマンが命名したフォッサ・マグナと呼ぶ大きな溝を意味する地溝帯と一致するように、新潟県の糸魚川《いといがわ》と静岡県の静岡を結ぶ構造線で分かれている。

すなわち、糸魚川と静岡の地溝帯を境に、北東日本の「にぎりズシ」分布と、南西日本の「なれズシ」分布がそれだ。とはいっても、近年に至っては、両方とも全国区になった。

このように、日本列島の東側と西側で、食習慣のちがいがあることは、関東では「角餅（雑煮に角型に切った餅を使う）」や「すまし汁」を好んで使用するのに対し、関西では「丸餅」が多く使われ、「味噌汁」が好まれるなどの分岐ラインとも一致するとされる。

こうした「東の文化・西の文化」という異なる食文化圏の形成は、おおまかにいって、日本列島を二分することは興味ある課題だが、これ以上、深入りはさけよう。

終りに、両方のスシの異なる点をあげれば、「江戸前の握りズシ」が、屋台の前に立って、すぐに食べられることを前提として人気が広がったのは、メシに酢を混ぜ、酢メシの「シャリ」をつくる工夫がほどこされたからで、「なれズシ」のように、じっくり時間をかけて発酵させ、保存・貯蔵食としてつくられるスシでないことが基本的にちがう。

マグロと江戸前の鮨《すし》

江戸時代にはいり、マグロの消費量が増大した理由は、人口の増加もさることながら、理由の一つとして、一般的に、醤油の普及との結びつきが指摘される。

すなわち、文化・文政時代（一八〇四～二九年）頃に、現在の千葉県の野田や銚子でつくられた醤油が関西風の味とは異なる関東風の味として広まった。具体的にいうと、この時代に、それまで紀州（和歌山県）の湯浅方面で醸造され、樽廻船や菱垣廻船（弁財船ともよばれる廻船・千石船や五百石船など）で海路を運ばれる醤油とは別に、関東で醸造・販売されはじめた醤油は味が濃く、塩分の多いものが喜ばれたと……。

もとより、野田の醤油づくりも、寛文元年（一六六一年）に名主の高橋兵左衛門によってはじめられたといわれるように、その歴史は古く、伝統もある。その後、明和三年（一七六六年）、豪農の茂木七左衛門が味噌づくりから醤油づくりにのりかえたことで発展し、関東一円に需要が拡大した。当時はどこの農家でも自家用の味噌づくりはおこなっていたが、醤油づくりとなると手間がかかるため、町屋の人々と同様に、醤油屋などから買った方が便利に暮らせたのであろう。

冷蔵・冷凍の施設や設備・技術のない時代に、塩分の濃い醤油は、マグロをはじめとする赤身の魚肉の生臭さを消すの役立ち、さらに魚身（肉質）を塩分の多い醤油に漬けることで、より長時間、鮮魚を保存することができる利点があった。それは、日常の暮らしの中の知恵の結晶ともいえよう。
この時代に、「江戸前」の名がつく「握り鮨」のもとになる魚介の切り身（作身《つくりみ》）を、酢飯《すめし》を握った上にのせて売る。新しいタイプの鮨を考案した男がいた。江戸の浅草蔵前で札差《ふださし》（宿場の問屋場で荷物の目方を改める仕事や人・蔵宿）の奉公人をしていたと伝えられる、上述の華（花）屋與兵衛がその人であるという。

與兵衛が創案した鮨は、それまでのように発酵させる鮨とはちがい、魚肉を関東風の塩《しょ》っぱい（塩からい）醤油につけ、「づけ」と称して、酢飯の上にのせ、手で握るものであった。醤油を使うことにより、魚の生食《せいしょく》を「鮨」として定着させた。また、つくるのも、食べるのも簡単で、手間がかからないことが消費の増大に結びついたとされる。今日風にいえば、新しいタイプのファスト・フード店（屋台）の誕生であった。それが後にチェーン店に成長、拡張したのである。

江戸の「すし」屋台（喜多川歌麿）

與兵衛による「江戸握《にぎ》り鮨の店（屋台）」は、文政五、六年（一八二二、二三年）頃、本所で開業したとも伝えられている。それゆえ、マグロの赤身を「づけ」（醤油づけ）にした鮨種がはじまりなので、この、「最初にありき」鮨ネタのマグロがなければ、「江戸前の握り鮨」とはいわないし、マグロの鮨ネタのない江戸前の握り鮨は、今日でもないとされる。この流れは現在でも引き継がれており、江戸前の看板を掲げる鮨屋の中には、マグロのネタ以外は鮨ネタをあつかわないという徹底した鮨屋もある。

もし、読者諸賢が世界各地に旅をされた際、「鮨屋」をみつけてはいり、マグロのネタがあれば僥倖に恵まれたことで、「江戸前の握り鮨」にめぐりあえたことになるが、不幸にしてマグロのネタがなければ、それはたんなる日本食（和食）としての鮨にすぎないのだ。

江戸城下町の繁栄にともない、庶民が一日の仕事を終え、立喰いの屋台の前で、「マグロのづけ」をほおばり、楽しみにしている芝居小屋の開演にあわせていそぐ、夕暮れどきの姿や情景が時代劇のワンシーンと同じように、当時の喧噪が耳に響き、あたりの様子・場景が眼に浮かぶようである。

このように、マグロの「づけ」を原点とする握り鮨をはじめ、新鮮で多彩な魚介の鮨種（鮨ネタ）は、「江戸ッ子」好みのシャキッとした、スピード感あふれる握り方と、あわせて、屋台の鮨職人の威勢のよさや、その場の生きのいい雰囲気をとりこんで評判をよび、人気が益々広まったのであろう。

鮨が握られ、目の前に出てきたら、すぐに口に運ぶのが「通《つう》」の食べ方といわれるのも、気が短いといわれてきた江戸ッ子好みといえようか。

このように「いきおい」で食べる握り鮨であるから、鮨種（鮨ネタ）が多彩で新鮮であれば、その中のマグロの「づけ」が少々古くても、さほど問題はないのである。むしろ、マグロなどの大型魚類は、漁獲してから、ある程度の日数がたった方が味が良くなるといわれるのだから……。

こうした味の変化については事実で、漁師さんと釣りに出て、小魚のアジ、イサギ、カワハギなどを釣った際でも、船上で釣り上げたばかりの新鮮そのものの刺身を賞味しようとすると、漁師さんは、必ずといってよいほど、「魚は釣ってから時間的な経過がある程度ないと、身がしまらないので、美味ではない……」のだという。

ところで、「江戸前」といわれるその範囲は、南は羽田村から北は隅田川（口）をさかのぼる浅草近くまでのことで、海は江戸川の流れ出るあたりまでのことであった。

しかし、江戸に握り鮨がおこり、鮨種に生の刺身が多く使われるようになると、その供給地もしだいに広がりをみせ、「江戸前の海」の範囲も大きくなった。

当時、江戸湾（東京湾）周辺には、西四十四ヶ浦・東四十ヶ浦の合計八十四ヶ浦の漁村があった（時代により多少の変化がある）。

しかも、江戸へ漁獲物を運べば売れるということになると、江戸内湾だけではなく外湾にまでその地域はおよび、下総・上総・安房・武蔵・相模一帯にもその範囲は広がりはじめたのである。鮨種の種類が多くなるにつれて産地も広がり、マグロなどは江戸湾で漁獲されなくても房総半島、相模湾沿岸、伊豆半島や駿河湾方面で文化年間（一八〇四〜一七年）以降、マグロの漁獲量が増大すると、比較的新鮮なマグロが江戸の町中にも出回るようになった。

こうして、「握り鮨」は、四季の新鮮な「走《はしり》もの」（初物）の季節感を楽しんだり、「旬《しゅん》もの」の味のよさを賞味しながら、簡単に、気楽に、手でつまんで食べられることも人気をよび、江戸の町に広がったのである。

それ以前の鮨は、保存のための目的もあったので、「すし」といえば、発酵させた鮨が普通だったが、ひと握りの酢飯《すめし》とともに握る「づけ」にはじまる「握り鮨」には魚介の切り身が似合い、その姿、色あい、形状からも食欲をそそわずにはおかない。

のちに、浅草海苔でマグロを巻いた「巻きズシ」が考えられ、一般化すると、浅草の海苔もマグロとセットになって人気がでた。とともに、海苔を焼いた、パリッとした食感や風味をたのしむために、よけいに忙《せわ》しなく（急いで）口にするのが「通」といわれるようになる。

握り寿しを売る屋台（歌川広重「東都名所高輪廿六夜待遊興之図」部分．天保 5 年・1834 年頃）

なお、「江戸前の握り鮨」の普及に関しては、文化七年（一八一〇年）頃、尾張国知多郡半田村（現在の愛知県半田市あたり）の中野又左衛門がつくりだした「赤酢」を、廻船で江戸へ運び、売りだしたことが大きく作用しているとされるむきもある。酢も「握り鮨」には欠かせない。

また、上述した説とは別に、マグロの「づけ」は、天保年間（一八三〇〜四三年）の末頃、江戸馬喰《ばくろう》町《ちょう》の「恵比須《えびす》（寿）鮓」がはじめたことで人気がでて、広まったとも伝えられている。あわせて巷談によると、「マグロのづけ」をはじめたのは恵比須鮓で、與兵衛の店では、タイやヒラメ等の魚は「づけ」で握り鮨にしたが、マグロは開店以来、鮨ネタに使ったことがなかったとも……。

とすると、諸説紛々の中で、「マグロが使われていない握り鮨は江戸前ではない……」と記したのは、筆者のマグロに対する思いこみが強すぎたのかもしれないと、いたく自省せざるをえない。

江戸前の握り鮨のネタは、上述したマグロを筆頭に、タイ、スズキ、ヒラメ、エビ、タコ、アジ、コハダ（シンコ）、アナゴ（ノレソレ）、イカ、アワビ、アカガイ、ミルガイ、タイラギ、ウニ、シャコ、アオヤギと数えれば紙幅がいくらあってもたりない。

その中でも、生《なま》の刺身が用いられるようになったのは、氷でひやす冷蔵庫が使われはじめた明治三〇年代になってからのことで、それ以前の鮨種は、鮮度のよい魚介類の他、コハダを赤酢につけたものやアナゴを茹《ゆ》で、さました後に金網の上で炙《あぶ》って焼き目をつけ、上に山葵《わさび》をのせて握った鮨などであったという。

したがって、当時はアナゴの幼魚であるノレソレなどの鮨種はなかった。

江戸時代の終りごろの様子などをまとめた『守貞謾稿』（喜田川守貞《もりさだ》著、嘉永六年・一八五三年刊）は、当時の鮨種としてマグロ、コハダ、アナゴ（甘煮）、クルマエビ、白魚、エビそぼろ、鶏卵焼、玉子巻、海苔巻、かんぴょう巻などをあげている。

マグロの「旬」は冬季

近年、冷凍・冷蔵技術の発達にともない、この方面の施設・設備がよくなったため、マグロは年間をとおして美味しく賞味できるようになった。したがって、マグロに関しては近海で漁獲されたマグロ以外、あまり「旬」という言葉を意識しなくなってしまった傾向があるように思う。

マグロ類の中でもクロマグロ（関東では一般的に幼魚名をメジ、メジカ、クロメジなどと呼び、関西では、一キロ～四キロほどの幼魚を一般にヨコ、ヨコワ、ヨコゴ〈漁獲後、魚体の体測に横のしまがあらわれることから〉と呼ばれている）は、秋から冬にかけて、関東地方では房総半島から相模湾にかけて、比較的接近するといわれてきた。

春から夏にかけて漁獲されるメジの頃は、身肉もやわらかく、美味とはいえないが、冬の季節になると脂がのって美味である。それゆえ、マグロは一一月から翌年の四月頃までが「旬」で、冬の魚とされてきた。

嘉永元年（一八四八年）の井伊家所蔵史料に、村山長紀が記した『相模灘海魚部』という史料があり、その中にも「マグロ　夏ハ不佳冬美味也」とみえる（七頁参照）。

また、マグロの「旬」に関しては、中部地方から近畿地方にかけても同じようで、『三重県水産図解』にも、マグロの「魚候ハ十二月ヨリ二月迄ヲ良季トス、味亦佳ナリ」とみえる。

あわせてこの季節は、江戸時代から栽培され、特産品として有名であった三浦大根（高円坊大根ともいわれた）の収穫期にあたる。

練馬大根も同じで、両産物は品質も似ており、太い円筒形で長大ゆえ、漬物・煮物に良く、冬季が「旬」であるため「冬大根」ともいわれてきた。

寒い季節、ブリが漁獲されれば「ブリ大根」、マグロが漁獲されれば「マグロ大根」の煮物は庶民の味をささえてきたのである。

こどもの頃、母親の使いで近所の魚屋へマグロの刺身を買いに、大皿をかかえて行くと、恰幅の良い主人が、大きな冷蔵庫からマグロを出して刺身を切るまえに、大皿に、真白な大根を繊切（千切。線状に細かく切った妻《つま》）にした添物を、おしげもなく刺身の下に敷いてくれたものだ。

濃い赤身のマグロの美味《うま》そうな色合と、純白の晒大根という日本人好みの紅白の調和美は、いまでも眼底からはなれない想い出になっている。

それに、今日では考えられないことだが、大皿を持って刺身を買いに行くと、魚屋さんでは、大皿の上にかける専用の紙でできたラップ（包みもの）があり、はねたマグロやタイ、カツオや隈笹など、見事に描いた目出度い装飾（デザイン）に眼をみはりながら大皿を食卓の中央にすえた記憶もある。

その頃の大根は化学肥料なしの栽培であったにちがいない。繊切（千切）大根の歯ざわりの食感がよみがってくる……。

マグロの加工・製造

近年はマグロの加工・製造品の数も多い。なんでも商品化されてしまうのが、昨今、世の中の潮流になってしまったようで、マグロもその例外ではない。

三浦三崎では、過去における「マグロの水揚げ日本一」という栄光を、なんとか「街おこし」に結びつけて観光客を迎えたいと、若い人たちが研究グループを組織し、マグロの食材を生かした新商品の開発や、料理の新しいメニューを考えているので、その数は両手・両足の指以上にのぼると思う。

明治時代から知られるマグロの加工品といえば「脯《ふし》（節）のたぐいだが、今日では一般にマグロの加工品といえば、まず第一に「缶詰」があげられようか。

筆者が貧乏学生の頃、キャンプや登山に出かける時、決って「マグロの味付けフレーク」や「マグロの大和煮」を持参した思い出がある。サバ（鯖）と同じく、最も安い缶詰だった。

今日では「ツナ缶」の愛称で呼ばれるマグロの缶詰は人気が高く、それなりの値段もしている。大人より子どもの方が知っている「ツナサンド」「ツナサラダ」に欠かせない食材の座をしめている缶詰だ。

わが国に缶詰の製造技術が欧米から伝えられたのは明治四年（一八七一年）以後のことだとされるので、今からおよそ一五〇年も前のことになる。

缶詰の他にも、マグロを食材とした商品は多く、たとえば、三浦三崎の産地直販センター「うらり」に行けばなんでも入手できる。ちなみに、「うらり」の愛称は「海《う》を楽《ら》しむ里《り》」というイメージでつけられた「三崎フィッシャリーナ・ウォーフ」のことだとか。

その種類をみると、マグロの饅頭《まんじゅう》「とろまん」（土産用に冷凍品も）、クッキー、アイスクリーム、ステーキ、ソーセージ、カレーなどなど……。それに、最近の健康食品ブームにあやかり、マグロの頭部や眼窩《がんか》脂肪（目玉の孔のまわりの脂肪）から抽出した精製魚油（必須脂肪酸ＤＨＡを多く含むという）もあるのだ。

このように数多いマグロの加工・製造品だが、なんといっても、わが国における伝統的な水産加工品であり、特産品の一つに数えられるものといえば鰹節にならぶ鮪節ということになる。

以下、「マグロの缶詰」に次いで、その製造方法について、詳細にみていくことにより、日本人とマグロとの関わりを探っていくことにする。

マグロの缶詰

マグロをめぐる食文化の中で、もう一つ欠かせないものに缶詰がある。

「マグロの加工品」といえば、まずはじめに缶詰をあげるヒトも多いだろう。

中学、高校生の頃、野外活動に出かけるとなれば、決って「マグロのフレーク」（味付け）と表示された缶詰や「マグロの大和煮」を持参した想い出がある方も多いにちがいない。

その人気の第一の理由は、安価であったからにほかならない。それに当時は、今日のように携帯用の食品の種類が多くなかったこともある。

ただ、難点をいえば、少々重いことだが、そこは若者たちの体力でカバーするしかなかった。

ところで、その缶詰の中味に関することだが、ラベルに表示されている「フレーク」という言葉をあらためて英和辞典でみると、「薄片・薄片状にはがれる一片にした食品」などとみえる。さらに、「フレークス・オブ・フィッシュ」とは「マグロ・サケなどの肉のように、はがれる魚片」とあるから、これに「味付け」の表示があれば、そのまま食べられることになる。

しかし、「味付け」の製品はほとんど国内消費用で、海外への輸出を目的にしたマグロの缶詰は「油漬け」などが主流であり、これは今日でも変わっていない。

今日、一般に「ツナ缶」の愛称で親しまれているマグロを原料とする缶詰の中味を仕分けすると、次のようになる。

まず筆頭は、前述した、おなじみの「フレークの味付け」で、その他、「スープ煮」や「油漬け缶詰」「塩水漬け缶詰」「スモークド・ツナ」（燻製マグロ）など多彩だ。

また、「フレーク」以外にも、「スタンダード・パック」といって、くずれた身肉の混入が二〇パーセントあたりまで許されている中身のもの、「ソリッド・パック」といって、身肉の大きなものがそのまま入っているもの、「チャンク・パック（スタイル）」といって、一口サイズの大きさのものというようにマグロの身肉の大きさで詰めた中味がわかるようにも種類が仕分けされている。

また、マグロの種類により、ビンナガ（ビンチョウ）だと、身肉が白色に近いかピンク色になるため、「ホワイトミート（ツナ）」と表示され、これは高級品。その他のマグロの身肉を製造に使用すると、黄褐色や茶色っぽくなるので「ライトミート」とよばれ、表示されている。

今日では、こうした「ツナ缶」を使ってつくる「ツナサンド」といえば、大人より子どもの方がよく知っており、マグロの缶詰は人気上昇中である。

しかし、生食好きの日本人にとって、缶詰はこれまでは欧米人ほど利用されてこなかった。

欧米では缶詰食品の歴史も古く、ブリキの缶に食品を詰めた最初は一八一〇年のことで、イギリス人のピーター・デュランによると伝えられるが、こうした食品貯蔵の方法は、ナポレオン時代のフランスで考えられたというから、さらに古い。

それが、わが国へ伝えられたのは明治四年（一八七一年）のこととされる。フランス人宣教師が長崎に伝えたという。ちなみに、日本で最初につくられた缶詰の中味は「イワシ油漬け」だとか。

マグロの缶詰が日本で最初につくられたのは昭和四年（一九二九年）のことで、アメリカへの輸出用に製造されたものだと伝えられている。

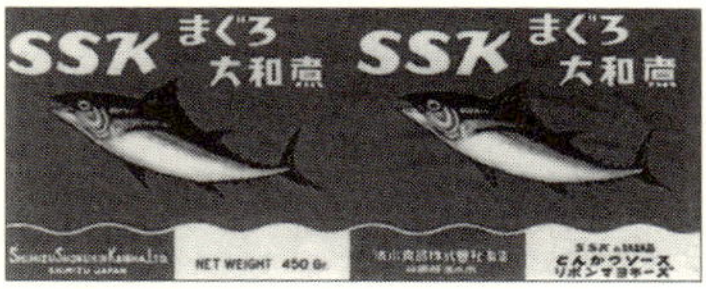

マグロの大和煮の缶詰ラベル.

マグロのオリーブオイル漬の缶詰ラベル
（スリーパール印）

したがって、マグロの缶詰は輸出が主な外貨獲得商品だったのである。マグロ類のうちでもビンナガ（ビンチョウ）やキハダ、メバチなどがその材料に多く使われてきたが、最近のように、この種のマグロ類も漁獲枠に入れられるようになると、缶詰の値段も上げざるを得なくなるであろう。それに、ビンナガのトロ部分のように「ビントロ」の名で人気上昇ということになれば缶詰製造業者も原料調達のために、うかうかしていられない。

蛇足ながら、マグロの缶詰を「シーチキン」と呼ぶのは缶詰業者の商標登録によるもので、マグロの身肉が鶏肉に似ているのでつけられた日本での造語だが、アメリカあたりでは、けっこう通用しているようだ。

また、世界のマグロの缶詰生産国をみるとタイ、スペイン、アメリカが多く、三国で世界の半分以上をしめる。日本の生産量は約一〇位ぐらいで、世界全体の約四パーセントにすぎないという統計がある。

マグロの脯《ふし》・鮪節《まぐろぶし》

食料（食材）が不足しがちな時代にあっては、食べ物の保存は、暮らしの中で重要な課題であり、欠かせない知恵であった。

食料の調達が困難であったり、計画的に入手できないような場合のために、入手できた時には、食料をできるだけ長時間にわたって保存することが必要となる。こうした行為は人間《ヒト》だけでなく、他の動物にもみられることだ。

また、一度に大量の食料（材）が入手できた場合も、保存・管理は欠かせない。それは、今日のように暮らしが便利でない時代にあっては、なおさらのことであった。

自家消費ではなく、保存した食品を商品として販売しようとすれば、その加工・保存にも技術や品質管理がともなうのは当然のことであるといえよう。

わが国の水産加工物を全国的に調査してまとめた『日本水産製品誌』という古い本がある。これは、当時の農商務省水産局が明治一九年に編纂《へんさん》を企画し、明治二八年に脱稿をみた。しかし、すぐに刊行されることなく、経済的・社会的な事情で水産局の庫裡に眠ることになってしまった。そして、大正二年に至り、やっと刊行するはこびとなった本なのである。

その本をみると、水産加工品（水産製品）と乾製品、燻製品、淹蔵《えんぞう》類、醢醤《かいしょう》類、醤油類、加工類、食油類（他に植物もあるが省略）の七種類に分けて記載されている。

乾製品は魚介類の干物、燻製品は、いわゆる燻製（薫製。魚や獣肉、貝類などを塩漬にして燻室に吊し、サクラ、カシ、ナラ等の樹脂のすくない木屑を焚いて、くすぶらせる）の貯蔵食品、淹蔵類の「淹《えん》」は水などに「ひたす」という意味だが、塩をまぶしたり、塩水につけて加工するなどの品々をいう（以下省略）。

ところで、主題の「マグロの脯《ふし》」（鮪節）は、その作業行程は複雑だが、上掲の「燻製品」に他の節類とともにみえる。同書によると、

「　鮪節・シビブシ

鮪節は鮪の魚脡《ぎょてい》〔細長く切った魚の干し肉〕に製したるものなり、此魚は上古より賞賛したるものなければども、魚脡に製する事は今を距る百四十餘年前刊行の〈日本山海名産図会〉に、九州にて鮪を捕る事を説き、而《しか》して此魚の小なるを干して干鰹《かつお》の似せものとするなりとあるを以て考えれば、此頃漸《ようや》く九州地方にも鰹節の擬物を製したるものならんか、而《しか》してハツシビにて製したるよりハツシビの名九州にありしも〈ハツシビ〉と唱《とな(え)》ふるは実に近年のことなり、之を節に製する事の早く開けたるは薩摩、土佐等にて、陸前、陸中等には全く近年に開けたり、製造期は地方により亦種類により漁季を異にするを以て一様ならざるは、他魚類に同じと雖《いえ》ども、概して冬より春を期とす、殊

に十月より冬の土用を季とすれども、三陸地方の如き夏鮪、秋鮪を大網にして多く捕る地方にては、此季に於いて製す、製法は鰹節を製すると略々《ほぼ》相同じ、然《しか》れども此魚は鰹より大過ぎ且つ脂肪多きを以て、油脂を抜く法を施さざれば佳良の節を得難し、近来陸中にては六本切、八本切法を行ふものあり、

肥前国北松浦郡四屋村沿海にては、鮪魚の頭を去り、皮を丸剝にして油少なき肉を切り取り、巾二寸五分角、長さ一尺八寸、跡《あと》先きを少し尖らし、深さ三寸、径三寸二分位の籠《かご》に節数十五乃至二十位を入れ、一次釜中に湯引し、白色を帯るを度とし、直ちに引揚げ、稍《や(だんだん)》や冷定せしむ。是は節と節との粘着を防ぐ為めなり、尚《なお》又其儘籠に入れ煮る事凡そ一時間にして、右煮籠を引揚げ、節籠に移し併列し、籠棚に揚げ、火気を以て乾す事凡そ五日間（天日を忌むは節のもろきを恐れてなり）。夫《それ》より板上に移して筵《むしろ》を覆ひ、少しく温暖を生ぜしむ。尚ほ五日間位を経て、自然と青色の花を催す、此時に刀を以て恰好を削り直し、竹簀《す》等に適宜に積み、春分の候にては一日両三回前後左右に節を動かし、蟲の発生を防ぎ、上手に干したるものは春期を除くの外叺《かます》に入れて保存す」

とみえる。

以上のように「マグロの脯」（鮪節）は、肥前の他に薩摩、土佐、陸前、陸中などで製造されてきたようである。全体をみわたすと、日本海流（黒潮）に乗って移動するカツオ漁のさかんな地で、「鰹節」製造の産地とかさなる。

なお、「節」はマグロの他にサバ（鯖）節、ブリ（鰤）節、イワシ（鰮・鰯）節もあり、その製法も各地方により若干のちがいがあるらしい。

次に、その一地域の事例として、三重県の「鮪脯《シビブシ》」製造法をみることにしよう。『三重県水産図解』（原本の外題『三重県漁業図解』）によると、

「　製造法・鮪脯

脯ハ鰹魚ヲ最良トス、然《シカレ》ドモ鮪脯ヲ製シ鰹ニ代用ナスアリ、其製法ハ鮪魚ノ生鮮ナルヲ大盥《オオダライ》ニ入レ水ヲ注キ能《ヨ》ク洗タル后《ノ》チ俎上《ソジョウ》（まないたの上）ニ載セ庖丁ニテ頭ヲ断チ、又腹部ヲ去リ再ビ水ニテ洗ヒ、切臺の上に移シ庖丁ヲ以テ四節ニ切割リ、骨ヲ去リ背脯《セブシ》ト腹脯トヲ区分シ、蒸甑《コシキ》（竪二尺三寸・横二尺三寸《（カ）》・深サ三寸二分《（カ）》）ヘ並ベ、沸騰スル大釜ノ上に七・八枚ヅツ重ネ、能蒸タルトキ下ヨリ一枚ヅツ抜キ取リ、更ニ上段ニ一枚ヲ重ネ順次如斯《ジョキ》シテ取換ヘ全《（カ）》テ蒸シ終リタル後、風ニ晒《サラ》シ能ク冷シ一枚毎ニ手ヲ以テ小骨ヲ抜キ去リ、之ヲ洗ヒ蒸籠《セイロ》（四方ハ枠ノ如キモノニテ底ニ竹ノ簀《ス》ヲ張タルモノナリ）ヘ正ク並ベ、三・四枚ヅツ重ネテ焙爐《バイロ》（炉。物をかわかすのに用いる乾燥炉）ノ上ニ据ヘ烘《アブ》リ乾タルヲ見計リ爐ヨリ下シ翌朝ニ至ル迄放冷シ尚ホ小骨ヲ抜キ肉疵《キズ（カ）》損所等アラバ同肉ヲ摺《コワシ》之ヲ以テ補塡《ホテン》シ又蒸籠ニ並ベ三・四枚ヅツ重ネ、爐火に炙《アブ》ルコト八・九回、然后四・五日間陽乾シ二・三日棚（高サ六尺ニシ、二段或ハ三段ノ床ヲ張リタルモノナリ）ノ内ヘ並列シ而《シカシ》テ四・五日程干シ其暖ミノ失セザル中に椶櫚束子《シュロタワシ》ニテ摩擦シ之ヲ棚ニ並ベ置キ四・五日ヲ経稍黴セルヲ度トシ晴天ニ曝乾《バッカン》シ尚亦椶櫚束子ヲ以テ磨クコト凡ソ八・九度、之ヲ桶ニ詰メ貯フモノトス、真ノ鰹脯ニ比セバ味《（カ）》ヒ下等ニ属スト雖《イエド》モ価廉ナル故ニ近隣僻村ニ於テ大ニ希望スル脯ト云」

とみえる。

またつづけて、同書には「塩藏鮪」の加工についても記載があり、

「塩蔵鮪ハ夏候生肉ノ維持シ難キ節ト、格別ニ大漁アリシ時トニ非ザレバ製スルコトナシ、而《シカシ》テ之ヲ製スルニハ生肉ノ魚ヲ冷水ニテ洗ヒ、背ヨリ切開キ魚ノ大小ニヨリ数片ニ割キ塩ヲ施シタル后《ノ》チ桶ニ詰メ塩俵ヲ 蓋《ガイ(オオウ)》シ石ヲ以テ重リニ掛ケ塩汁上リタルヲ適度トシ其汁ヲ去リ尚ホ塩ヲ散布シ、近クハ伊勢国、伊賀国、遠クハ濃信諸国ヘ送ルト云」

と解説している。

地中海のボッタルガ（カラスミ）

上述したように、わが国にはマグロの加工品やマグロを素材とした食品の数は実に多い。江戸時代の『釣客傳《ちょうかくでん》』（黒田五柳著）にみえる相州（神奈川県）小田原のように、マグロの身肉以外の部分「蓮花《れんげ》（華）」（内臓のどの部分かは明らかでない）までも、塩辛にして売り出し、それが当時の小田原で名物になっているという加工品もあった。このように、マグロは捨てるところがなかったといってよいほど、わが国では、すべての部分が利用され、加工されてきたのである。食べられない部分は畑（畠）などの肥料に供されたのである。

ところが、前述のように、すべてが利用されつくしてきたと思われるマグロの加工品だが、日本にはないマグロの加工品が他国にはあるのだ。

ヨーロッパの地中海沿岸地方で古くから嗜好品とされてきた「ボッタルガ」（マグロの卵巣を天日乾燥したもの）がそれである。

ご存知の通り、地中海はマグロの好漁場として知られてきた。

かつての東京水産大学（現在の東京海洋大学）で漁業社会学（水産社会学）を講じていた田辺寿利教授は、ある日、「古代のギリシアやそれにつづくローマの時代に、地中海世界で、あれだけの人口を養い、文明が栄えたのは、豊富な水産資源にささえられていたためだよ……。特にマグロが多く漁獲されたためだ……」と話してくれたことがあった。

また、ある時、アメリカで刊行している雑誌『ナショナル・ジオグラフィック・マガジン』に掲載されている地中海でのマグロ漁の実況写真を見せてもらった記憶がある。

私事にわたって恐縮だが、今になって想えば、筆者がマグロを特別に意識したのは、その時が初めてのことだったように思うし、当時、日本一のマグロ漁業の基地「三浦三崎」の郷土史研究家・内海延吉さんに紹介状を書いてくれたのも田辺寿利先生であった。

輸入品ボッタルガの商標（スペイン産）

閑話休題。前述の地中海沿岸で、豊富に水揚げされたマグロの卵巣を塩漬けし、天日で乾燥されたものがボッタルガである。ボッタルガはイタリア語で、日本流にいえばカラスミ（鱲子。形が唐墨に似ているので、この名があり、日本では長崎の名産。ボラやサワラが多い）である。

マグロをイタリアではトンノというので、「マグロのカラスミ」は、「トンノ・ボッタルガ」とか「ボッタルガ・ディ・トンノ」と呼ばれる。

大きさはさまざまだが、マグロの卵巣なので、大きなものになると長さ四〇センチ、太さも周囲二〇センチ、あるいは、それ以上のものもある。超特大のカラスミと思っていただきたい。

加工にはマグロの卵巣を塩漬けにしておくので、塩分が強いため、食べる場合には薄くスライスしてオリーブ・オイルに漬けておき、パンにはさんで食べたり、こまかく削り、スパゲッティに混ぜあわせるなど、食材としては便利で、工夫しだいで何にでも使える。栄養価の高い保存食として、上等で独特な風味のある食材だ。ワインのオードブルとしても……。

わが国では最近、世界中の食材を輸入・販売するようになったので、デパートの地下食品売場(デパ地下)に足を運べば、ボッタルガを入手するのは簡単である。

III　歴史・伝統文化とマグロ

1　マグロ漁の史的背景

先史時代のマグロ漁――貝塚が語るマグロ漁

日本列島の東北地方から関東地方の太平洋沿岸地帯には貝塚遺跡が多く残されている。県別にみると、北から青森県、岩手県、宮城県、福島県、茨城県、千葉県、神奈川県などである。そして、これらの遺跡からは鹿角製の釣鉤や銛（頭）のたぐいも数多く発掘されている。

そうした中で注目されるのは、マグロやカツオなど、生息する場所が外洋性ともいえる魚類の骨が貝塚から出土することである。こうした事実は偶然に流れついたとは考えにくい。むしろ、釣漁や銛《もり》（回転式離頭銛）を使用した銛漁がおこなわれ、洄游性魚類等が捕獲されていたとみるべきである。

マグロ類の中でもクロマグロは明治・大正の頃まで東京湾口の沿岸で漁獲されていた網漁による民俗事例（聞取り調査）が報告（五七頁「東京湾にもマグロはいた」参照）されているし、駿河湾の沿岸でも『天保三年伊豆紀行』（一八三二年）に、裁切網《たちきり》を用いて、クロマグロとみえるマグロを直接かかえて陸に揚げている図が「長浜村ノ漁猟ノ景」（六〇頁参照）にみえる。

こうしたことはカツオについても同じで、今日では、遠洋漁船で沖合遠くまで出漁しなければ釣れないカツオも、船を使わずに陸（岡）から釣ったという民俗事例（拙著『相州の鰹漁』）もあるし、相模湾においては島崎藤村が『春』の中で、国府津に近い前川村あたりで、岸よりカツオを釣っている様子を描写している（同前書参照）。

上述したことから、今日では「洄游性・外洋性」のイメージしかないマグロ類も、紀元前八〇〇〇～一〇〇〇年の頃は、岸近くにいる沿岸性が強かったことから捕獲が可能であったと思われる。当時も、今日以上に地球は温暖化傾向にあり、北極や南極の氷が溶け、現在の海面より七メートルから一〇メートル近くも海水が陸地に入りこんでいたという環境のちがいはあるにせよ、魚影は濃かったのであろう。

前述したように、全国各地の沿岸貝塚からは、縄文時代早期以降に製作・使用された釣鉤や銛（頭）をはじめとする漁撈用具は多数、出土している。

本来ならば当シリーズの性格上、漁撈に関わる出土資料の形態的研究を積極的におこない、その研究成果をもとに、当時の人々が出土した釣鉤で「なんの魚」を「どんな方法」で釣り上げたのかを明示し、製作・使用法まで言及し、ヒトとサカナとの関わりを明確にしなければなるまい。しかし、残念ながら、現段階の考古学的研究の成果はみられない。

したがって、貝塚の遺物（動物遺骸）の中にマグロの骨が検出される多くの貝塚の中から、筆者が暮らしている神奈川県内の九つのマグロの骨の発掘事例を掲げるにとどめたい。

以下は、その貝塚名と年式である（なお、考古学者の小川裕久氏によると、縄文文化の時代は、草創期、早期、前期、中期、後期、晩期の六期に細分するのが一般的であり、年代は、草創期が約一万三〇〇〇年前にはじまり、早期は九六〇〇年前から、前期は六〇〇〇年前、中期は五〇〇〇年前、後期は四〇〇〇年前、晩期は約三〇〇〇年ほど前にそれぞれはじまったとされる)。

新作八幡台《しんさくはちまんだい》貝塚……神奈川県川崎市高津区新作・縄文前期

小仙《しょうせん》貝塚……横浜市下末吉・縄文後期

大谷戸《おおやと》貝塚……横浜市西区久保町・縄文後期

称名寺《しょうみょうじ》貝塚……横浜市金沢区称名寺・縄文後期(E貝塚)

平坂《ひらさか》貝塚……横須賀市若松町・縄文早期

猿島洞穴……横須賀市猿島・弥生末〜古墳初頭

西富貝塚……藤沢市西富・縄文後期

遠藤貝塚……茅ヶ崎市堤・縄文後期

万田《まんだ》貝塚……平塚市万田・縄文前期〜中期〜後期

このように、神奈川県内の貝塚出土のマグロ骨角の事例を示しただけでも、ほとんどが縄文時代の早期から後期にかけての遺跡からの出土であり、マグロは古い時代から人々の暮らしや食生活に関わり、人間《ヒト》はその恩恵をうけてきたことがわかる。

あわせて、上掲の事例から、川崎市の貝塚の出土事例のように、今日の、東京湾の奥深い内海においても捕獲されていたのである。

『古事記』の中のシビ（マグロ）

マグロが古い時代に、「シビ」と呼ばれていたことはよく知られている。その「シビ」という語彙《ごい》には、本書であつかうマグロの成魚である魚類としての「シビ」と、その他に、人名としての「シビ」の二通りがある。まず、その二通りある「シビ」の表記からみていくことにしよう。

シビ（マグロ）に関わる史的背景をひもといてみると、わが国で最も古い書籍で、八世紀はじめ（奈良時代）にまとめられた『古事記』の中に、「シビ」に関する記載があるのだ。『古事記』に記されている「シビ」は、「志毘」と表記されている。

その内容をみると、『古事記』（下巻）に人名としての「志毘」は「志毘臣」の歌として、

「意布袁余志　斯毘都久阿麻余　斯賀阿禮婆　宇良胡本斯祁牟　志毘都久志毘〔傍点筆者〕」とうたわれた歌がある。

読み下して、

「大魚《おふを》よし　鮪突《しびつ》く海人《あま》よ　其《し》があれば　心戀《うらこほ》しけむ　鮪突く鮪」（注・大魚は鮪の枕詞。ヨシは接尾語。鮪を鉾で突いて獲ろうとしている海人よ〈この鮪は「大魚」（女）で海人は志毘臣を指す〉。その大魚の鮪が離れて行ったら〈阿禮は離れ去る意〉。心に恋しく思うことであろう。鮪〈大魚〉をついて獲ろうとする鮪〈志毘臣〉）。

このように歌われた中には、魚名としての「志毘」と、人名としての「志毘」が混在していることを

読みとることができる。

時代が移り、人々が変われば、モノゴトの表現や語彙が変わり、比喩（譬喩歌《ひゆか》）も当然、変わるのであろうが、それにしても今日、「ベットの上のシビ（マグロ）」など、比喩に「マグロ」を使うのは、大変に失礼だとされる時代に変わった。

『日本書紀』の中の鮪《しび》

わが国で最も古い書物である『古事記』に散見される「鮪《しび》」の語彙について、同書中には、「魚名としてのシビ」と、「人名としてのシビ」があることは上述した。

しかし、『日本書紀』にみられる「鮪」は人名としてのシビだけで、魚名のシビはみられない。以下、人名として記載されている「鮪」ついてみよう。

巻第十六の武烈《ぶれつ》天皇の項に、「……影媛會奸㆓眞鳥大臣男鮪㆒。鮪、此云㆓茲寐㆒。」（……影媛《かげひめ》、會《いむさき》に眞《ま》鳥大臣《とりのおほおみ》の男鮪《こしび》に奸《おか》されぬ。鮪、此《これ》をば茲寐《しび》と云ふ。）とみえる。

そして、影媛は物部麁鹿火大連《もののべのあらかひのおおむらじ》の女《むすめ》であるとも、
この他、つづいて、鮪や鮪臣の歌や答歌が続く。また同項には、「鮪《しび》の若子《わくご》を」、「思寐《しび》能和倶吾嗚」と表記している。

また、巻第二十三の舒明《じょめい》天皇の項には、「天皇遣㆓八口釆女鮪女㆒」（天皇《すめらみこと》　八口釆女《やくちのうねめ》　鮪女《しびめ》を遣《つかは》して）とある。

このように、奈良時代（八世紀はじめ）にまとめられた『古事記』や『日本書紀』の中に散見される「鮪」は、人名が多く、魚名は少ない。

当時は現代の氏姓《しせい》とは異なる「ウジ・カバネ」が使われていた。たとえば、『日本書紀』中の天武天皇の項には、「鯨《くぢ(じ)ら》」の名前や「廬井造《いほいのみやつこ》鯨《くじら》」、「鯨連《くぢらのむらじ》進《すす》みて曰《いわ》く」などとみえることからも、それはいえよう。このことは。蝦夷の子として名高い、「蘇我臣入鹿《いるか》」も同じだ。

『風土記』の中のシビ（マグロ）

現伝する五カ国の『風土記』のうち、シビ（マグロ）のことが記されているのは『出雲風土記』だけである。

国郡里制《こくぐんりせい》は大化改新後、全国を直接支配するために定められた制度であり、『風土記』は和銅六年（七一三年）、元明天皇（四三代）の詔《みことのり》により、律令国家の諸国に命じ、地名の由来や物産・風物、それらにまつわる聞取りの結果をまとめたものである。したがって、記載の内容すべてが信憑性ありとはいいがたい。が、物産などに関しては史料になるであろう。

『出雲国風土記』に記されているマグロはすべて「志毗《しび》」または「志毗魚《うお》」の文字があてられており、前掲の『古事記』にみえる「志毘」の表記はない。また、「志毗」には前述したように、二通りあり、人名に関わるものと、魚名に関わるものがみられる。人名に関わるものは、

「舎人郷　郡家正東廾大里　志貴島宮御宇天皇御世　倉舎人君等之祖　日置臣志毗、大舎人供奉

之　即是志毗之所レ居　故云二舎人一即有正倉　〔傍点筆者〕」

とみえ、読み下すと、つぎのようである。

「舎人《とね》の郷《さと》（注・伯太川下流西方、飯梨川との間の地域。安来市の月坂・赤埼・沢村・吉岡・野方・折坂の地にあたる）　郡家《こほりのみやけ》の　正東《まひむがし》廿大里なり。志貴島《しきしま》の宮《みや》（注・欽明《きんめい》天皇。二十九代の天皇）に御宇《あめのしたしろ》しめしし天皇《すめらのみこと》の御世《みよ》、倉《くら》の舎人君等《とねりのくみら》が祖《おや》、日置臣志毗《ひおきのおみしび》（注・姓氏録に高麗人伊利須使主の子孫に日置造・日置倉人が見える。同族であろう。日置はヒキ・ヘキとも訓まれている）　大舎人《おおとね》供《つか》へ奉《まつ》りき。（注・天皇・皇族の側近にあって宿直雑用にあたる職の名、またその人。大舎人・内舎人の別がある）　即《すなわ》ち是《こ》は志毗《しび》が居《す》める所なり。　故《かれ》、舎人《とね》といふ。　即《すなわ》ち正倉あり。」

次に、魚名に関わる「志毗」についてみると、同書「久宇嶋《くう》」の項に、

「凡《すべ》て、北の海に捕るところの雑《くさぐさ》の物は、志毗《しび》・鮐《ふぐ》・沙魚《さめ》・烏賊《いか》・蜛蝫《たこ》・鮑魚《あは(わ)び》・螺《さざえ》・蛤貝《うむき》・蕀甲蠃《かざ》・蓼螺子《にがにし》・蠣子《かき》・石華《せ》・白貝《おふ》・海藻《にぎめ》・海松《みる》・紫菜《むらさきのり》・凝海菜《こるもは》等《ども》の類《たぐい》、至《きわま》りて、稱《な》を盡すべからず」

といった記載がある。このうちの「石華《せ》」は「カメノテ」、「白貝《おふ》」は「バカ貝の類」とされる。

以上のように『風土記』における捕採物の中で、「志毗」は筆頭にあげられている。なお、蛤貝《うむき》（海蛤・白蛤）はハマグリの古称である。

『万葉集』の中の鮪《しび》

『万葉集』には、いろいろな謎がある。まず、この「歌集」が、いつ、誰によって編纂されたものかについても定説があるとはいえない。

一例をあげれば、勅撰《ちょくせん》（天子自ら、あるいは勅命によって詩歌・文章を撰する）と考えられたり、私撰による（江戸時代前期の国学者で歌人の契沖《けいちゅう》。一六四〇〜一七〇一年）とされるほか、巻の一・二については勅撰だとする説などさまざまだ。

いずれにしろ、全二〇巻、四五〇〇余首と多い（所収の短歌は長歌の反歌をふくめて四二〇〇余首、長歌は二六〇余首、旋頭歌《せどうか》は六〇余首）。

こうした数多い歌は、決して一世代や二世代の間に詠まれたものではなく、前後三世紀にもわたるといわれ、最も古い歌は、仁徳天皇の時代（五世紀前半）から、最も新しい歌は天平宝字三年（七五九年）正月一日のものであるという（『萬葉集』新日本古典文学大系、岩波書店による）。

以上のように数多い歌集の中から「鮪」に関わる歌の作品を探すのであるから、全てをというわけにはいかないまでも、よく知られる歌を掲げると、

「やすみしし　我《わ》が大君の　神ながら　高知《たかし》らせる　印南野《いなみの》の　大海《おふみ》の原の　あらたへの　藤井《ふぢゐ》の浦に　鮪《しび》釣ると　海人船《あまぶね》騒ぎ　塩焼くと　人そさわにある　浦を良み　うべも釣《つり》はす　浜を良みうべも塩焼く　あり通《かよ》ひ　見《め》さくも著《しる》し　清き白浜」（巻第六・九三八・山部赤人）

〈大意〉

「我が大君が、神として、立派に治められている、印南野の、大海の原の、藤井の浦に、鮪を釣るために、海人の船がうごきまわり、塩を焼こうとしている人もたくさんいる。浦が豊かなので、たくさんの人が釣りをしたり、浜が良いので塩を焼く人も……。たびたび、おいでなって見られるのは、もっともなことだ、この美しい白浜、清き白浜……。」

「鮪釣る」とあっても、歌であるから、当時の漁法について言及するわけにはいかない。同じように、次の歌は「鮪突《つ》く」とあっても、具体的な説明はむりだ。ただ、当時から「鮪」という魚名が、一般的にとはいえないとしても通用していたことがわかる。

漁夫の火光を見る歌一首

「鮪《しび》突《つ》くと　海人《あま》の燭《とも》せる漁火《いざりび》の
　ほにか出でなむ　我が下思《したも》ひを」（巻第十九・四二一八・大伴家持）

〈大意〉

「鮪を突くとて、海人が燭している漁火のように、はっきりと人目につくように示そうかなと思う。私の心の内を……。」

辻井善彌氏は高著『磯漁の話』の中で、この歌を引用し、「普通、シビマグロのような大型の回遊魚を昼間ならまだしも、夜間にいさり火のあかりのもとで突き取ることは考えられない。もっとも、この歌の場合、いさり火をともして、海人が突いていた魚は何であろうと、この歌の心髄に大きくかかわるものではない。また、この歌の作者にしても、遠くから漁火を眺めていたのであるから、どんな魚を突いていたのか正確に知るはずもないように思えるのである」としながらも、「どうも納得がいかない点がある」としている（二三二頁参照）。

筆者は『万葉集』の中の歌に「鮪」の表記があることを明示するだけにとどめたい。

『和名抄』の中のマグロ

わが国で最も古い辞典は平安時代の末期に源順《みなもとのしたごう》（九一一～八三年）によってまとめられた『倭名類聚鈔』とされる。一般に『和名抄』と略され、よく知られている辞典である。

その『倭名類聚鈔』（元和三年活字版・二十巻本）の中の「巻十九・鱗介部第三十・龍魚類第二百三十六」には、「人魚」についで「鮪」のことがごく簡単に示されている。その説明内容をみると、

「鮪　食療經云鮪音委　一名黄頬魚和名之比　爾雅《じが》（中国の字書名）注云　大為王鮪《おうゆう》　小為叔鮪《しゅくゆう》」

とみえる。「一名黄頬魚を和名で之比《しび》」という説明をみるとキハダマグロのことをいっているのであろう。また、大きいシビを王鮪、小さいシビを叔鮪という解説もみられる。

足喙長三尺甚利齒虎及大鹿渡
水鰐撃之皆中斷
鰧魚　辯色立成云鰧魚布可居棲反介案未詳
人魚　兼名苑云人魚一名鯵魚上音陵
身人面者也山海經注云聲如小
兒啼故名之
鮪　食療經云鮪音委一名黄頬魚和名之比
爾雅注云大爲王鮪小爲叔鮪
鰹魚　唐韻云鰹音堅漢語抄云加豆乎式文用堅魚二字大

『和名類聚鈔』にみえる「鮪（しび）」
（元和 3 年・1617 年版）

『和漢三才図会』の中のマグロ

中国でいう「三才」とは、天・地・人を意味し、言葉をかえれば、「宇宙間の万物」ということになる。したがって、『三才図会』といえば、この世の中のあらゆることに関しての図や絵を集めたものであり、現代版の「ビジュアル・ランゲージ」に相当する。

中国、明時代、王折《おうき》によって編まれた『三才図会』を手本として、江戸時代の正徳二年（一七一二年）頃に、寺島良安が編纂《へんさん》した、わが国の図説百科事典ともいえるのが『和漢三才図会』で、表題の通り「ジャパニーズ・チャイニーズ」の内容である。当時はまだ文字を読んだり、書いたりできる人々は少なかったので、図会（絵）は大いに役立ったにちがいない。

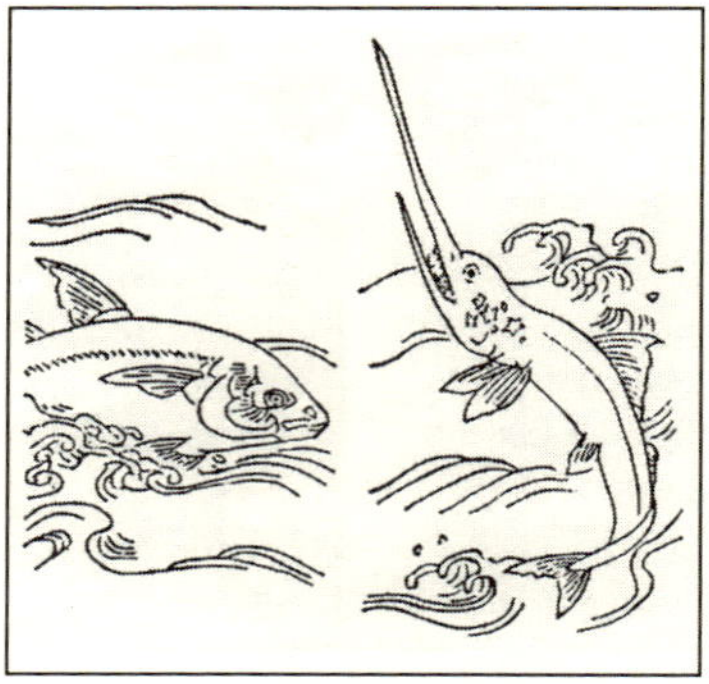

右：「鱘」の図．左：「鮪」の図（『和漢三才図会』より）

まず、その中に記載されている「シビ（マグロ）」の項目についてみよう。

「鮪《しび・はつ・オイ》
王鮪《おうゆう》〈鮪の大きいもの。和名は之比《しび》。あるいは波豆《はつ》という。〉
叔鮪《しゅくゆう》〈鮪の小さいもの。俗に目黒《めぐろ》という。〉
鮥子《らくし》〈さらに小さいもの。俗に目鹿《めしか》という。〉
『本草綱目』では、鮪と鱘《かじとおし》とを同一物としている。「月令《がつりょう》」〔『礼記』〕に季春《はるさき》、天子は鮪を寝廟《しんびょう》〔祖

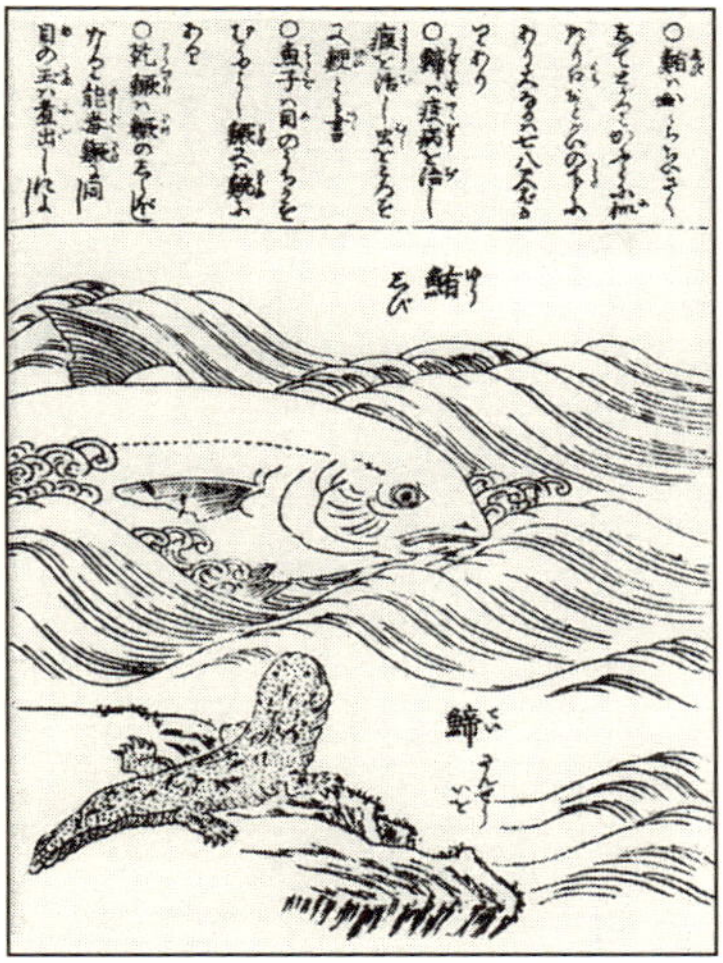

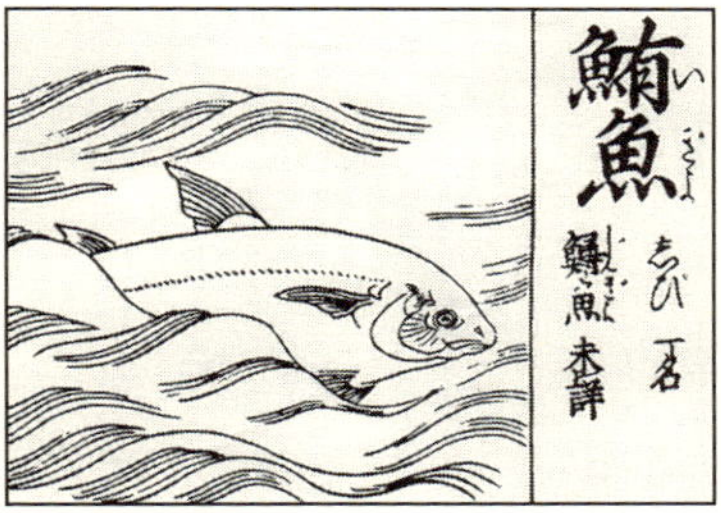

上／『訓蒙図彙』にみえる「鮪魚（しび）」.
左／『訓蒙図彙大成』にみえる「鮪（ゆう・しび）」

先の尊像・位牌を祭ってある廟〉にすすめる《（そなえる）》、とあり、それで王鮪の称があるのだ、という。郭璞《かくはく》（『爾雅《じが》』。中国古代の字書）によれば、鮪の大きなものを王鮪という。〈小さいものを叔鮪といい、さらに小さいものを鮥子《らくし》という。〉〔以下略〕」

このあとに、

「『本草綱目』に、鱘《かじとおし》を鮪《しび》とを同一物としているのは、まだよくわからない。鱘は青碧色で鼻は長くて身長と等しいが、鮪は頭がやや大きく、鼻も長いとはいえ、それほどでもない」

というような説明を加えている。「かじとおし」とは「カジキ」のことらしい。また、

「大きなもので一丈余、小さいもので六、七尺。肉は肥えていて淡《うす》赤色。背上の肉には黒い血肉が二条《すじ》ある。（俗に血合《ちあい》という。）これは捨てるのがよい」

などの説明もみえる。

この他、「図会」と同類の「図彙《い》」である『訓蒙図

彙』や『訓蒙図彙大成』の中にもマグロは「しび」の名で解説されているが、説明の内容はいずれもそれほど変わらないので図会のみ掲げるにとどめたい。

『日本山海名産図会』にみるマグロ

宝暦四年（一七五四年）版の『日本山海名産図会』（巻之三）にみる「鮪《しび》」の項には次のような解説がある。

「鮪　大なるを王鮪《おうゆう》、中なるを叔鮪《しゅくゆう》（俗にメクロと云。）小なるを鮥子《めしろ》といえり。東国にてはまぐろと云。筑前宗像《むなかた》〔福岡県宗像郡〕、讃州〔讃岐《さぬき》〕、平戸、五島に網する事夥《おびただ》し。中にも平戸岩清水の物を上品とす。凡《およ》八月彼岸より取りはじめて、十月までのものをひれながという。十月より冬の土用までに取るを黒といいて是大也《これおおい》。冬の土用より春の土用まで取るをはたらといいて纔《わずか》一尺二三尺許なる小魚にて是黒鮪《くろしび》の去年子なり。皆肉は鰹《かつお》に似て色は甚赤し。味は鰹に不逮《およばず》。凡一網に獲る物多き時は五七萬にも及べり。是をハツノミと云は市中に家として一尾を買《かう》者なければ、肉を割て秤《はかり》にかけて大小其需《もとめ》に応ず。故に他国にも大魚の身切と呼わる。又是をハツと名附る事は、昔此肉を賞して纔《わずか》に取そめしをまず馳《はせ》て募るに、人其先鋒《せんぽう》を争いて求《もとむ》る事、今東武に初鰹の遅速を論ずるごとし、此《ここ》を以《も》て初鰹の先駆をハツとはいいたり。後世此味の美癖《びへき》を悪《にく》んで終にふるされ賤物《せんぶつ》に陥《おちい》りて饗膳《きょうぜん》の庖厨《ほうちゅう》〔台所〕に加うることなし。されども賤夫の為には八珍の一つに擬《なぞらえ》えてさらに弥賞《みしょう》す。（此魚の小なるを干て干鰹《かつおぶし》のにせものとするなり。）〔傍点筆者〕」

「鮪《しび》」というのは「マグロ」の西日本における総称で、東日本では「シビ」と呼ばず「マグロ」と呼ぶのが一般的のように記されているが、必ずしもそうではない。鮪《マグロ》類のうち、クロマグロを方言で「シビ」（鮪）と呼ぶ地方は、現在でも東北や富山にも残っているし、西日本には「ハツ」という呼び名もある。詳細については別項で述べることにする。

古くは、前述した『古事記』『日本書紀』をはじめ、『万葉集』にも「鮪《しび》」の記載があり、『風土記』にもある。いずれも「志毘」「斯毘」などの漢字をあてて表記してきたが、読み（発音）が「死日」に通じるので縁起の良くない魚とされるむきもあった。そのため、縁起をかつぐ人々から、目のまわりが黒いので「目黒」と呼んだり、背中をはじめとする風体が「まっ黒」なことから、しだいに東日本（特に江戸）では「マックロ」（マグロ）と呼ばれるようになったというのが一般的な説明である。

また、マグロの大きさについて、大きいものを王鮪《おうゆう》、中なるものを叔鮪《しゅくゆう》としているのは『和漢三才図会』等の引用であろう。「鮇鮪《しゅくゆう》」と表記することもある。

同書の中にマグロの種類について、「凡《およそ》八月彼岸より取りはじめて、十月までのものをひれながという〔傍点筆者〕」とみえるが、「ひれなが」は、胸鰭《むなびれ》が非常に長いマグロの種類で、人間の鬢《びん》にあたる部分が長いので「ビンナガ」（ビンチョウ）と呼ばれている。マグロ類の中では小型で、この胸鰭を広げて泳ぐ姿が、トンボが羽根を広げて飛んでいるように見えるというので、マグロを捕獲する漁師仲間では愛称で「トンボ」ともいわれる。

さらに、「十月より冬の土用までに取るを黒といいて是大也」とみえるのは「クロマグロ」のことで「ホンマグロ」とも呼ばれる。マグロ類で最も大型になる。あわせて「黒鮪の去年の子」を「はたら」

と呼んでいるが、今日、東日本では「メジ」または「メジマグロ」と呼ぶところが多い。

「土用」といえば、今日わが国では一般的に、夏の土用をさすことが多く、きびしい暑さを代表して「土用の丑《うし》の日」が知られる。

中国から伝えられた暦法の「土用」は暦の節で四回ある。一期を一八日間とし、春は清明の後、四月一七日から立夏まで、夏は小暑の後、七月二〇日から立秋まで、秋は寒露の後、一〇月二〇日から立冬まで。冬は小寒の後、一月七日から立春までをいう。

したがって、「冬の土用より春の土用まで」に取るというのは、一月の下旬から四月いっぱいあたりまでということになる。

また同書も『万葉集』を引用し、〈鮪《しび》つくとあまのともせるいさり火のほには出《いで》なん我《わが》下思いを〉と。そして、『礼記月令』に季春天子鮪を寝廟に薦《すす》むとあれども、鮪の字に論ありて今のハツとは定めがたし。尚下に弁ず、と記している。ようするに、上掲した「ハツミノ」あるいは「ハツ」という儀礼について、中国の周代の魯国の儀礼を中心とした古代の礼記をまとめたもので、そのうちの一篇にあたる一年間（一二カ月）に行われる定例の政治、儀式または民間行事を月順に記録した中の「月令《がつりょう(げつれい)》」で述べている『礼記月令』などに「鮪」とみえるが、詳細は不明だとしている（一三〇頁「『和漢三才図会』の中のマグロ」参照）。

つづけて、

「網は目八寸許して大抵二十町許、細き縄にて制〔製〕す。底かりて其形箕のごとし。尻に袋あり。縄は大指よりふとくして常に海底に沈め置き、網の両端に舩二艘宛附て魚の群輻《あつまる》を待なり。若《もし》集る

「鮪冬網」の図．山上に魚見の櫓がみえる（『日本山海名物図会』より）

事の遅き時は二《ふた》月乃至三月とても網を守りて徒《いたずら》に過《すご》せり。是亦山頂に魚見の櫓《やぐら》ありて其内より伺《うかが》候い、魚の群集何萬何千の数をも見さだめ、麾《き》〔さしずばた〕を打振りてかまいろ〳〵と呼《よば》わる。（カマイロとは構えよとの転也）其時ダンベイという小舩三艘出《いだす》。一艘に三人宛腰簑《こしみのたく》襌（はだ着）鉢巻にて飛がごとくに漕《こぎ》よせ、網の底に手を掛けて引事過半〔半分より多いこと〕に及べば、又山頂より麾《き》を振るについて、数多のダイベイ打よせて惣《そう》かかりにひきあげ、網舟近くせまれば、魚浮騰《ふとう》して涌がごとし。漁子《ぎょし》熊手《くまで》、鳶口《とびぐち》のごとき物にて魚の頭を打附れば、弥《いよいよ》駿《さわ》ぎておのずから舩中に踊り入れり。入儘きぬれど網は又元のごとくに沈め置て舩のみ漕《こぎ》退《しりぞく》也。尻に附たる袋には鰯二艘ばかりも満ぬれども、他魚には目をかくることなし。是は久しく沈没せる網なれば、苔むしたるを我巣のごとくなして居れりとぞ。尚図に照らして見るべし。

又一法に釣りても捕るなり。是若州《わかさ》〔現在の福井県南西部・若狭の国〕の術にて、其針三寸ばかり苧縄《おなわ》長百間針により一間程は又苧にて巻く也。是を鼠尾《ねずみお》という。餌《え》は鰹の腸を用ゆ。糸は桶へたぐりて竿に附ることとなし。

此魚、頭大にして嘴尖り鼻長く口頷《おとがい》の下にあり。頬腮《ほおあぎと》鉄兜《てつかぶと》のごとく、頬の下に青斑あり。背に刺鬣《はりのごときたてがみ》あり。鱗《うろこ》なし。蒼黒にして肚《はら》白く雲母の如し。尾に岐有《またあり》、硬《かたく》して上大に下小なり。大なるもの一二丈（ママ）、小なる者七八尺。肉肥て厚く此魚頭に力あり。頭陸に向い尾海に向う時は懸てこれを採り易し。是尾に力なき故なり。煖《あたたか》に乗じて浮び日を見て眩来《めくるめき》たる時は群をなせり。漁人これを捕て脂油《あぶら》を采《と》り、或は脯《ほしし》〔干肉〕に作る。

鮪の字をシビに充《あつ》ること、其義本草又字書の釈義に適わず。されども和名抄は閩書《びんしょ》〔明の末に編纂された福建省の地誌。わが国では中国の物産を知るために用いられた〕によりて、魚の大小の名をも異にすること其故なきにもあらざるべし。

又日本書紀に武烈記眞鳥大臣《まとりのおおおみ》の男の名、鮪と云に自注《じちゅう》慈寐《しび》とも訓せり。元より中華に海物を釈く事粗成《そな》ること、既に云がごとし。故に姑《しばら》く鮪に随て可なりともいわん。シビの訓義未詳。〔傍点筆者〕」

とみえる。

このように江戸時代になると、各地でマグロが漁獲されるようになり、マグロの需要も増えはじめる。漁獲が増加した大きな理由は、全国各地で網漁〔定置網をはじめとする漁網の発明・改良・工夫〕の発達によるものである。また、その網漁に資本を投じた各地の大地主や大商人による資本の蓄積があった。またあわせて、一般的に、江戸城下町のような大都市で、マグロの消費量が増大した理由として、醤油の普及との結びつきが指摘される。このことに関しては別項で詳細に述べた。

『紀伊国名所図会』のマグロ

『紀伊国名所図会』は高市志友撰（著作）による。図会は西村中和画によるもので、初版と二編は文化九年（一八一二年）に刊行され、三編は天保九年（一八三八年）、後編は嘉永四年（一八五一年）と、かなり長い年月にわたり刊行されている。

ペリー来航直前、江戸時代末期の書物であるが、二〇〇年ほど前の「魚市」の様子を具体的に知ることのできる貴重な資料であり、「競売《せりうり》」やマグロの運搬など興味深い。

同図会の「和哥山」の項に、「西店魚市場《にしのたなうおいちば》（万町《よろずまち》の西にあり）」とみえる。

「当府に魚市場三所あり。いわゆる西の店・中の店・湊浜なり。東にあるを中の店といひ、西にあるを西の店といふ。東の店は名をだに留めず。ここの魚市は元広瀬《ひろせ》岡町《おかまち》にありしを慶長六辛丑歳〔一六〇一年〕この地に移す。当国は海国なるうへ、近国の漁船ここに集り、鮮《あざらけき》を商ひて、大和国中・京摂に運送すること夥し。そが中にも、松江の浅利《あさり》のあさからぬは、かの鱸《すずき》にもおとらじ。またふきあげの沖のはつがつをは、江戸児《えどっこ》のきもを取り拉《ひし》ぐべし。〔肝〈胆〉を取り拉ぐは、おしつぶすの意〕」

西店魚市（にしのたなうおいち）．「寄る魚は網ひくはまの真砂より　よみつくされぬ和哥山の市　季陰」とあり，右はしでは二人の男がマグロを運んでいる（『紀伊国名所図会』より）

とみえる。

この解説にある文面から、当時、関西方面のカツオをはじめとする鮮魚が、江戸の城下町まで流通していたことが伺える。

また、上述した「西店魚市」の図会を見ると、図会の左上に、

「寄る魚は網ひくはまの真砂より　よみつくされぬ和哥山の市　季陰」

とあり、見開右下に、男が二人、棒を用いて大きなマグロを担いで運んでいる様子が描かれている。

魚市に運ばれてくる各種の魚介類の中でも、大型のマグロは当時から存在感があったのだろう。

蛇足ながら、鳶《とび》が魚を攫《さら》っていく様子や、それを追う屋根の上の猫まで描かれているところが、いかにも魚市らしく思えて笑いをさそう。

『西国名所図会』のマグロ

『西国三十三所名所図会《さいごくさんじゅうさんしょめいしょずえ》』は、別名を『西国名所図会』ともいう。嘉永元年（一八四八年）の自序がある暁鐘成《あかつきかねなり》作の著。図会は松川半山・浦川公左画として知られる。内容は、嘉永元年（一八四八年）の自序がある通り、幕末（江戸末期）の地誌や当時の日常生活、庶民の風俗などが、生き生きと描かれている。

ページを繰ると、その中に、今日の三重県熊野市本町あたりの暮らしの様子が、近隣の「鬼ケ城《おにがじょう》」や「七里浜《しちりがはま》」などと共に描かれている頁がある。

木本湊（きもとのは《（ママ）》ま）．「木本の町は近隣にならびなき繁花にして，殊に海辺なるがゆゑに魚類多（さわ）なり．長（たけ）大なる鮪（しび）を軒にならべて商う家此彼（ここかしこ）にありて甚（いと）珍し．かかる形容（ありさま）をみるは当街道中において此地に限れり」とみえる（『西国三十三所名所図会』より）

熊野灘に面した「木本湊《きもとみなと》」について、

「峠を下りてこの地にいたる。東南をうけたる便宜の舟着《ふなつき》なるがゆゑに職家《しょくか》・商家・旅籠屋《はたごや》・漁師なんど打ちまじりて人家しばしば建ちつらなり、万端《よろず》に足りて富《ふ》饒《にょう》なり」

とみえる。そして、「半山」の描いた「木本湊」の図会を掲げ、その右上に

記された解説には、

「木本の町は近隣にならびなき繁花にして、殊に海辺なるがゆゑに魚類多《さわ》なり。長大《たけ》なる鮪《しび》を軒にならべて商ふ家此彼《ここかしこ》にありて甚珍《いと》し。かかる形容《ありさま》をみるは当街道中において此地に限れり」

とある。今日でも熊野市や近くの那智勝浦町は、紀南海域で漁獲される生のマグロの水揚げ高の多い漁港として有名だが、当時も近海で獲れる新鮮でイキのいいシビ（マグロ）は、江戸とはちがい、人気があったのであろう。

図会をみると、軒先にシビ（鮪）を二尾（本）並べ、商っている様子が描かれている。なかなか豪快であり、人々の暮らしの豊かさが感じられる。シビを売る台の前の通りには、大根二本をぶらさげた女房（主婦）らしきが立ちどまって、品物を吟味しているところをみると、今日の夕餉の惣菜は、シビの粗《あら》（身のついた骨）と、大根とを一緒に炊き合わせた「粗煮《あらに》」なのかと思う。シビのアラやカマ（魚の鰓《えら》の下の胸びれのついている部分）の脂肪が、大根にほどよくしみ込んで、舌にふれた味が時代を越えて口もとに伝わってくるような描写が嬉しい。

シビと大根のとり合わせ料理は、昔も今も変わらぬ、晩秋から春先までにかけての、冬の味の風物か……。

街道・宿場町と魚市（場）

江戸時代になると物資の輸送はもとより、人々の往来もいっそうさかんになった。それには、幕府の

東海道五十三次の宿場町の魚市．見開き中ほど下部にマグロを運ぶ男たちがみえる（『三河国吉田名蹤綜録』より）

定めた参勤交代の制度が大いに影響を与えたのはいうまでもない。

東海道五十三次をはじめ、五街道（中山《なかせん》道、日光街道、甲州街道、奥州街道）の宿場も賑わいをみせた。それにともなって、各地の様子が『名所図会（絵）』や『図志』などで紹介され、庶民にも広く知られるようになる。

愛知県の豊橋市にある二川宿本陣資料館が平成一三年に開催した「東海道五十三次宿場展」（IX）の「図録」によると、この、街道筋にある

「魚町は、寛延三年（一七五〇年）の記録では、戸数一一九軒、人口六〇八人で吉田宿最大の町であり、表町ではないが魚問屋を中心に大いに栄えた町である。町の中央にある安海熊野権現は、もと札木町の地にあったが、池田輝政の城域拡大により現在地に移ったと伝えられ、今川義元の頃よりこの境内で魚市が設けられ、片浜十三里すなわち新居宿から

伊良湖岬に至る遠州灘一帯の魚の集散地であった。

吉田城主小笠原長重の元禄期（一六八八〜一七〇三年）には、魚市場保護のために市場以外での直売買を禁止し、その後も吉田藩は度々魚問屋、魚仲買に対し魚売買の独占権保護を申し渡している。

享和二年（一八〇二年）の記録では吉田宿には魚問屋一三軒、魚仲買五八軒、肴屋《さかなや》九軒があったが、そのうち魚問屋のすべて、また魚仲買の大部分は魚町にあった」

と解説している。

魚市（古橋懐古館蔵『三河国名所図会』より）

図録中には、『三河国吉田名蹤綜録』と、参考資料として『三河名所図絵』（古橋懐古館蔵）が掲げられている。『三河国吉田名蹤綜録』の図中には、人々で賑いをみせる「魚市」の中を、大きなマグロを運んでいる活気に満ちた様子が見えるので転載させていただいた（前頁、見開き中ほど下部）。

一方、参考資料の『三河国名所図会』には、大きなマグロが筵《むしろ》のようなもので簀《す》巻《ま》きにされている様子が描かれている。また、この図会の上部には、荷をおろした馬が描かれているところをみると、馬背により魚市まで運ばれてきたのだろう。

2　マグロ漁業の展開——漁業技術の発達

江戸時代以後——各地のマグロ漁業

これまでの、わが国における漁業史研究の成果から、江戸時代の初期頃より元禄期（一六八八〜一七〇三年）の、一七〇〇年（元禄一三年）頃をはさんで、全国各地の漁業（魚種・漁法）がでそろい、さらに各地に波及・伝播したとみられている。

そして、その後は宝暦期（一七五一年）あたりから、天明・寛政期（一八〇〇年頃）までの約五〇年間ほどは、全国各地域で、さらにそれぞれ独自の漁法の考案、漁場の開発がおこなわれ、漁業全体が発達した時代であったとみることができる。

しかし、こうした各地における各種の漁業は、それ以降の文化・文政（一八〇四年頃以降）・天保期（一八四三年）の約五〇年にかけて、地域的には後発漁村により漁業生産が拡大し、発展したところもあるが、しだいに衰退に向いはじめる時期でもあった（わが国における沿岸各地では、はやくから漁業生産を活発におこない、いわゆる「漁村」として発達した〈海付きの村〉があり、一般にこうした村を「先発漁村」と呼んでいる。これに対して、漁村化するのに出おくれてしまった村や、のちに漁村化していった〈海付きの村〉を「後発漁村」とよんでいる）。

以上のようにみると、わが国における沿岸漁業の魚種・漁法がでそろうのは元禄期（一七〇〇年頃）から天明・寛政期（一八〇〇年頃）にかけてであったとみてよいだろう。

この頃の全国各地域の漁業生産の中で、特に注目すべき大規模漁業は、陸中・陸前地方（岩手県・宮城県方面）のマグロやサケの大謀網、長門・肥前地方（山口県・長崎県方面）のマグロとブリの大謀網、能登・越中地方（石川県・富山県方面）のマグロとブリの台網、上総・下総地方（千葉県方面）のイワシ大地曳網、北海道のニシン建網などの網漁業をはじめ、各地のカツオ釣漁業、西南地方のクジラ漁業などである。

天保四年（一八三三年）にまとめられたとされる『東遊記』にも、上述したことを、広く世に知らせるかのように、「房州の干鰯《ほしか》、五島の鮪《まぐろ》、当所（松前）の鯡《にしん》、合せて天下漁猟の大なるもの」と記され、『魚鑑』（天保二年・一八三一年刊）にも、マグロは「肥前五島に多し、関東もあり。まぐろと称ふるもの、青黒色、鱗やゝ細に、大なるは八九尺許、又小にして一尺なるをめしかといふ。鮪のはし黄色、肉淡赤《うすあか》きをきはだとよぶ。秋のはじめを上とす。又ひれ短く、肉色おなしきをめばちとよぶ。ひれ長きをびんながとよぶ。……〔傍点筆者〕」などとみえる。

さらにこうしたマグロ大敷網などに関しては、『肥前州産物図考』や『日本山海名産図会』等に詳しいので別の項で詳述する。

前述したように、江戸時代の主要なマグロ漁場は、東北地方の牡鹿半島の沿岸、西南地方では長門の豊浦郡や肥前の五島や平戸のあたり、北陸地方では能登や富山湾沿岸というように、いずれも江戸城下町からみれば遠隔地にあたる。それゆえ、こうした諸地域から運ばれてくるマグロは鮮度が落ち、生臭

「日本橋　魚市」（左上の部分に漁船により入荷するマグロが，下部中央や中央右端にはマグロらしき大魚を二人の男が天秤棒を用いて運んでいる様子が描かれている．天保5年・1834年刊『江戸名所図会』より）

くなってしまうことが多く、「下魚」がさらに下魚あつかいされてしまったのであろう。

しかし、文化年間（七年・一八一〇年頃以降）になると、関東地方でも伊豆、相模、安房、常陸などの沿岸で大量のマグロが漁獲されるようになり、新鮮な肉質のものが江戸やその周辺消費地にとどくようになると、しだいに「下魚」もみなおされ、食味される量も増加の傾向をたどるようになったとみられる史料が残されている。

具体的には、マグロの漁獲高の状況について、相模国（神奈川県）における文化一二年（一八一五年）八月の「淘綾郡山西村大網番組極め議定書」（現在の中郡二宮町あたり）に、

「一、中ばんかつほ七百本　まぐろ七拾本　魚引揚候セっハばん抜ニなる　一、中ばん最合船舟掛ニ而《て》、かつほ五百本　まぐろ五拾本　同、鰹千本　大鮪百五拾本　小鮪五百本　鰹七百本　大鮪七百本　小鮪四百本」

などとあり、当時はマグロ、カツオのいずれもかなり漁獲があったことが伺われる。

羽原又吉氏も『日本漁業経済史』（中巻二）の「旧幕封建期における江戸湾漁業と維新後の発展」の中で、海産物市場については、当地における海産物の取扱品を近海地廻物と旅物の二種に分けられるとしたうえで、

「旅物は、逗子の秋鰹、小田原の鰆《さわら》、三島・沼津方面の鮪は最も有名であった。入荷の多き日は一千駄に達し価格は百両にも上ったというが、鮪一尾一両乃至一両五分、メジ鮪十五銭乃至二十銭の当時（幕末頃）から考えると、神奈川宿市場のいかに盛であったことが推知し得る」

としている。

また、同書中には、つづいて、

「文化六年（一八〇九年）当時でも、時には遠く五島鮪などの入津もあった〔傍点筆者〕」

ことを掲げている。

そして、五島鮪が入荷していたことを示す根拠として、次の史料を示している。その内容は、

「青木町宮原屋□《（ママ）》ヨリ近江屋利兵衛、津屋太兵衛来リ、去ル辰〔文化五年・戊辰・一八〇八年〕冬中当町魚問屋仲買ニ五島鮪一両ニ付一本四分ニ相定メ金五十両引受ケ候処、金貳拾両入金残金三拾両引負ヒ不渡ニ付其後差紙相付ケ候様届ケ来リ候ニ付先ハ差留メ……云々〔以下略。傍点筆者〕」

というもので、文化五年頃には、上述のように伊豆・相模・安房・常陸などでマグロの漁獲が増大したとはいえ、「五島列島方面のマグロ」も神奈川宿市場（日本橋の肴場《さかなば》も含めて）等に運ばれてきていたことが伺われる。

このように、わが国でマグロが多く漁獲されてきた諸地域にあっては、今日のように流通手段が整備されていない明治時代以前は、鮮魚は特にむずかしく、たとえ大漁に恵まれても干鰯《ほしか》などの魚肥と同じように、マグロも鮮魚として流通させることができず、魚肥になってしまうものが多かったことは、別項で述べた通りである。

青森のマグロまき網漁業

青森県内ではこれまで「マグロまき網漁業」がおこなわれてきた。その漁具や漁法について、『日本漁具・漁法図説』に記載されていることを別項で紹介した。以下は、同書によるその内容である。

「マグロまき網の漁法は、北海道の噴火湾内に七月上旬から八月中旬にかけて北上する黒潮とともに索餌回遊する一〇～二〇キログラムの小型のマグロが、水深一〇メートル付近まで接近するものを採捕する小規模のまき網漁業である。

しかし、近年来遊が少なくなり、現在（昭和五二年頃）では八雲町漁協にわずかに残っているにすぎない。この漁法が最近青森県の日本海側の七里浜沖に導入され、操業されている。（青森県では、〈マグロ追込網漁業〉として許可している。）

漁具の構造……漁具は、廻し網（まき網）、追込網（五里網）及び胴網の三種類からなる。廻し網は普通のまき網でマグロを巻き、胴網に追込網で追込んで胴網をたぐって漁獲するものである。いずれも網地はクレモナを用い、廻し網の長さは三七五メートル、網丈は三七・五メートル、追込網の長さは一八〇メートル、網丈は三〇メートルで二一センチ目の網を使用している。

漁法……青森県日本海沿岸は六月から十月までマグロ（クロマグロ）が来遊するが、六月から七月の間は音に敏感なマグロが比較的行動が鈍くなり、この間に包囲されやすく操業が行われる。漁期六月から七月。

操業は風波浪潮流がなく、かつ海底が平坦地でおこなわれる。（漁場は、砂または砂泥質の平坦な海底で、水深三〇メートル以浅の漁場。）

まず、マグロ群を発見と同時に進行方向あるいは魚群の速力を確かめ、進行先にて網船（廻し網）を待機させ投網時を待つ。マグロの進行方向と先頭のマグロの速力等を見て、網船二そうで廻し網を投網し、マグロの群を巻く。魚群をうまく包囲し入網の場合は、一〇分から三〇分ほどの時間で浮上する。

マグロが浮上（入網確認）すれば、速かに潮流の方向を見て潮下に胴網を入れる。しかる後、追込網（五里網）を廻し網の中に入れ、マグロの群を胴網に追込む。なお魚群が多すぎる場合は、何回かに分けて追い込む。追い込む場合にマグロが逆転し、逃げ込もうとすれば貝殻等を投入して威嚇する。

マグロ群が胴網に入ったのを確かめてから、前網を引き起し、定置網の要領で胴網を起し、漁獲する。漁船は五トン前後の漁船五艘を使用する。」

以上が、青森県において、近現代までつづけられてきた「マグロまき網漁業」であるが、このところ近海におけるマグロ資源や、漁獲量の減少とともに急速に旧廃漁業の仲間入りをした。

陸前・牡鹿《おしか》半島のマグロ建網

陸前地方（大部分は現在の宮城県に、一部は岩手県に属する）におけるマグロ漁は、牡鹿半島周辺でお

大謀網（『漁業ものがたり』より）

こなわれていた「田代式大網」と呼ばれるマグロ建網がよく知られている。

まず、牡鹿半島あたりにおけるマグロ漁期や漁場についてみてみると、『明治前　日本漁業技術史』中に、

「牡鹿半島附近では、マグロは春の彼岸以後は北に向って回游し、秋の彼岸以後は、南に向って回游した。即ち当時は、マグロは春夏の候〔頃〕、群をなして南方から石の巻湾内に来游し、湾奥より牡鹿半島に沿って外海に出るのを例とした。

牡鹿の大網はこの外海に出ようとするマグロを漁獲するのを目的としたもので、従って漁期は春期、漁場は多く岬端の内側に設けられ、垣網はすべて身網の向って左側につけられていた。

これに反し、秋期に入るとマグロは三陸沿岸を北から南に向って回游し、牡鹿半島の南端をすぐるも、石の巻湾内に入ることなく、次第に南下して磐城・常陸・下総等の海面に向うとされた。

従って、三陸沿岸の大網はいわゆる秋網であって、網口が北方に向いてあるのが普通であった」

とみえる。さらに、同書によれば、

「この地、牡鹿半島でマグロ大網を考案したのが田代角左衛門であったため、このマグロ大網は〈田代形《ママ》大網〉の名で呼ばれてきた。

安政以前に使用されていた、この地方のマグロ大網も藁網で、魚捕網・囲網《かこいあみ》・垣網の三部からなる基本は変わっていない。ただ、魚捕網と囲網とが集まって、広い意味での身網を形成し、その口は下方の一部につけられていた。このうち、底のあるのは魚捕網のみで、囲網は底がなかった。従って網囲全体を身網とするこの網は、大謀網に近いが、魚捕網のみを身網とする大敷型〔網〕ともみられる」

という。

なお、漁網構造の詳細については、拙著『網』〔本シリーズ〕を参照されたい。

田代角左衛門のこと
前記のように、陸前・牡鹿半島のマグロ建網を考案・改良したのは田代角左衛門であった。その生立ちを、同書に掲げられている「功労書」からみると、おおかた次のように記されている。

「田代角左衛門は天明五年〔一七八五年〕、陸中閉伊《へい》郡の船越村字田ノ浜〔現在の岩手県下閉伊郡山田町船越〕に生まれた。

本人は、平素は温厚な人柄だが、事に当り極めて豪胆不屈の性格で、〈成ラザレバ止マザルノ気概アリ……〉と。そして、公益の為めには自利を不省を主義としたともみえる。

角左衛門は陸前〔明治元年〈一八六八年〉に、それまでの陸奥の国を分割して設置した現在の宮城・岩

平坦な田代島遠望（中央）．手前がマグロ大網漁場

手の両県のあたり〕の〈遠嶋方面〉〔宮城〕にマグロの建網が設けられており、かなり好況であることを聞知し、実際に出かけて調べてみたところ、その現状がわかったという。

すなわち、牡鹿半島の遠嶋附近に、好漁場らしき場所をいくつか見つけ、その後、この地の数ヶ所に漁場開発をこころみたのである。

しかし当時、この地方でおこなわれていた漁法や漁具には欠点が多く、せっかく来游してきたマグロの群が魚網にかからないなどの課題があったので、角左衛門は寝食を忘れて、種々に改良を加えたのである。結果、マグロ網の構造を革新し、完成させたのが〈田代式鮪建網〉〈田代式〈型〉大網〉であった。

その後、この建網を実際に使用してみたところ、結果は上々で、マグロの漁獲量が増え、以後、漁況益盛《（ママ）》であった」

と記されている。それゆえに、「遠嶋湾内ニ角左衛門ノ開場セシ嶋名を〈田代島〉ト号シ、今尚其称ヲ存セリ……」とも

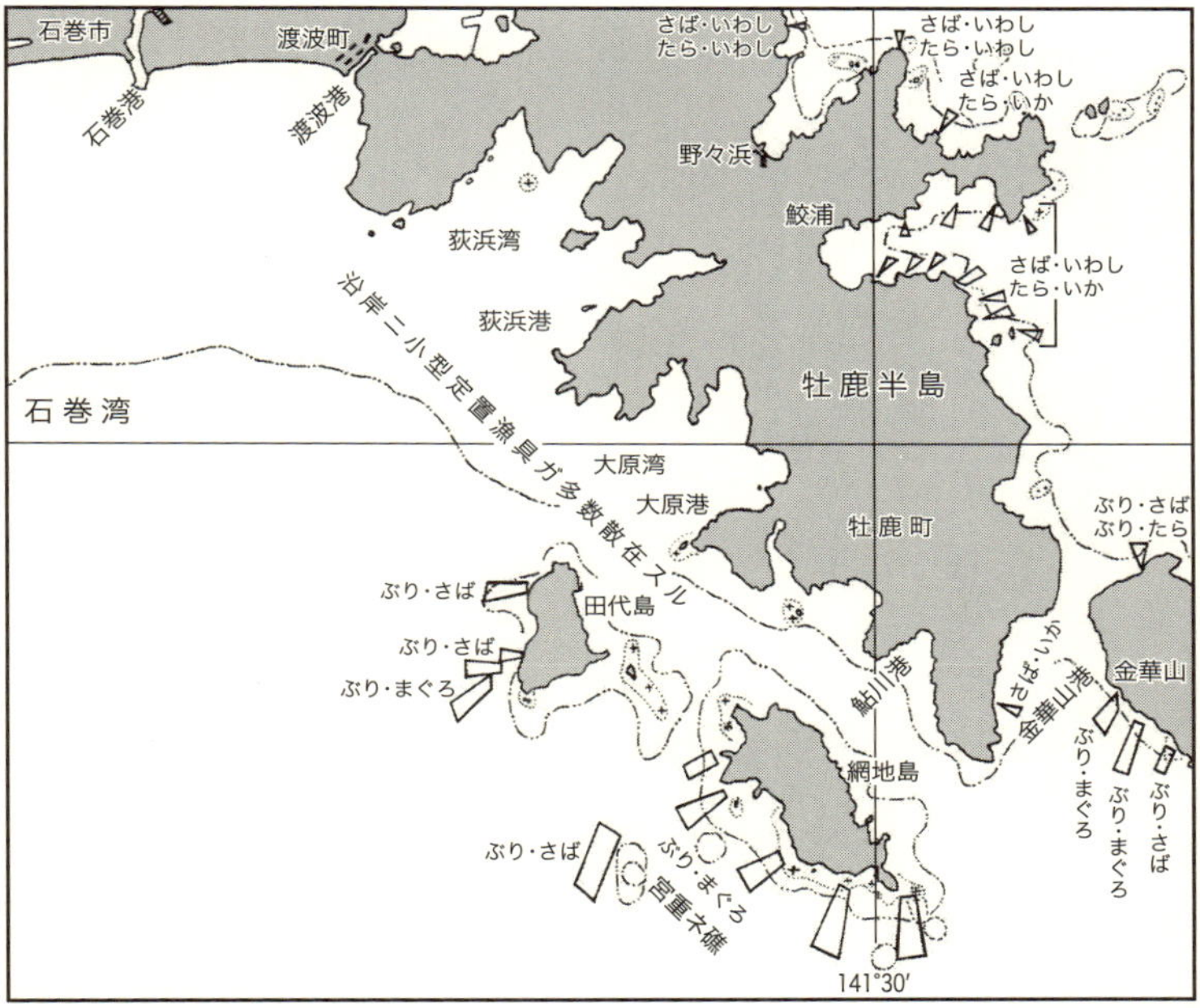

海上保安庁の「漁具定置箇所一覧図」（1956年．「のり・かき」および数値は省略し，文字は打ち直した）

みえる。

当人がマグロ網を考案したのは、だいたい文政年間（一八一八〜二九年）頃の、今からおよそ二〇〇年ほど前のこととみられるが、マグロ網がこの地方に普及したのは、安政年間（一八五四〜五九年）以降であろうとされる。が、江戸期のたしかな史料が今日までのところ発見されていない。

なお、田代式のマグロ大網は、身網・垣網ともに藁製のもので、身網の網形は今日の大謀網とほとんど同様で楕円形をしており、全部有底で、魚捕部は向って右側（一五〇頁の大謀網の図では左側）につけられていたとされている。

今日、仙台湾の石巻市に属する

「田代島」（田代浜）は、隣の「網地島」（網地浜）とは行政的には別である。網地島は宮城県牡鹿町に属し、この島も定置網漁業が盛んな島として知られる。

「田代島」は網地島に比較するとやや小さく、平坦な島だ。昔からの島名のように思われているこの島は、以前「遠嶋」の名でよばれていたのであろう。それが、上述したように、田代角左衛門によるマグロ漁場開発により、地元に多大な経済効果をもたらしたために、田代漁場のあるこの島が「田代島」の名で呼ばれるようになり、島名として定着したのである。

鮪大網（宮城県・牡鹿半島）

宮城県地方で一般に「鮪大網」とよばれている定置網は「鮪建網」のことをいう。『日本水産捕採誌』に記載されている「鮪大網」について、以下に掲げる。

「陸前国牡鹿郡に於ける大網は、其目的専ら鮪を捕るに在りと雖《いえど》も元来定設漁具なるを以て鯛・鰤・鰹・鰮《いわし》・鮪・姥鯊《うばざめ》其他種々の魚類之《これ》に入ることあり、入れば諏《(ママ)》ち之を捕ふ。其漁期は夏網、秋網の別あり。鮪の南洋より来り該地の海を経て北に向ふの時期は八十八夜頃より立秋までの間に在り故に此時期を夏網とす。立秋以後、寒中までの間は鮪北よりして南に還る此時期を秋網とす。漁場は樹木繁茂し地勢稍《や》や湾環せる處の岬角より岸を距ること凡四百間餘、深さ二十五・六尋の處に於てし恰《(ママ)あたか》も湾を抱けるが如く網を設置す。此網の濫觴《らんしょう》〔起源〕は口碑に傳ふる所に據れば古昔安部の一族鳥海三郎初めて構思し漁民に教へて之を為さしめたりと云ふ。果して然るや否を詳にせずと雖、要するに該縣下の漁具中無比の大なるものにして、其利も亦多し故に舊仙台藩に於ては風浪等に依り不意に網の破壊せるとは藩主より若干金を與へて修繕せしむるの保護法あり、廃藩の後、保護の事罷みたるより有志者相謀り網に用ふる縄を改良し構造を堅固に為せし為に能く風浪に堪へ破壊に及ぶこと甚だ少しと云ふ。

網の構造は身網と垣網との二者により成る。總て藁縄製にして身網のみに底網を附す。網の周囲大なるものは六百餘間、小なるものは三百五六十間とす。

其身網は上部を桁網と称し、海底に接する部分を底網と称する桁網の上端には筒《ドウ》を附す。筒とは杉木を以て作れる浮子なり。之を網の周辺緊要なる場所に結附け、網の沈降を防ぐの用とす。而《そ》して其局部に随て名称を異にす。宜しく第十四図版に対照すべし〔図省略〕。

其沖の目筒中の口筒は長さ一丈二尺、周囲一丈二尺、杭筒《クイドウ》は長さ八尺、周囲八尺、並筒《ナミドウ》は長さ六尺、周囲六尺より三尺に至る。而して杭筒より、沖の目筒に至る間を方言〈ジド網〉と云ひ、〈ジド網〉の内、杭筒より凾尻筒《ハコシリドウ》に至る間を高《タカ》と云い、凾尻筒より沖の目筒に至る間を裏と云ふ。又〈高ニコメ筒〉より〈裏ニコメ筒〉に至る間の身網の縁に端網と云ふありて、其上部を筒に纏付し魚の網に入たるとき之を以て其遁逃《とんとう(にげる)》を防ぐの用に供す。

其一端には周囲三尺、長さ一丈の竹数百本を結び附け、以て筒と為し浮泛《ふはん(うかべる)》力を助く。又魚の身網に入るを見て網口を曳かしむる為め、曳網を附けたるを方言引立と云ふ。其位置は網口即ち中の口筒より沖の目筒の間に在り其一端を沖の目筒に繋ぎ平常は海底に沈め置き魚の網に入るを見て引揚げ其遁逃を防ぐものなり。

網目は網端より其一を機《ハタ》と稱へ藁縄を以て綿布を織るが如くに製す。其二及び機脇網を二寸目、其三を六寸目、其四を一尺目、其五、六、七、八、九及び引立網を一尺五寸目に、脇引立網を一尺目に作り、嚢《ふくろ》網全部百二十七間とし全形箕《み》の如き状を為す。

垣網は身網の中の口筒より起り陸に向て大尻手筒に至るの間を前囲と云ふ。此囲は甚だ緊要のものにして、若し其装置宜しきを得ざれば魚の網に入るを防ぐること少からざれば最も注意を要す。又前囲に横切網一名魚溜（或は魚戻とも云ふ）を附く是既に網口を閉塞したるの後更に魚群の來ることあるも復た網に入る能はざるが故に此に溜めて他に至らしめず、前の魚群を捕り畢《おわ(終)》れる後網口を開き其中に入らしめんが為めに設く故に魚溜の名あり。

又二番の鼻筒より尻手筒までの間を二番囲と云ひ三番の鼻筒より尻手筒までの間を三番囲と云ふ。各横切網を備ふ此垣網の上縁には径三寸許の網二筋を合せ之に筒を附けて其沈降を防ぐ。又沖の目筒より〈小サキノ鼻筒〉と稱ふ是亦垣網の一にして魚溜より網口に入らんとする魚の外に逸出するを防ぐの用に供ふ。

凡《すべ》て垣網は其地形に従て長短と囲ひ方を異にすれども、通例は前囲垣網百三十二間其横切網を二十八間とす。二番囲は百二十間にして其中の先きの方二十八間は第一横切網より前に出さしむ其横切網は十六間なり。三番囲は百十六間にして、その先きの方十六間は第二横切網の前に出さしむ。四番囲は百三十間にして、岸に達せしむ〈小サキ〉垣網は三十三間とす。

碇は凡て石を用ひ〈シド網〉には筒一個に付量目凡五石位の碇を甲の筒には三個乙の筒には二個と遞《てい(順次)》番に繫ぎ附け、尻網前囲の筒には一個毎に二個の碇を下し其他中の口筒沖の目筒杭筒鼻筒及び〈シド網〉中の緊要なる筒には柴を以て周囲三尺許の輪形を作り之を縄にして籠の如くに綴り、中に石数十個を詰めたるものを碇とす。方言之を〈シカリ〉と云ふ。碇綱は径二寸五分より四寸に至る各其装置の場所に依て大小の差あり。

魚見櫓は身網の後部即ち沖の方の中央に位置を取り身網より凡《およ》そ二十八間の距離にて海中に建て置き魚見番は其頂上に設けたる棚の上に登り居て魚の郡來を注視す。櫓の構造法は尚ほ臺舎部に於て詳説すべし。

網装置の順序は最初に魚見櫓を据へ附け、次に杭筒、次に沖の目筒、鈎の鼻筒、中の筒等を据へ附け以て網の基礎を作り夫より桁網を入れ筒を附け然る後垣網を入る。

此網代場を定むるには杭筒の位置を撰《えら》ぶを第一緊要とす。然るに此網は魚道を遮るの構造なるを以て、其位置の如何に依ては他村の漁利に影響を及ぼすこと少からず。故に中にはその関係村方の立会を要する所も之あり。此網を全く据へ附け畢《おわ》るには人夫三十八人、日数四十日程を要す。毎年陰暦一月下旬より着手し三月上旬に落成するを常とす。

漁法は漁夫の数凡三十人乃至四十五人を程度とし、之を五六人づつに分ち一組と為し、毎組抽籤を以て順番を定め、内二人は魚見櫓に在て魚の來路を注視し、他は船を網口に繋ぎ、魚の入りたるとき魚見番の合図に依り引立網を引揚げ、網口を閉塞するに備ふ。而して魚見番は鮪の網に入りたるを認むれば、櫓上の旗を掲げて合図を為し、若し鮪の数、非常に多きときは旗竿に簑笠を吊して信號となす。方言之を〈コボテ〉と云ふ。陸上に在る衆、漁夫等之を見れば直ちに船を漕出す。其船は胴船三艘、運搬船十艘乃至二十艘にして、胴船は一の大木を刳鑿せる所謂丸木船を用ふ。是大魚の奮跳するに觸るゝも毀傷せざるを旨とするが故なりと云ふ。此胴船の至る頃は已に魚見船にて引立網を引揚げ網口を閉塞しあるを以て、胴船は其處に並列し尻來筒の方より網を繰揚げ、其繰揚げたる網の一端は漸次海中に落し終に魚捕りの處まで魚を追ひ詰め鈎を打掛け捕獲して之を運搬船に移し陸上に送らしむ。

又鮪の数、非常に多きときは別船を以て網の周囲を衛護す。其法〈高ニコメ〉筒より〈裏ニコメ〉筒までの網端を持し、魚の遁逃《とんとう》を防ぐにあり。又網中の魚を未だ全く捕り盡さざる中に復た引續き魚群の來るときは、引立網を揚げ置き、前魚を捕り盡したる後引立網を下し、次の魚をして身網に入らしめ、前の手續きを以て之を捕ふ若し大群にして網口に入り盡さざるときは〈小サキ〉より二番鼻筒までに別に五里網と稱する細縄製二尺目に編みたる網を下し、魚の他に散逸するを防ぎ置き、漸次に魚溜より網口に逐ひ入れて之を捕獲するなり」

とみえる。

磐城《いわき》・陸前《りくぜん》のマグロ巻網漁

太平洋側の東北地方、磐城（旧国名の磐州。一部は宮城県南部、一部は福島県東部）、陸前方面では江戸時代から、マグロを巻網によって漁獲する網漁法がおこなわれてきた。『明治前　日本漁業技術史』によれば、『第二回水産博覧会審査報告』の中に、磐城では慶安年間（一六四八～五一年）頃、伊藤某なるものによって考案され、陸前においては、宝永年間（一七〇四～一〇年）中、名取郡東多賀村閖上《ゆりあげ》（現在の宮城県名取市閖上《ゆりあげ》）の菅井吉左衛門が、宮城郡七ヶ浜《しちがはま》（現在の宮城県宮城郡七ヶ浜町）の孫左衛門と相はかり、発明したとみえる。

マグロ巻網の構造については、初期の頃の巻網は一種の囲刺網《かこいさしあみ》であったが、マグロの性質として、網を怖れ、網目にかからなかったらしい。そこで魚取網《うおとりあみ》、即ち後のシド網のような底付網を併用し、巻網を以て囲繞《いじょう》（囲いめぐらす）した魚を、魚取網に入れて捕獲することとし、さらに、魚取網が潮流に妨害されず、自由に使えるように改良して漸《ようや》く好結果を得たという。

しかしなお、魚群が一度、魚取網に入っても、驚いて「巻網」の方に逆戻りする欠点があったので、魚取網の口前に「べろ」（舌の義）と称する引切網をつけ、魚が魚取網に乗移った時、この引切網を引揚げて、魚が再び巻網中に戻ろうとするのを遮断することとし、ここに完成を告げ、「マグロ巻網」という名称をつけたとみえる。その後、このマグロ巻網は、南は磐城原釜浜（現在の相馬市原釜あたり）より、北は陸前亘理《わたり》郡荒浜（現在の宮城県亘理郡山元町あたり）に至る各地方に伝播したといわれる。

この「マグロ巻網」は、上述の説明のように、一種の「囲刺網《かこいさしあみ》」の改良型であり、「巻刺網の中央部に〈魚取網〉とよばれる〈袋網〉をとりつけた網」で、マグロを囲い込むため周囲に張りめぐらされた刺網は、刺網としての機能をほとんどはたしていないといってよい。したがって、網の分類上からすれば、袋のついている（有嚢《ゆうのう》・有袋《ゆうたい》の）網は、「有嚢旋網《まきあみ》類」として分類することができる（網に関する詳細な種類や構造等については、本シリーズの拙著『網』を参照されたい）。

なお、わが国における網漁業と網具については、金田禎之氏が約三〇〇種類の網具等を解説した『日本漁具・漁法図説』があり、マグロ網漁に関しては、青森県内でおこなわれてきた「有袋　マグロまき

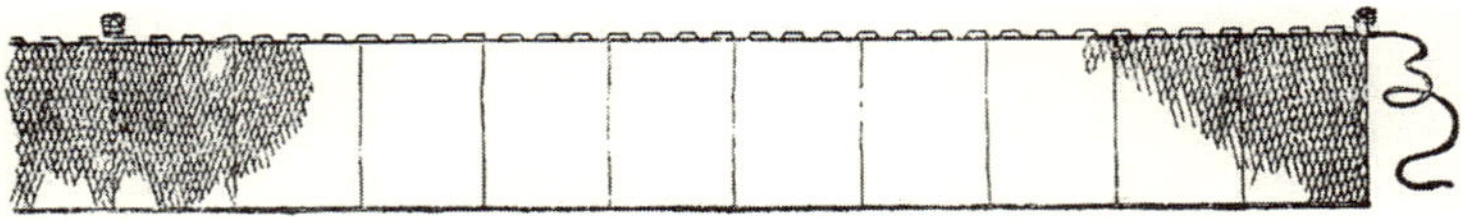
鮪流網（『日本水産捕採誌』より）

網」の記載がある。近年までつづけられてきた「マグロまき網」である。詳細は別項でみよう。

マグロ流網漁——常陸《ひたち》・茨城県那珂郡平磯

『明治前　日本漁業技術史』によると、「この漁は弘化四年（一八四七年）に常陸平磯沿岸（現在の茨城県ひたちなか市平磯町あたり）で開始された」とされる。

以下、「茨城県那珂郡平磯町鮪流網漁業沿革幷《ならび》ニ他ノ主要漁業ノ沿革」（写本・前掲書）によると、それ以前はこの地方ではもっぱら延縄をもってマグロを漁獲したが、この年（弘化四年・一八四七年）、ブリ流網をもって、小マグロを漁獲することに成功し、その後、この地方ではマグロ流網漁業がかなり盛んになったという。しかし、この漁業が各地に伝わり重要なものとなったのは明治二〇年代以降のことで、当時はまだ常陸平磯地方のみでおこなわれていたにすぎなかったようであるとしている。別項でみる神奈川県三浦市城ヶ島における「マグロ流し網漁」も、こうした記録からすると、茨城県那珂郡平磯町方面から明治期のはじめ頃になって伝播した漁法である可能性が高い。

平磯町の地方では、当時はまだ、肩幅五尺位の和船に莫座帆をつけ、漁夫七、八名が乗込み、漁場もあまり沖合ではなかったとしているが、城ヶ島では相模灘一帯に出漁していたことがわかっている。明治期の調査結果により、平磯地方の事例をみると、

「網は麻材、六寸目五十八掛、長さ十一尋に製し、これを一反として十反を綴合わして一モガイという。総長百十尋を五十五尋に縫縮める。浮子《あば》〔ウキ〕は桐材で沈子《いわ》〔オモリ〕はない。漁法は漁船一艘に漁夫十二三人乗組み、十二モガイを使用するのが普通であった。まず、魚の通路を認め、日の暮れるのを待て潮流を遮《さえぎ》り網を下し、潮に従って流し、船をして網と並進せしめる。大抵は夜半に一回網をあげ、かかった魚を捕獲するのが通例であったが、大漁の時は数回に及ぶこともあった。漁場は十里内外の沖合であったが、潮に流されて、遠く二三十里沖に及ぶこともあった。」

なお、この鮪流網は、地元では「流網」としかよばなかったという。その理由は、マグロの他にブリ、サメ、イルカなども漁獲できたためらしい。漁期は八十八夜前後（五月二日あたり・初旬）を最盛とすると記されている。そして、「此網は春季鮪の浮游するときに用ひて、漁獲多きも、秋季沈游するときには効なし」としている（『日本水産捕採誌』による）。

『五島列島漁業図解』の鮪漁業

江戸時代以降、長崎県の五島列島はマグロの漁獲高が多いことで知られてきた。

ここに掲げる資（史）料の原本には「漁業図解　明治十五年水産博覧会ヱ出品図解之控」と記されていることから、翌年の明治一六年に東京上野公園で開催された第一回水産博覧会に出品するために作成されたものであることがわかる。この博覧会場は「東館」と「西館」に分かれていたが、長崎県は西館会場にて展示がおこなわれていた。同じ図解でよく知られる『三重県水産図解』も同様の会場での展示であった。

なお、本書で引用したのは、長崎県立美術博物館が所蔵する『漁業誌料図解（南松浦郡）』が原本で、当時（平成四年・一九九二年）、同博物館の主任学芸員の職にあられた立平進氏が編著者となり、『明治十五年作成五島列島漁業図解』と改題し、復刻したものによる。

まず、「鮪漁業の図」は四図に分けられて図示されているので、第一図より第四図まで順に、その全文を掲げる。

「第一図　鮪網現出の全図ナリ

此網ヲ製造スルニハ総テ藁縄ヲ用ユ　網口ノ方目幅貳尺五寸ニシテ次第ニ細目トナリ其寸尺ハ貳尺五寸ニ壱尺三寸ニ壱尺二五寸ニ貳寸五分ニ貳寸ナリ

次ニ織子ト称フル極細目ノ網ヲ用ユ所謂漁獲ノ際其織子ヘ魚ヲ集メ捕揚ル故他所ヨリ堅固ニシテ置カサルヲ得サルナリ　左右ヘ斜メニアルヲ袖網ト云フ　是ハ魚ノ入路違ハサルカ為メナリ　網ノ外面ヘ数十個ノ円点アルハ皆（ビキ）ト称ヘ潮流風浪ノ節網ノ漂流セサル為メ碇ヲ据ヘ置クナリ　其（ビキ）ハ藁網ニテ小ク袋網ヲ造リ内ニ小石ヲ納レ用ユルナリ　網ノ周縁ヘ青色ノモノアルハ八九寸回リノ竹七八本ツツニテ束子《たばね》（側竹《ガハタケ》）ト云フ　之ヲ網ヘ結ヒ付ケ其（側竹）ヘ大縄ヲ付ケ其縄ノ末ヘ（ビキ）ヲ結ヒ付ケ海中ヘ投シ置モノナリ　網口幅四拾間ニシテ次第ニ鐘形五間ニ止ル　長サハ通常七拾間ナリ」

普通、漁業者が「一間」とか「一尋」とかいう場合の長さは、約一・五メートルが基準（地域によって異なる場合もある）だが、一般的な曲尺《かねじゃく》の一間（約一・八メートル）で計算してみると、鮪網の入口は幅は約七二メートル、網の最深部は約九メートル、長さは約一三〇メートルという大きさであることがわかる。

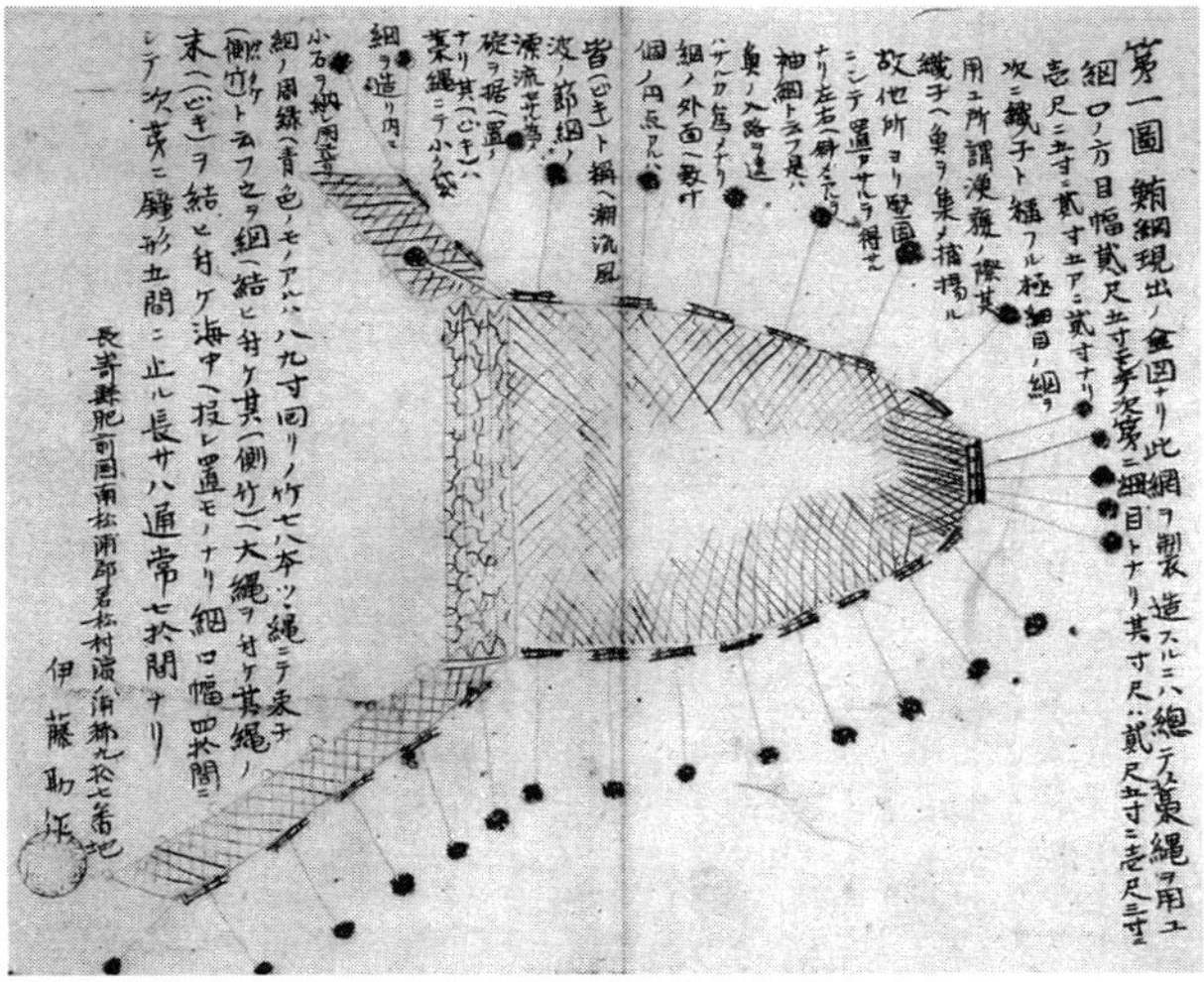

「鮪漁業の図」　第一図（『漁業誌料図解』より．以下同）

「第二図　鮪網ヲ海底ヘ沈メ魚ノ入リ来ルヲ待ツ図ナリ

網口両方ヘ見ユル四艘ノ舩ヲ（ヒコ舩）ト称フ〔図中には二艘しか見えない〕是ハ魚胴網ヘ入タル時両方ヨリ網口ヲ塞《ふさ》ク為メナリ　網ノ八合目ニアルモノヲ（浮セーロ）ト云　又山ノ中辺ヘアル小屋ヲ（岳魚見）ト称ス　何レ共昼夜人アリテ交ル交ル寝ルナリ　（岳魚見）ハ魚遠方ヨリ網場ヘ進ミ来ルヲ遠視シ網内ヘ入ルマデヲ視ルモノナリ　（浮セーロ）ハ魚数僅少ニシテ（岳魚見）視外シ其魚網内ヘ入リ又夜間ハ（岳魚見）ヨリハ何分視認メガタク或ハ網内ヘ游集スル魚数ヲ視定ムルモノナリ」

第二図の説明にある「岳魚見」は岬の先端上に描かれている「魚見小屋」であり、「浮セーロ」は竹

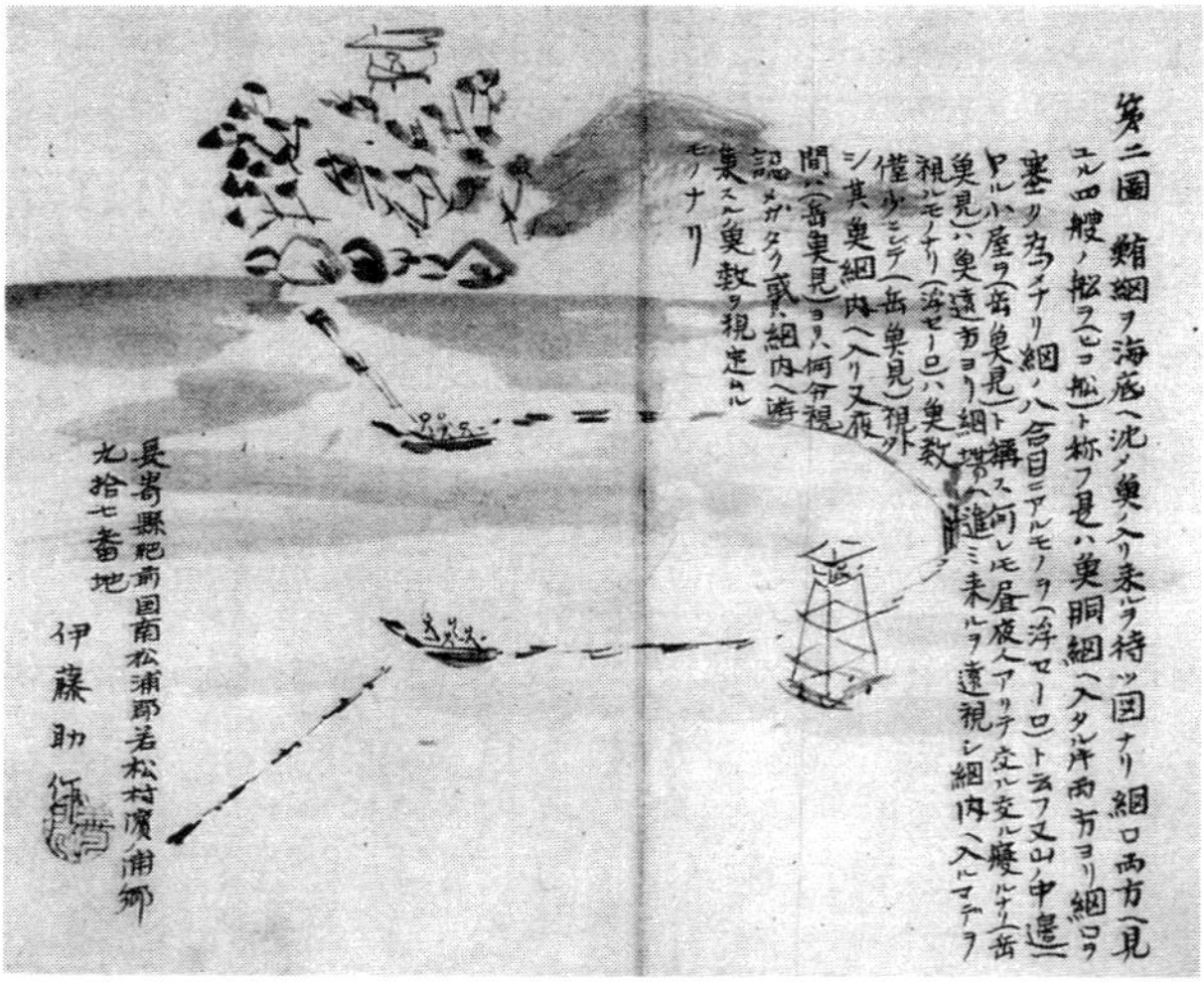

同前　第二図（「浮セーロ」や「岳魚見」の図）

を何本かあわせて浮き（フロート）にしてつくられた櫓《やぐら》のことである。海中に浮いている様子が伺える。したがって、「セーロ」は「井楼《せいろ》」のこと。もとは戦場で必要な場所に適宜に組み立て、人を登らせ、敵の動きを偵察するのに使用した櫓をいった。船の場合は「井楼船」の名があり、同じように敵陣をうかがったり、矢を放ったりも……。

「第三図　魚網内へ入リ網口ヲ塞キタル図ナリ　魚網内へ充分群集スルヲ視テ第二図へ説キ示シタル（岳魚見）ヨリ采《さい》ヲ振《ふ》リ声ヲ発シ（ヒコ舩）へ告レバ直ニ網口ヲ塞ク事急ナルヲ要ス　若シ魚網内ヨリ返リ遁《のが》レントスル時ハ再ヒ魚見場ヨリ其至急ヲ要スルヲ告ク　其時ハ豫《かね》テ〔まえもって〕用意ノ小石ヲ若干網口へ擲《な》ケ込ミ魚ノ出ルヲ防ク　時トシテハ（ヒコ舩）へ乗組ミ居ル者海中へ入リ網口ヲ游キ廻リ　為メニ魚驚愕《きょうがく》シテ網内へ再入ス　（魚見人）幷ニ（ヒコ舩）へ乗組ノ人数ハ交ル〳〵寝ルヲ定則トス　且ツ壱艘へ貳人ツツ乗ルヲ通常トス」

続いて、第四図は魚網に入った鮪の群を捕獲している図で、最もみごたえのある場面である。

「第四図　鮪ヲ捕揚ル図ナリ
（第三図）ニ解説ノ如ク魚網内ニ入ルヲ視テ直ニ網口ヲ塞キ暫時ニシテ網口ヨリ次第ニ捍《ママ》〔ふせぐカ〕寄セ（第一図）ニ説キタル織子ニ至リ鮪魚相混シテ動揺スル時則チ（カギ）ヲ以テ捕揚ルナリ

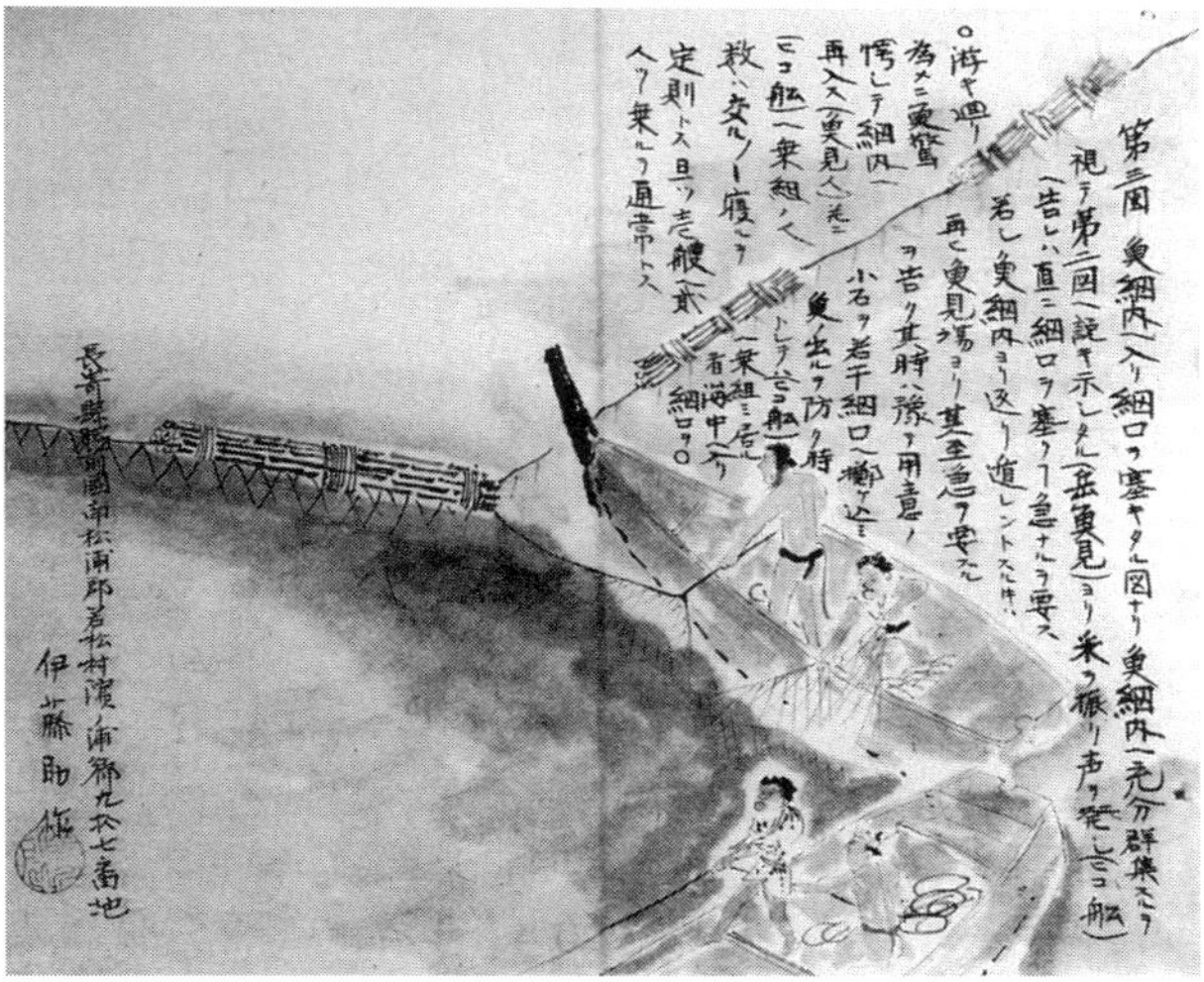

同前　第三図（網口を塞ぎたる図）

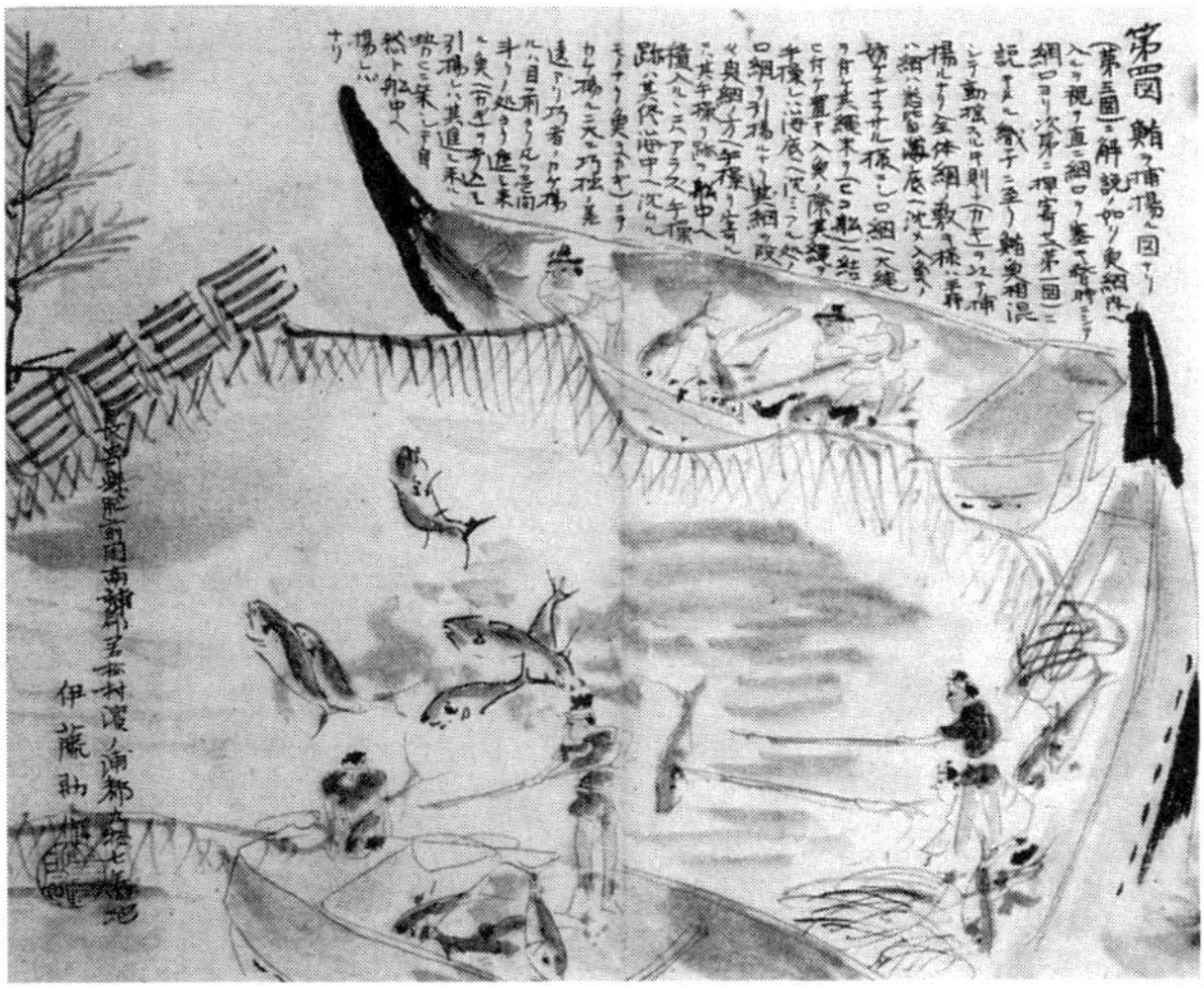

同前　第四図（鮪を揚げる図）

全体網ノ敷キ様ハ平時ハ網ハ悉《すべて》此海底へ沈メ　入魚ノ妨ケニナラサル様ニテ口網へ大縄ヲ付ケ其縄末ヲ（ヒコ舩）へ結ヒ付ケ置キ　入魚ノ際其縄ヲ手操レハ海底へ沈ミアル処ノ口網ヲ引揚ルナリ　其網ヲ段々奥網ノ方へ手操リ寄ルニハ其手操リ跡ヲ舩中ニ積入ルルニハアラズ　手操跡ハ其侭《まま》海中へ沈ムルモノナリ　魚ヲ（カギ）ニテカケ揚ルニ　大ニ巧拙ノ差違アリ　巧者ノカケ揚ルハ目前ヨリ凡ソ壱間斗リノ処ヨリ進ミ来ル魚へ（カギ）ヲ打込ミ引揚レバ其進ミ来ル勢ヒニ乗シテ自然ト舩中へ揚レバナリ」

以上に掲げた四図の解説には、いずれも、「長崎県肥前国南松浦郡若松村濱ノ浦郷　九拾七番地　伊藤助作㊞」とみえる。今日でいう五島列島のうちの若松島で、南松浦郡若松町若松郷であり、近くには漁業史料やこの方面の研究では有名な中通島の有川や青方《あおかた》がある（八七頁の地図参照）。

また、この図解を作成した伊藤助作について、編著者の立平進氏は、同書の解説中に、弘化二年（一八四五年）五月の生まれで、明治二六年死去。その先祖は天和年間より平戸藩浜之浦において漁業を営むと共に博多大坂との交易をしており、助作は伊藤家十代にあたると記している。

江戸（東京）周辺のマグロ漁

本邦における「マグロ漁」や「マグロ漁の歴史」に関して記載するとなれば、いくら紙幅があっても尽きることがない。それゆえ、本項では、近世の江戸城下町に関わりの深い相模国（相州。現在の神奈川県下）を中心にみていくことにしたい。

このように限られた相模灘（相模湾）の地域をみても、マグロ漁を伝統的に「釣漁業専門」でおこなう村や街があったり、「網漁業専門」でマグロを漁獲している地域が明確にわかれていることが興味深い。以下、その事例をみていこう。

三浦三崎のマグロ漁――釣漁業専門

三崎に在住していた内海延吉氏が、地元の漁師からの聞書きをまとめた著書『海鳥のなげき』より、その有様をみてみよう。

「三崎の漁師の間には、〈入梅マグロ〉と〈手釣マグロ〉の言葉があった。入梅マグロはここ（相模湾をさす）へ入梅の頃洄游してくるシビ（クロマグロ）で、手釣マグロとは八月の末からキワダ（黄肌）を一本釣でとったからこの名が生まれた。入梅マグロは延縄で釣った。冬は丸々と肥え、脂ものって美味なこのマグロも、この頃になるとやせ衰え、頭ばかり大きく尻ッコケとなり、味も落ちて相場も安くなった。だから入梅マグロとは今日で言う印度マグロ、明治の頃東京で言われた仙台マグロと同じく、三崎ではまずいマグロの意味もあった。その頃の延縄はヒトオケ（一鉢）二百五十ヒロ、鈎《（ママ）》二十五本付、一艘四〜七オケ、籠入（明治十四年三浦郡魚採藻一覧）この縄を順次つないで延ばしていき、縄の初め、つなぎ目、縄の終りにウケ縄を結び、桐の浮（ウケ）をつけ、笹のボンデンを立てる。ウケ縄の深浅を調節する。延縄はその日の風向で、舟下に入らぬよう右舷左舷いずれかで投縄したり揚げたりした。

手釣マグロは八月のお盆が過ぎ、十月の漁季の切り替えまで、これより外に捕る魚のないため、三崎中の舟はこれに出た。この時季になれば三崎の舟は漁の有無にかかわらず、オラシといって大イワシをブツ切りにして海へオラシた。この餌にマグロが集まると信じていた。またその通り毎年多少の遅速はあるがきっとこのマグロは来たものだ。そして多くの舟が捨てる餌で相当期間この海に留っていた。一種の餌付漁業ともいえるのである。

この手釣マグロは三崎の外、半島西海岸から小田原に至る一帯の漁村からも舟が出た。この附け餌は主にコイワシを使い、小さいほどよいとされた。

縄は一五〇ヒロのヤナを左右両舷の二人で半分ずつ使う。最初は一〇ヒロ位、順次五〇、七〇ヒロまで延ばす。マグロの縄立ちが一定しないからである。この釣の要領は初めの一ヒキでは絶対に合わさず、そのままにしてマグロの食い込みを待つことである。うっかりしている時に引かれ平素の魚の一本釣になれた手が、無意識に合わせて一日一ヒキ千両否何日一ヒキの機会を逸する者もいた。それほど一日中誰が一度ヒカレルかという程の釣れない漁だった。

ピクリとヒカレても縄を一重からめにして舷に当てている手に魚の食い込みを待つ。ピクピクと何回かのヒキの末、グーッと掌にコタエて来るのを、舷にオラエルだけオラエてから縄を放す。魚はフキミセズ（勢いよく）縄をサラッテゆく。その勢いが一瞬ゆるむ時がある。経験のある者はこれを見て、「マグロが引ッ返したぞ」と言う。すぐに縄をしめる。またマグロが縄をさらう。こうして取ッツ取ラレツしている中に、マグロの勢いは段々弱って来るとアトナ（背後に立って前の者と力を合わせて縄をしめる者）がつく。前の者は立ち膝で縄を肩越しにアトナに送る。最後は銛を打って取るのである。

延縄でも手釣でもマグロはなかなか釣れない魚だった。沖にいて一日中マグロがあがるのを見ない日が多く、それでも港に帰ると、赤い半僧様（漁があったときにつける布のシルシ）がちらちらひるがえって、今日も場のどこかでマグロがあがったのだと思ったものだ。もし沖でマグロを釣るのを見るようなら、帰れば浜は大漁であった。

この手釣マグロの漁季が過ぎると冬のタチバメジが始まるのだが、これは大島沖が主な漁場だったので、小さな舟ではいけなかった。

冬はよくヒコイワシのハミが出た。このハミをねらって沖へ出、舟一杯すくって来たり、或いは、このすくったイワシの活ケバエ（生き餌）でメジ〔メジはクロマグロの小さいもの〕を釣った。」

また、同書にはマグロの「漁具」などについて、以下のような記載がみえる。

「鈎《ママ》を良質の麻にしばる。この麻はコウ屋（紺屋・染物屋）で黒く染めさせた。鈎はシコのカマ（下あご）にかける。

縄は三ヒロ程の竹の先にかけるが、ツッタギリにしばって手に持っている。ツッタギリとは魚が鈎に食うとある程度その力に抵抗し、鈎が口にささって魚が縄をさらってゆくと、すぐに切れるようにした仕掛である。

このメジの大漁で町の景気はパッと燃えあがった。明治三十年代正月の初出に一日一代《ひとしろ》七十五円もうけたという老人が現存している。

三十四年の伊勢松火事（遊郭伊勢松楼から発火）は焼失戸数六百、三崎空前の大火だったが、度々の大火にこりてまた何時焼けるかも知れないと、仮普請同様の建築費五十円〜六十円の家は、一日のメジのもうけで建てられたという。

冬のマグロ延縄は今考えると随分沖を操業した。明治八年戸長役場書上によると、長さ三間半巾六尺五寸八人乗の大縄船で、漁場は東は安房布良沖から西は伊豆下田と御蔵島との間となっている。この舟が七丁ッ張りのテントーだったのである。

マグロ延縄の投縄は時刻によって深浅があった。朝マヅメ、夕《ゆう》マヅメは浅く、日中になると深くし、夜間は浅くする。またマグロの種類によっても異る。カジキは最も浅くて浮ヶ縄五ヒロ位。この縄は夕《ゆう》マヅメ（テント入れ）朝マヅメ（メアカシ・目明し）を見られるように入れる。

ハエ終ると縄マワリする。ボンデンの笹が動いていたり引込まれていれば、魚がかかっているのでその浮ヶ縄から延縄に手をかけ、魚の勢いの強弱に応じて延縄をしめたり延したりして、いよいよ延縄の枝縄に手をかけ、魚を近くに引寄せて銛を打つまでには、相当の時間を要する。小さなマグロならば時間はかからず、魚かぎに引っ掛けてあげる。

マグロも他の魚と同様、鈎に食う時というものがある。これは潮時と密接な関係があった。テント入れ〔日没〕の縄が当らないと、コウノ入り（月の入りのこと・光の入り）を見て切りあげようなどと言った。潮流の変りを見ようとするのである。こうして朝晩二回投縄、天候がよければもう一回操業して帰途についたものである。延縄の附近にカジキやマグロがポンポン跳ねることがある。良いところに縄をハエたと舟中大喜びして、ボンデンが今引込むか今引込むかと心待ちしても、ボンデンの笹は、我関せずとさ揺ぎもせずにいる。その中にその群れはボンデンをあとにぬけてしま

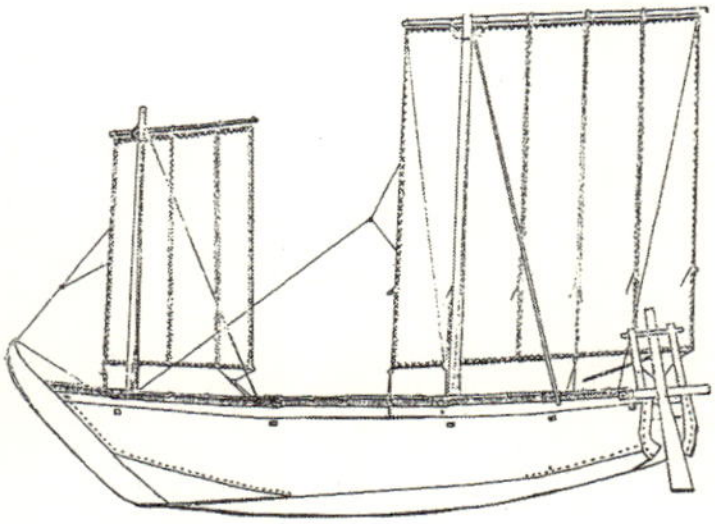

上／三浦三崎でテントー（天當船）とよばれた漁船.
左／同前（大正初期の三崎宮城《みやぎ》・高松家所蔵の古写真）

う。ナンダということで、この空ラ縄をあげる力も失せてしまうことがよくあった。これはマグロの位置より鈎が深みに落ちていたので、今ならば魚のいる表面水温と鈎のある位置の水温と異っているという、魚の適水温の問題で解決できるが当時は鈎の餌よりもっと魚の好むエサが海の表面にいると思っていたのである。見えるマグロは釣れないという言葉はこうしてできたのであろう。

マグロの身をおろすと肉の色が変わっていて（身がやけてる）刺身に使えぬことがある。市場では一尾ごとに買うので皮の上から肉を鑑定するのは余程の経験を要する。

舟でマグロを釣ると尾バチ（尾ヒレ）を切り取り、頭をたたいて血をはかせ身ヤケを防ぐ。頭はヒシャゲル程よいとされていた。従ってこうした処置がしてあるマグロは値がよかった。延縄に次から次にマグロが食っている場合は、そうする暇がないので、大漁した時市場に揚げると二束三文にとられてしまうことがあった。」

また、同じ三浦三崎のマグロ延縄漁について、『三崎町史』(上巻)によれば、以下のような記述がみられる。

「明治三十年代は三崎の漁師にとって鮪は大きな魅力だった。一攫千金の夢を僅か肩巾七・八尺の和船にのせて、乗るか反るかの勝負に、生命を賭けて、房総沖の高塚一杯(千葉県七浦村の高塚山が海面すれすれになる、距岸二十里といわれた)、清澄一杯(同清澄山が海面すれすれ、距岸四十里)、或は山無しを乗る(それらの山々が見えなくなる)など、冬季波の荒い太平洋上はるかに乗出したヤンノも多かった。

これらの山々は常時見えるわけではない。時折り晴天の日、人々は遠く波に乗る山の影を望んで、はるけくも遠く来つるものかなの感を深くしたことであろう。

延縄を入れるのはテント入れを見るという言葉もある通り、鮪の釣れる時刻、日没近くとそれから朝だった。(夕間詰・朝間詰)

テント入れを見て天候がわるければ舟を流したり、或は帆走して(間切って)翌朝暗い中にまた投縄する。海で朝日を迎え海で夕日を送ると、今日一日という印象が殊に強い。ああ今日も無事に終った、あすの命もわからないその明日が、今日に続く運命の人々に、親や妻子のいる故郷の方角に日が落ちて、暗い夜が覆いかぶさってくるのだ。初めてヤンノに乗った者はどうしても飯がのどを通らなかったという。

〔中略〕

相州三崎のマグロの大漁（諸磯漁業組合が油壷沖に張った定置網にかかったマグロ．当時は魚市場がなかったので，三崎の宮城海岸に揚げられた．大正 2 年・1913 年当時の絵葉書より）

夏から秋にかけて鮪は岸近く洄游して来たので、沿岸を働く肩巾四尺そこそこの舟も、ネアシビ（盆から十月十五日までの漁期）は、そっくり江の島下を主とした相模湾に鮪の手釣り（一本釣）に行った。私見ではあるがこのネアシビの漁期は、根合鮪《ねあいシビ》（年中根で魚をとっている漁期の内、この漁期だけ根を空けて鮪を釣る）の意味ではなかろうか。

八月のお盆が済むと皆船は手釣り鮪に出て幾日鮪があがらなくても、毎日行ってはおらし（鰮《いわし》を細かくした撒き餌）を下ろした。彼等はこの餌に鮪が集まると信じていたのだ。こうして毎年判で押したようにここに鮪が洄游したのである。

又毎年入梅の頃にはキハダ鮪が洄游してきた。これを入梅鮪と称して延縄で釣った。

この外に夏南風が入るとよくカジキ鮪を銛で突いた。中にはこの突ン棒専業の船もいた。房州の方が本職であったが、三崎向《むこう》ヶ崎《がさき》、二町谷《ふたまちや》にも名のある職舟がいた。これは二町谷の七兵衛丸が二本銛を考案してから、銛の当る確率が向上したとはいえ、眼と力と技と三拍子揃った銛持と、その銛持と以心伝心銛場に船を持って行ける舵取はザラにはいなかった。

鮪を突く銛持より突かせる舵取の方がむしろ神技だった。突ン棒専門の船が数多くなかったのはそのためであった。全くその時代は経験の集積で体得したカンによってのみ、抜群の漁師の名声をあげることができたのである。

突ン棒でも延縄でも手鈎でも、二・三本以上の鮪をとると艫《とも》に印（のぼり状の舟印し）をたて全員総裸になって、矢声も高々と港に漕ぎ戻って来た。一本位では、船をあげてから帆棹（帆の横げた）に赤い布をつけて艫のたつに立てた。これを半曽様といっていた。

鮪はなかなか釣れない魚だった。」

なお、文中に「七兵衛丸」とあるのは、石渡七五郎氏所有の船名である。

城ヶ島のマグロ流し網漁――網漁業専門

北原白秋の「城ヶ島の雨」で知られる神奈川県三浦市城ヶ島は、昭和三五年に大橋で結ばれ、実質的に島ではなくなったが、明治末期頃からマグロを流し網で漁獲してきた島であった（次頁参照）。

「マグロ流網漁――常陸《ひたち》・茨城県那珂郡平磯」（一六〇頁）でも述べたが、マグロ流網漁は弘化四年（一八四七年）に平磯沿岸（現在の茨城県ひたちなか市平磯町あたり）で最初にはじめられ、以後、各地に伝えられたとされている漁法である。したがって、明治時代からおこなわれていた城ヶ島の「マグロ流

城ヶ島付近の地図（国土地理院発行「三浦三崎」）

し網漁」も、ルーツをたどれば、上述の地から移入されたものであろう。

しかし、開発（始）された、茨城の地に、当時の詳しい漁具・漁法等についての資（史）料が伝えられていないため、ここに三浦市城ヶ島の事例を掲げることにする。

以下、相模灘でマグロ流し網をおこなったことのある最後の漁師、青木広吉氏（明治二一年生）及び石橋要吉氏（明治二二年生）からの聞取り調査の結果を主軸にまとめてみたい。

城ヶ島でおこなっていたマグロ流し網漁は、キハダマグロを漁獲する網で、漁場は城ヶ島の沖合はもとより、伊豆半島に近い相模灘一帯であった。

漁期は毎年、五月初旬頃から八月下旬頃までが普通であったが、もちろん、八月以降になっても漁があれば、漁期は延長された。また、話者の青木広吉氏のように、三月一〇日頃からマグロ流し網漁にたずさわり、五月の中旬から下旬になると裸潜水漁（モグリ）をおこなうというものもいた。それは、話者が裸潜水漁がとくいでアワビやサザエの漁獲量も多く、モグリ漁のために近くの諸磯《もろいそ》村の地先まで日帰りで出かけ、九月下旬頃までの夏の期間はモグリだけをおこなったていたためだと聞いた。逆に、秋以降になってもマグロ流し網漁を続けるものもいたという。

六月一〇日頃に洄游してくるキハダマグロを「入梅マグロ」と呼び、その時期は漁獲も多かったので、出漁する船数も多かった。

このマグロ漁は、明治二〇年頃から、明治末期、さらには大正の初期頃までおこなわれていた。

漁具・漁法・漁船

「マグロ流し網」は、長さ二五尋で「ヒトツ」と呼んだ。網は「ヒトツ」「フタツ」と数えた。普通、漁船には二〇ほどの網を積んでいたが、それは実際に使用する網数より多く、常に余分を持っていくようにしていた。

漁師は一尋《ひとひろ》の長さを約一・五メートルでみている。したがって、「ヒトツ」の網の長さは約三七・五メートルになる。実測した網は三六メートルであった（横須賀市人文博物館所蔵・国指定重要有形民俗文化財「三浦半島の漁撈用具」）。

ただし、実測はアバナ（浮子綱）の長さなので、多少の誤差はまぬがれない。

網の丈（高さ）は縦三二目、実測四・五メートル、網目は一尺から八寸目、実測一五センチ。網糸の太さは直径約五ミリ。

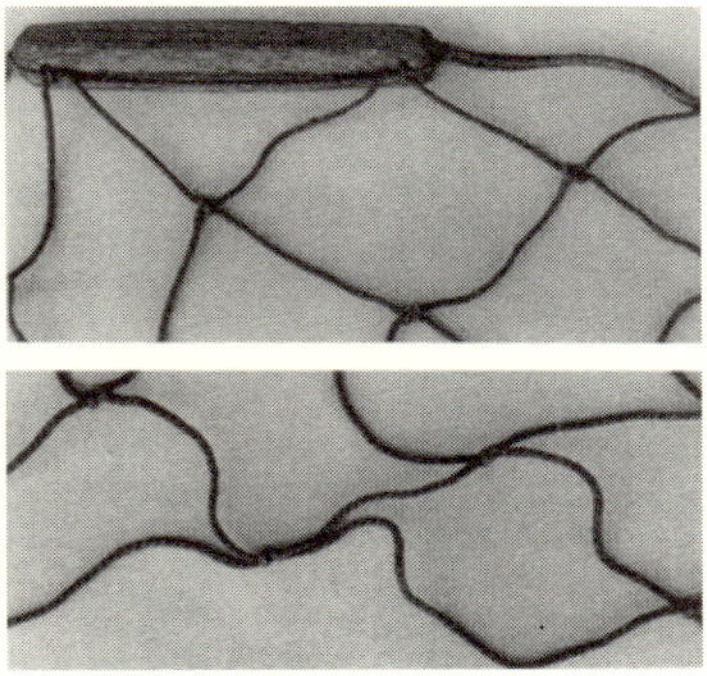

城ヶ島のマグロ流し網（アバの長さ27cm，網目 15cm．イワはつけない．横須賀市人文博物館蔵）

網材は初期のものは麻材。のちに木綿も使われた。麻の原料は対岸の三崎で購入し、網を自製した。三崎の商店では、この「トウジンアサ」と呼ばれた麻を東京から仕入れていたという。

アバ（浮子）の材質は桐材。実測で長さ二七センチ、アバの横幅六センチ、最大部の周囲（胴まわり）一五センチで、アバとアバとの間隔は四〇センチ。流し網なのでイワ（沈子）はない。その網をつなげて流す。

操業は、夕方三時頃になると沖へ向かい、日没（夕《ゆう》マヅメ）から夜にかけて網を流し、早朝に網をあげて翌日の昼過ぎ頃には帰ってきたという。

夜の漁なので、まず、「ウラッポノアカリ」（ハジ灯り）といって、約三尺（一メートルほど）の小舟に四角い石油ランプを乗せて浮かせ、目印とした。網を流す時の最初（先端）の目印である。また、流し網の中間に位置する場所には、丸太に縄をつけただけの「ナカウケ」と呼ばれる「浮き」をつけ、網の最後の部分（トッタリ・網のてもと）には「トッタリの樽」（直径三〇センチ、高さ〈丈〉四〇センチほどの樽）をつけておいた。

網を流したあと、漁船は「トッタリの樽」から約二〇尋ほどの網をつけて、延ばした場所に位置して漁獲を待つ。

マグロが網にかかっていると、網はオリコンデ（沈んで）いるのでわかる。網を船上にあげる時は一人がアバ（アバ綱）をあげ、アシナ（足縄。網下部のイワのついていない部分の縄）を他の一人があげるようにしながら船上へとり込んだ。

城ヶ島でマグロ流し網をおこなうのに使用していた漁船の大きさは、六挺櫓あるいは七挺櫓で、長さは約三間ほど。肩幅（船の最も広い部分の横幅）は六尺または七尺ほど。乗組の者は六人または七人であった。風がある時は帆を張り、櫓を漕いで漁場に出かけた。

船のカメ（魚倉・魚槽）は大きく、子供たちが五、六人中にはいって遊べたという。

城ヶ島には、このようなマグロ流し網をおこなう漁船が一四、五艘はあった。

魚網は共同出資（共同所有）のこともあったが、そのようなときでも「ウチナカマ」（内仲間。血縁関係者など）で五軒ほどが集まって出資したので、「代分け《しろわ》」などについて、あまりこまかな取り決めをしなかった。普通の代分けは、網と船をひとまとめにして三代、あとの七代を乗組の者が分配した。

マグロの漁獲は、ひと夏に数匹の年もあれば、一日に二〇匹も漁獲することもあった。五匹（本）も漁獲できれば大漁で、その時は、沖から大漁のシルシ（印。大漁旗）を立てて帰ってきた。一〇匹（本）も漁獲でき、当時、一〇〇円ぐらいの漁獲があれば大漁で、酒を二升ほど買って祝盃をあげたり、親戚や子供たちに菓子を買って振舞ったりした。

話者宅では、マグロ流し網漁で過去二回、大漁祝（マイワイ）をおこない、「マイワイ」（万祝。大漁祝着）を出したことがあると聞いた。その時は、親戚一同を集めてご馳走した。この席で、引物として出される反物がマイワイで、この反物はアジ巻網を城ヶ島でおこなっていたときの大漁祝と同じように、千葉県の勝山に注文して染めた。地元の三崎で染めたこともあったが、勝山ほどにはできばえが良くなかった（一七頁参照）。

マグロ流し網漁の万祝着には、マグロの図柄を染めたものがあった。

マグロ流し網漁で大漁があったのは、話者の石橋要吉氏（明治二二年生）が二二歳から二六歳までの時であったというから、明治四三年から大正四年頃にかけてのことになる。水揚げしたマグロは、三崎の魚商（ゴヘイ、ジンタロウ）などに売った。

また、マグロ流し網漁で、逆に不漁がつづいた時は、「マナオシ」（マンナオシ）といって、不漁なおしをおこなった。この時は、同業者仲間が、漁のない船に酒を一升もっていき、漁に恵まれるように景気づけをおこなったり、漁のあった船の者が不漁船に対して「オミキ」（御神酒）を船にかけて清めてやったりした。こうしたマンナオシも四軒ないし五軒の者が共同で、景気づけをおこなった。

青木広吉氏（明治二一年生）によれば、マグロ流し網漁は、明治後期もさかんにおこなわれており、城ヶ島から伊豆の網代に出かけ、網代を根拠地に操業していたこともあったという。明治四二年か四三年の三月一六日、伊豆の網代から出漁したが、その日は時化で、オカ（岡）は大雪。網代に上陸した時は歩行も困難なほど雪が積っていたと聞いた。

この日、同じ城ヶ島のマグロ流し網漁船が遭難にあい、帰らぬ人がでた。それ以後、城ヶ島では遭難を恐れ、しだいにマグロ流し網漁をおこなうものが少なくなった。

他にもマグロ流し網漁が衰退した理由としてあげられることは、伊豆半島方面の漁師がマグロを「巻網」で漁獲するようになったためだという（一四八頁「青森のマグロまき網漁業」、一五八頁「磐城・陸前のマグロ巻網漁」を参照）。

なお、城ヶ島における漁船に関しては、明治三六年五月一八日の調査結果があり、「漁船総数　五尺肩以上一七、同以下一〇九艘」とあり、翌明治三七年の各漁業組合状況にも、城ヶ島組合は「漁船総数　五尺肩以上一七艘　五尺肩以下一〇九艘　漁業者総人員　一五歳以上男一五〇名」となっており、前年と同じである。

さらに、『三崎町史（上巻）』によれば、城ヶ島の星野半助が大正四年一一月一五日付で県知事へ提出した「出稼漁業奨励金下附願」をもとに発動機漁船（木船、長三八尺・幅九尺・深四尺）を購入したのは三崎最初の鮪漁船であるといわれている。この船は八人乗りの鮪延縄漁船で、根拠地を銚子港におき、銚子沖合より八丈島附近にかけて一〇月から翌年の五月にかけて漁をおこなった。その後、星野半助は翌大正五年九月に、鮪延縄漁のほかに、マグロ流し網、サンマ流し網を目的として、長さ約四四尺、肩幅一〇尺の船をつくり、さきの海城丸に対して、第二海城丸という船名をつけた。こうして、城ヶ島では沿岸の小規模漁業がおこなわれる半面、他方では、三崎でもはじめての大型漁船を誕生させた。

以上のように、後日、日本におけるマグロ漁業の基地として栄えるようになる三浦三崎のマグロ遠洋漁業の幕開けは、地元における漁業資本や商業資本によるものではなく、城ヶ島における漁民たちによるものだったのである。

相模湾のマグロ漁――マグロ漁の系譜

マグロ漁に関わる相模国（神奈川県）の事例をみると、江戸湾（東京湾）側では、東京外湾の海村（金田村）でマグロが漁獲されていたことはあるが、マグロが外洋性の魚種なので、近世以降、東京内湾における海村でマグロ漁を伝統的におこなってきた村はない。しかし、千葉県側にはマグロを捕獲する目的で昭和三四年頃まで定置網が張られていた（一八四頁「漁具定置箇所一覧図」参照）。

東京外湾の金田村（現在の三浦市南下浦町金田・小浜）では、別項で詳述したとおり、明治時代の頃までマグロの洄游がみられ、ブリの刺網に用いる魚網でマグロの漁獲をおこなっていた。しかし、マグロを漁獲するための専用の魚網を所有（常備）していないところからすれば、この地域におけるマグロ漁は特別なものとして位置づけるしかなかろう（五七頁参照）。

三浦三崎では「手釣り」（一本釣り）や「延縄」の釣漁によるマグロの漁獲はおこなわれてきたが、

三崎瀬戸をはさんだ、同じ三浦市の城ヶ島ではマグロの釣漁をおこなう伝統がなく、「マグロ流し網」によってキハダマグロ漁がおこなわてきた。上述したように、この両地域の漁業者の漁法を比較してみると、「三崎の釣漁」に対して、「城ヶ島の網漁」という、眼と鼻の先に位置する二つの漁村の漁法が明確に分かれているという特徴があり興味深い。

相模湾側の横須賀市長井では、ホンマグロを「手釣り」によって漁獲してきた。また同地方ではカジキ（カジキマグロともよばれた）を「突ン棒《つきんぼう》」という銛で突く漁法によって漁獲していた事例もある。

同じ相模湾側の同市佐島では「延縄」による釣漁がおこなわれてきた。鎌倉市腰越でのマグロ漁は「手釣り」であり、近くの藤沢市江の島でのマグロ漁は「延縄」により漁獲されるなど、海村ごとの伝統的漁法にちがいがみられる。

また、茅ヶ崎市柳島でもマグロ漁はおこなわれてきたが、「手釣り」か「延縄」による釣漁かは不明である。平塚市須賀では、マグロを「アグリ（揚操）網」で漁獲したという事例もあるが、「手釣り」によるマグロ漁が一般的であった。中郡大磯町では「一本釣り」によるマグロ漁のほかに、カジキを「突ン棒」により漁獲することがさかんであった。この漁法は、大磯の若者たちが安房（千葉県南部）方面へ修業に出かけて習得してきたものだという。同二宮町では明治のおわり頃、「子浦のマグロ」といって、伊豆半島西岸の子浦を宿とし、伊豆七島の新島近くまで、櫓と帆の和船で「マグロ釣り」にいったと聞いた。

小田原市米神では「四艘張網」等の漁網でマグロを漁獲した。

真鶴町の真鶴では「竪縄《たてなわ》」（一本釣り）によるマグロ漁のほかに、「根拵網《ねこそぎあみ》」とよばれる建網（定置網）にマグロがはいることが多かった。このように、定置網にマグロがはいって、おもわぬ豊漁に恵まれたという例は、近年でも三浦市初声《はっせ》町三戸《みと》の事例などがあり、八〇本ものマグロの漁獲があったということもある。

以上のように相模国（神奈川県）沿岸におけるマグロ漁の事例をみると、相模国のマグロ漁は江戸湾（東京湾）側および、東京外湾においては例外的で、すべてが相模湾沿岸およびその沖合（相模灘）でおこなわれてきたことがわかる。また、この地域におけるマグロ漁の漁法に関わる系譜は、(1)手釣り（竪縄も含む）、(2)延縄による釣り漁、(3)流し網、(4)その他の各種網漁（四艘張網、アグリ網、根拵網などの建網・定置網）、その他に、(5)カギシ類（カジキマグロとも呼ばれる）の突ン棒漁とよばれる銛《もり》による突き漁などによっておこなわれてきたことがわかる。

なお、本書中における「東京内湾」と「東京外湾」との区分については、明治二四年（一八九一年）一二月九日に、「東京内湾漁業組合規約」が制定された際、その第一条に、「神奈川県相模国三浦郡千駄《せんだが》崎《さき》（現在の横須賀市久里浜・東京電力横須賀火力発電所所在地）ヨリ、千葉県上総《かずさの》国天羽《あまは》郡竹ヶ岡村大字萩《はぎ》生《う》（現在の富津市萩生）ニ相対スル以北ノ内、漁業者ヲ以テ組織シ、其名称ヲ東京内湾漁業組合トス」と定め、便宜的であるが以前からの旧慣もあって、ここに「東京内湾」の地理的概念が確立した。

それゆえ、一般的には、これを史的根拠として「内湾」と「外湾」を区別しているが、その他に、浦賀水道をはさむ「観音崎」と「富津岬」をもって区別する例もある。

また、別項でも述べたが昭和三〇年代までは浦賀水道（東京湾口）付近にマグロ等の定置網が張り立てられており、この年代まではマグロが洄游していたことを伺うことができる（次頁の図参照）。

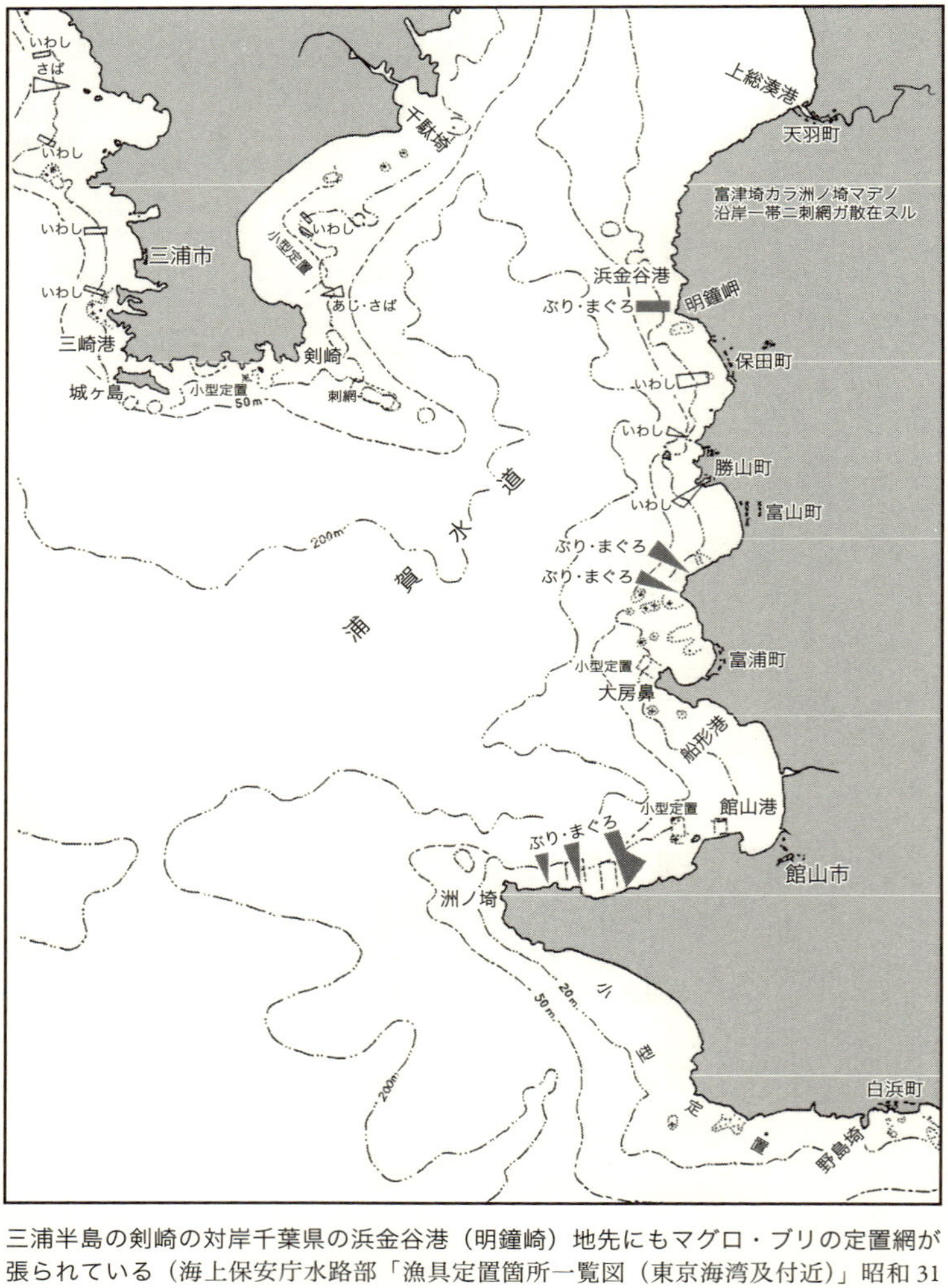

三浦半島の剣崎の対岸千葉県の浜金谷港（明鐘崎）地先にもマグロ・ブリの定置網が張られている（海上保安庁水路部「漁具定置箇所一覧図（東京海湾及付近）」昭和 31 年・1956 年をもとに一部修正，文字は打ち直した．▶■がマグロ・ブリの定置網）

3　遠洋操業と遭難

マグロ漁の遠洋化

マグロ漁の遠洋化とは、マグロ漁船の大型化ということに共通している。しかし、マグロ漁船の近代化というのは、マグロ漁船の大型化だけのことではなく、冷凍設備や無線、その他の機器の近代化も含めての意味を含んでいる。

大正期から昭和初期にかけて、比較的沖合の伊豆七島の八丈島あたりで、黒潮本流に乗って移動するカツオ漁を主におこなっていた漁船が、大型化・機械化された鉄鋼船に変わり、あわせて無線連絡ができるようになると、より沖合・遠洋でも安全操業が可能になり、さらに遠洋化に拍車をかける事になった。それには政府の政策的な応援があったことはいうまでもない。

四〇年も前のことだが、当時、マグロの水揚げ日本一を誇っていた三浦市の、三崎小学校の校長室に一枚の古い漁場図が掲げられているのを見たことがあった。今日では、この絵図のことを話題にする人もいないのだが、その古い額縁に納まった絵というのは、三崎を基地にしたマグロ船が、沖へ、沖へと漁業を拡大していった航跡図を描いたようなものなのである。

今回、あらためて本書を執筆するにあたり、電話で三浦市立三崎小学校へ連絡してみたところ、当時、

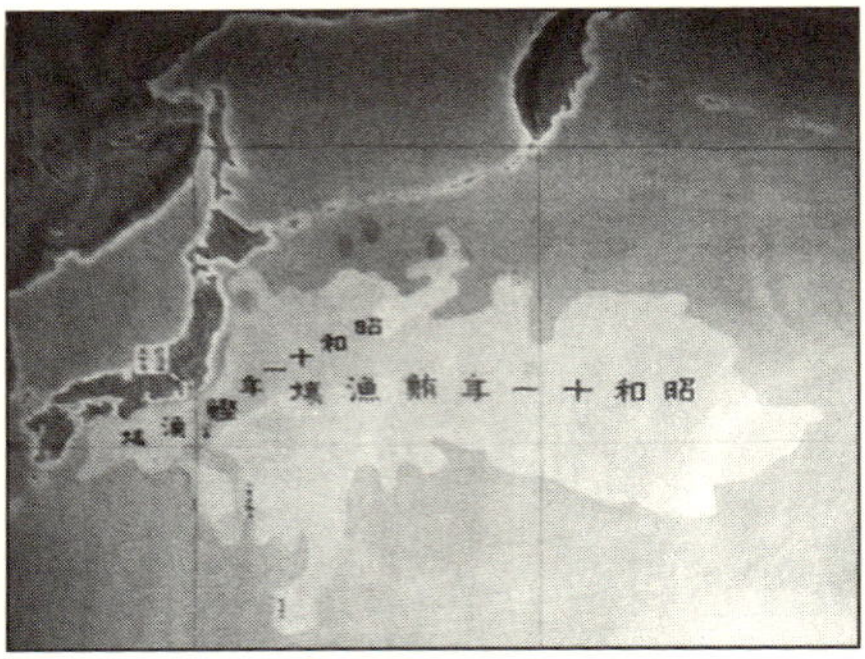

三浦市立三崎小学校の漁業図（部分）

マグロ船の出航を送る（昭和 12 年.『目で見る三浦市史』より）

教頭の古山好先生が電話口に出られ、「まだ飾ってあります」といわれた時は嬉しかったし、懐しさで胸がキュン……と締めつけられた。

　現在でも健在なその絵図をあらためて見ると、「前漁区五十年」と記されていた。そして、八丈島附近の海が昭和一一年に鰹漁場であることや、同年には、小笠原諸島や北マリアナ諸島近海一帯が鮪漁場であることが描かれている。また、

　輸送状況　押送船（七丁櫓）三隻　動力船一隻　能力五、八〇〇貫

などの添書きが見える。

　昭和一一年といえば、漁港「三浦三崎」にとって記念すべき年で、大型のマグロ延縄漁船の「相洋丸」が建造され、その雄姿を三崎港の岸壁にあらわし、町中の話題をさらった年だった。そして、さらにそれより五〇年前といえば、明治二〇年（一八八七年）の事が添書きされていることになる。

　昭和一一年頃になると、マグロ漁業が拡大されたことは「マグロ漁船の近代化」（一九二頁）でも詳

昭和２年（1927 年）頃のマグロ船（『目で見る三浦市史』より）

細にふれるが、三浦半島先端の三崎漁港は東京・横浜をはじめとする大消費地に近いこともあって、鮮魚を単時間で輸送できるという、地の利に恵まれたことにより、以後、遠洋漁業の基地として発展をとげてきた。こうした、時代の潮流の中で、この時代にあわせたかのように昭和一一年の秋口、徳島県日和佐町出身の鈴江秀松氏らが所有する「秀吉丸」（約一〇〇トン）がサイパン島周辺の漁場で操業し、大いに水揚げをのばしたのである。あわせてこの時期、「徳島県の関東地方出漁団」は、三崎に「徳島氷部」という製氷施設を設けるほどの盛況をみせた。そして、それ以後、徳島県民と三崎（三浦市）とは結びつきを強め、今日に及んでいるため、三崎を第二の故郷にしている徳島出身者や、その末裔は多い。ちなみに、サイパン島周辺の新漁場開拓の先頭に立ったのは、同じ秀吉丸の第十二号の船頭をしていた清水茂氏と伝えられている。

昭和一一年頃の遠洋マグロ延縄漁場は、当時、小笠原諸島や北マリアナ諸島が好漁場と認識されていたものの、

マグロ延縄漁（囲みは餌につけたサンマ.『漁業ものがたり』より）

これらの海域よりはるかに漁獲高がある漁場が南洋方面（サイパン島方面）にあることがわかり、新しい遠洋漁場の開拓につながった。

やがて、徳島県ばかりでなく、全国各地のマグロ延縄漁業者が、この方面の遠洋漁場で操業するようになり、その結果、三浦三崎はますますマグロ遠洋漁船の基地として栄えた。

宮城県気仙沼市のマグロ漁船主畠山泰蔵氏（詳細は一九四頁参照）の令息である畠山啓次氏も、「この新しい漁場に競って進出、参入するため、それまでの木造船を鋼鉄船に変えた……」と筆者に語った。

以上のように、マグロ漁業を中心とした、わが国における遠洋漁業は、昭和年代初期にはいり、漁船の大型化、鋼鉄化、機械化にあわせ、船内のあらゆる施設・設備はもとより、漁具の改良や新製品による素材の使用なども加わって、さらに発展をとげた。

昭和一〇年以降、北マリアナ諸島方面の開拓がおこなわれたのち、つづいてパラオ諸島、トラック諸島の周辺海域、昭和一三年頃には東カロリン諸島、西カロリン諸島の附近まで漁場を拡大していった。

この時代の状況を、国際的な視野から見ると、わが国は大正三年（一九一四年）八月、第一次世界大戦中のドイツに宣戦。イギリス艦隊の応援を得て、当時、ドイツ領であった南洋諸島を占領したことに端を発する。

松岡静雄著『ミクロネシア民族誌』によると、著者はその「総説」で、大正三年一〇月七日、「ポナペ島を占領した」と記し、あわせて、「この群島は一八九九年まではスペイン領であったが、同国がアメリカ合衆国との戦争に敗れた結果、維持するのが困難になって、マリアナ群島（グアム島を除く）及びパラオ群島と共にドイツに売り渡したもので、ドイツはそれ以前の一八八五年来占領してきたマーシャル群島とあわせ、一八九九年より南洋保護領と名づけて支配してきたのである」と。

こうした世界的な時代の潮流と史的背景があり、大正九年（一九二〇年）、日本は国際連盟から、赤道以北の旧ドイツ領「ミクロネシア」を委託統括領に認めさせ、実質的な領土支配をおこない、大正一一年（一九二二年）にはパラオに「南洋庁」を設置した。

そして、以後、日本人による南洋進出熱は年をおうごとに高まり、昭和一〇年（一九三五年）の国勢調査では、この方面の日本人の人口は五万一八一一人となり、島民約五万人を凌いだ（太平洋学会編『太平洋諸島百科事典』）。

日本は翌年の昭和一一年、国際連盟を脱退。それまでの委託統治領は「南洋群島」として日本領土に併合し、支配するようになったのである。

昭和一一年という年は、このように、わが国が領土拡大にあわせて南進政策をしだいに進め、実質的に領土拡大をはかっていった時代でもあったのである。

ところが、こうした陸地や漁場の拡大も、昭和一六年（一九四一年）からはじまり、昭和二〇年（一九四五年）八月一五日まで続いた太平洋戦争の終結と共に終った。

その結果、日本の旧信託統治領は敗戦とともに、アメリカ軍の軍政下におかれ、昭和二二年（一九四七年）よりアメリカを施設権国とする国際連合の戦略信託統治領になるに至った。

この間、わが国では戦後の各種の混乱にあわせて、深刻な食糧難にみまわれた。その大きな原因は国土の荒廃にもあったが、終戦後、大陸や南方などの海外からの軍人の復員、引揚げ者による人口の急増などによるものであった。

政府は、この食料不足の解消に対処するため、まず、第一次産業のための政策をうちだす必要があった。第一次産業といっても、農業や林業では、すぐに自然に働きかけても、結果がでるまでには年月がかかる。そこで水産業に目をつけた政府の肝煎で「一三五トン型」とよばれる漁船の建造をいそいだ。結果、同型のマグロ漁船が次々に誕生したのである。

昭和二三年（一九四八年）頃になると、戦前・戦中に開拓したマグロ漁場を知っている漁業者たちにより、再びマグロ漁業が再開され、その水揚げ量の増加は、国民の食糧難を大いに緩和させた。

しかし、この時代は、占領政策として、マッカーサー・ラインと呼ばれる沿岸一二カイリ内海域の行動制限があり、マグロ漁場はかなり制限されていたのである。それでも当時の占領軍は、わが国の食料難にかんがみ、遠洋漁業のうち、

「マグロ延縄漁業は比較的早期に制限緩和が占領軍によってとられ、昭和二十年から二十四年の第一次から第三次の漁区拡張許可が下り、さらに昭和二十五年には特別許可区として母船式マグロ漁業許可区域が南洋海区に許された。このことはわが国の水産業復興とカツオ・マグロ漁業の将来

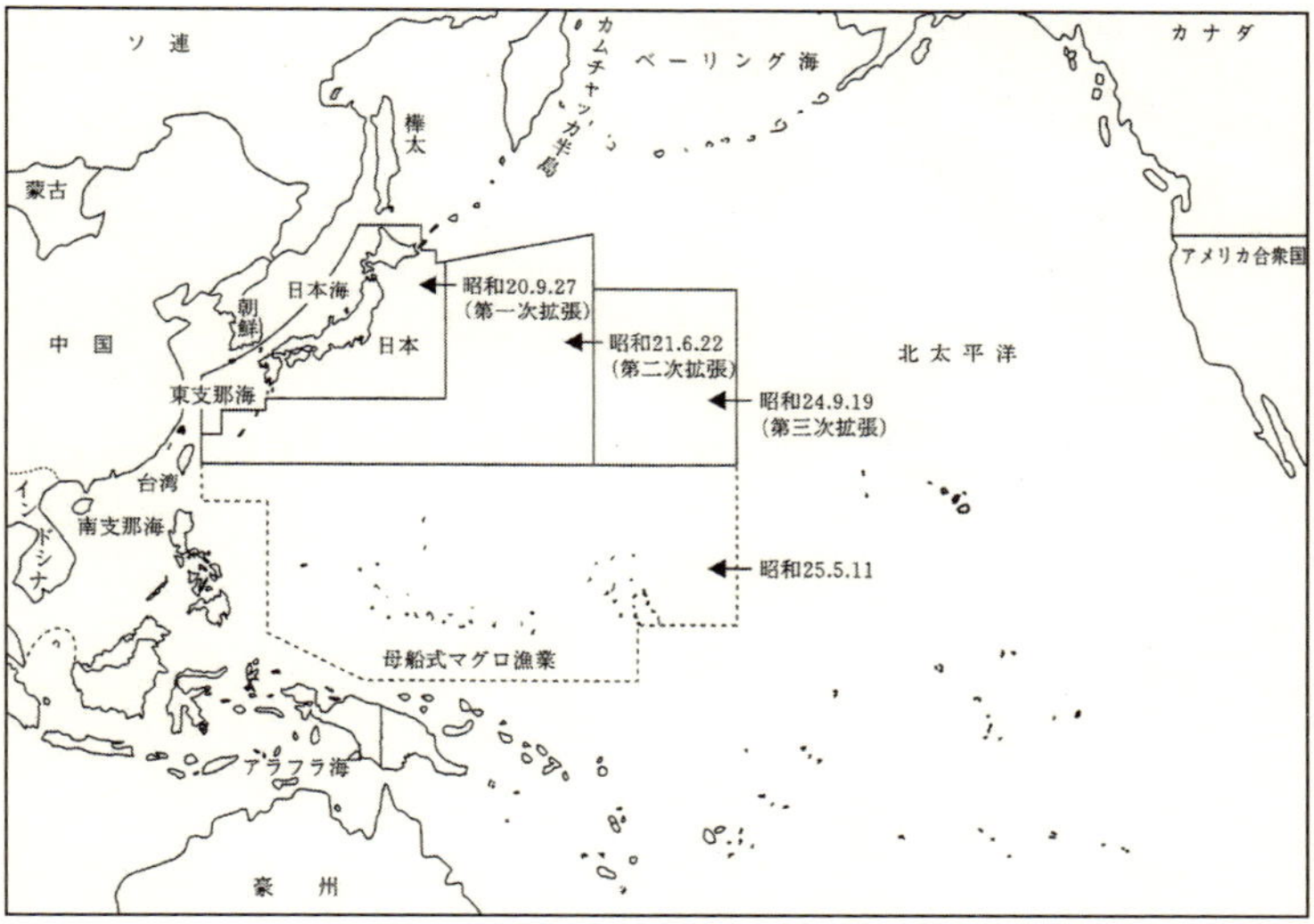

マッカーサー・ライン（小沼勇氏提供「漁業制度改革に関する研究会」資料）

に大きな意味をもつ。すなわち、昭和二十七年のマッカーサー・ライン撤廃によっていち早く漁場拡大への対応ができ、その後二年から三年の間にインド洋と太平洋全域にマグロ延縄漁業を拡大する勢力を培ったとみてよい」

とみえる（『マグロ――その生産から消費まで』）。

なお、マッカーサー・ラインは昭和二六年（一九五一年）九月のサンフランシスコ講和条約調印後、撤廃された。この平和条約は昭和二七年四月に効力が発生したので、敗戦後七年で、ようやく日本は独立国となった。

ところが昭和二八年（一九五三年）になるとアメリカの水爆実験により、マーシャル群島方面のマグロ漁場での操業ができなくなったため、オーストラリアに近いチモール海のチモール島附近や、バンダ海のバンダ島周辺方面、オーストラリアの東西部方面に進出するマグロ漁船が

マグロ漁の遠洋化（三浦三崎を基地とするマグロ漁の漁場拡大と年代）

1	昭和 9 ～ 10 年以降	北マリアナ方面，サイパン
2	昭和 12 ～ 13 年以降	東カロリン群島，西カロリン群島，パラオ，トラック
3	昭和 23 ～ 24 年	マーシャル，ヤルート
4	昭和 24 ～ 25 年 昭和 27 年以降	フィジー，ミッドウェー，ハワイ諸島方面
5	昭和 28 年以降	タヒチ，マーケサス，インド洋，セイロン方面
6	昭和 28 ～ 32 年	インド洋，マダガスカル方面，オーストラリア，チモール海
7	昭和 32 年頃	スエズ運河より地中海，大西洋へ
8	昭和 32 年以降	パナマ運河よりブラジル，大西洋へ
9	昭和 32 年以降	ニューカレドニア方面，ニュージーランド方面

多くなり、あわせて、インド洋のマグロ漁場の開拓もおこなわれた。ちなみに、マグロ延縄漁船がインド洋へ出漁したのは、昭和二八年以降、昭和二九年にかけてのことであった。

以後、マグロ漁船もさらに大型化・近代化され、操業範囲も拡大されるとともに、昭和三二年頃には、スエズ運河から地中海、大西洋へ、また、太平洋からパナマ運河を越えて大西洋、ブラジル沖の漁場へと、世界中の海へ拡がっていったのである。

三浦三崎を基地としていたマグロ漁船も、昭和一〇年以降、しだいに大型化され、遠洋化されたが、その航跡の広がりを例にみると、おおよそ上の表のようになる。

マグロ漁船の近代化

明治三一年施行による明治政府の遠洋漁業奨励法や、同三八年の同法改正などによる後押しもあり、その後しだいに漁港の修築や、漁船の動力化はすすめられたものの、実質的に、その効果があらわれはじめたのは大正時代にはいってからであった。

のちに、遠洋漁業の基地として、マグロの水揚げが日本一となった神奈川県三浦三崎であるが、その神奈川県が昭和三年に刊行した『吾等が神奈川』という資料によれば、「今や大型船を建造し、県下遠洋漁業の先駆を為すに至れり」として、小田原が神奈川県内では、三崎より最もはやく、大型船によるマグロ漁をおこなったとしている。

この時期、木造和船（櫓を押し、帆を使う）のマグロ船（ヤンノ）が大正三年から四年にかけて、続々と動力船に切替えられ、新しい遠洋漁業をめざしたのであった。

同書によれば、「就中《なかんずく》、小田原町、古新宿の漁業者は勇敢にして、僅かに肩幅六尺の漁船を艤《ぎ》して遠く伊豆七島沖より、西は伊豆半島の西南端妻良《めら》、小浦に及び、東は房州沖合に出漁し、鮪延縄その他深海魚の漁獲に従事したりしが、今や大型発動機漁船を建造し、県下遠洋漁業の先駆をなすにいたれり」とみえる。

また、同「遠洋漁業」の項目においては、

「鮪延縄漁業は最近長足の進歩をなし、豆南諸島、御蔵島及八丈島附近より銚子沖合に至る距岸百五十海里乃至二百海里内外の区域を漁場とし、十月より、五、六月までの期間三崎港を根拠とし、二十屯以上の発動機付大型漁船を使用し、之に従事す。而《しか》して終漁後其の漁船の約半数は三崎以北に転じ、釜石港を根拠として北海道釧路沖を中心として、択捉《えとろふ》島沖より室蘭沖に至る一大漁区に出漁を試み、八、九月より十月または十一月まで従漁す。斯《か》くして殆ど周年漁業に従事するもの漸次増加の傾向にあり」

と記されている。

このように、大正時代から昭和一〇年代にかけて、マグロ漁業に関わる漁船は近代化（大型化）し、遠洋化が進んだ。

この前掲の記述を実証する聞取り調査の結果が手もとにあるので、次に紹介しよう。

宮城県の気仙沼市魚町に在住の畠山泰蔵氏にお会いする機会を得たのは、三浦市天神町の畠山啓次氏宅であった。昭和四八年（一九七三年）頃のことだ。

マグロ船主の泰蔵氏は気仙沼の名門「カクジュウ」の当主で三浦三崎に支店（営業所）を置き、啓次氏が関東地方をまかされていたが、三崎に足を運ぶことも多かったのである。泰蔵氏は啓次氏の厳父にあたる。「ヤンノー《ママ》」と呼ばれていたマグロ延縄の木造漁船も、大正時代に入ると櫓漕ぎの船からしだいに「機械船」に変わり、船体そのものも木船から鋼船に変わりはじめた。そのような時代に、第一線のマグロ船主として生きてこられたのが泰蔵氏であった。

以下、泰蔵氏（明治二八年一一月七日生）の回想、聞取りによる結果である。

・明治三十年代の中頃まで、和船は〈ゴザ帆〉という疊表の帆を使って沖へ出た。当時の船はゴザ帆（ゴザッポ）何枚というように表現して、船の大きさをあらわしていた。普通は三十枚とか三十三枚で、〈ゴザッポ何枚船〉といった。大正二年から三年頃になると、〈ハンプ〉と呼ばれる木綿地の帆も使われはじめ、帆と六挺櫓で沖へ押し出した。当時の気仙沼としては、このぐらいの大きさの船は、最も大きい漁船で、帆と櫓を使うのに十六人ぐらいが乗組んで、沖のカツオ一本釣に出漁した。一本釣の場合は乗組員の数が多い。漁場は宮古、小名浜、常磐あたりの沖までであった。

その後、大正時代の中頃になり、一年のうち夏漁はカツオ一本釣を、旧暦五月から旧暦九月頃までおこない、冬漁として、アブラザメの底刺網漁をおこなった。底刺網の漁場は、和船で帆や櫓を使っていた頃、四時間も五時間もかけて漁場に到着していたが、その後、大正二年から五年頃になり、船が機械船になってからは半分以下の時間で漁場に着くことができるようになったという。アブラザメは竹輪《ちくわ》や蒲鉾《かまぼこ》焼（板付）などの原料になるため、話者宅でも加工業を兼ねていたと聞いた。また、アブラザメの肝臓は大きいので、油をとるのにもよく、鰭《ひれ》は乾燥して中国へ輸出されたので有用な魚種であった。

・大正時代当時の底刺網は、網の材質が麻であったため、クヌギ（櫟・椚）の樹皮をはぎ、それをたたいて煮つめ汁で網染めをおこなっていた。その後、木綿材（綿糸）の網がしだいに多く使われるようになった。

櫓船が機械化されるようになると、スクリューを取りつけるため、漁船のトモの部分が改良された。はじめは、電気着火を大船渡の矢沢鉄工でつけた。大正二年から五年頃にかけてのことである。昭和のはじめになると、それが有水式の焼玉エンジンに変わり、さらにその後、焼玉エンジンは無水式になった。

・こうして、電気着火の機械船で操業できるようになると、沖の漁場までの時間が短縮され、漁場へ速く到着できるようになり、カツオの一本釣の漁季に、マグロ（ビンチョウ）の一本釣もあわせておこなえるようになった。マグロの一本釣といっても、カツオの一本釣とは異なり、竿（棹）釣ではなく、ウキの下に釣糸を流す漁法で、マグロのウキには、長さ三尺ほどの桐材を用いた。すべて地元でつくったものであった。

・また、この時代になると、それまでおこなわれたことがなかったサンマ刺網漁を新暦の九月より十二月頃までおこなうようになった。

・そのあと、話者の家では昭和五年から六年頃にかけて、無水焼玉エンジンを搭載した三十五トンの八幡丸を建造した。そして、その頃からカツオの漁期だけ三浦三崎に来て、黒潮に乗って北上するカツオの群を追いつつ、漁船を気仙沼に向けた。またあわせて、マグロ（近海のメカジキ・サメ類などを含めた）延縄漁を秋口から、十一月、年によっては翌年の三月から四月まで、「ウラ作」にマグロ漁をおこなった。乗組員は三十人ほどだったという。

・そのころ、焼津で入手した海宝丸（中古船・八トン）で昭和六年から八年にかけて操業した。漁場は千葉県の銚子沖から三陸沖にかけてであったが、その頃になると漁船の大型化、機械化がよりすすみ、漁場も拡大し、三重県沖より、三陸沖まで、北は八戸沖より釧路沖にまでカツオを追うようになった。秋になると、クダリ（下り・戻りともいう）ガツオが寒流に押されて帰ってくるので、クダリガツオをねらった。

・昭和十一年三月、畠山家では第一精良丸（木造船九十九トン）を新造した（写真参照）。小山亀蔵著『和船の海』によると、「精良丸の進水式の最中に、婦人の溺死体を見つけた。が、船頭の伊藤東哲氏は、この遺体を拾いあげ、ねんごろに弔ってから出漁した」という。そして同書はつづけ、「その年、カツオが五万尾という大々漁に恵まれ、前の船での不振を挽回、五万（ママ）祝いを盛大に行ったということで、その時、〈海で遺体を見つけたら絶対見逃すものではない……〉という昔のタトエを聞かされたものであります。」とみえる。

その後、海晃丸《かいこうまる》（一二五トン）で、カツオ漁が終ったあと、（ウラ作として）マグロ延縄漁をおこない、この時はバチ（メバチ）・キワダ（キハダ）・カジキ類を漁獲するために内南洋（マーシャル群島・ニューギニア近海・東ミッドウェー）方面へ出漁した。

『和船の海』によると、「徳島県（牟岐）から船頭をよんで、いまの南洋縄の当地における先駆者となった」のが畠山泰蔵氏であった、とみえる。当時は、まだ船に冷凍施設・設備が完備していない時代だったので、サイパン島に途中入港し、増氷《ましごおり》した。

畠山啓次氏によると、徳島出身の名船頭は、その後、第七精良丸（三〇〇トン）の船頭を務め、三浦三崎の人となり、土となったと伺った。一時、畠山家は七艘もの漁船経営をおこなっていたのである。

気仙沼港初の南方マグロ延縄漁漁船「第一精良丸」の進水式（昭和 11 年 3 月．畠山啓次氏提供）

以上、聞書きでみたように、わが国における遠洋マグロ漁業は、初期の段階ではカツオ漁の「ウラ作」としておこなわれるようになり、昭和一五年から一六年頃になるとマグロ遠洋延縄漁の専用船が建造され、年間をとおしてマグロばかりを漁獲するように移行していったのである。とはいっても、カツオがいれば、カツオの一本釣もあわせておこなった。したがって、昭和一一年三月、気仙沼で進水式をおこなった「精良丸」は、南洋方面でマグロ延縄漁をおこなう遠洋漁業の草分けであったのだ。

三浦三崎でも、同じ年の昭和一一年二月に、鈴木徳治郎氏をはじめ、三崎在住者一〇名が共同出資し、一七七トン（二七〇馬力）の「相洋丸」が港に雄姿をあらわした時は、町中の話題をさらったと、内海延吉氏は『鮪漁業の六十年』で述べている。この船は船長兼船頭が小田原出身の奥津政五郎氏であった（三〇四頁参照）。

同船も遠洋マグロ延縄漁船ではあるが、カツオがいればカツオも釣るので、餌料に活イワシ、冷凍イワシを用意して出漁するのが普通であった。だが、あくまでもターゲットは南洋マーシャル群島附近のキワダ（キハダ）やビンチョウなどのマグロ類だ。

あわせて、「相洋丸」について、内海延吉氏は同書で、「昭和二十二年に一三〇トン（二五〇馬力）の新船でも優秀船といわれた。それより十年も前の話だ」と述べている。

マグロの延縄《はえなわ》漁と遭難

星になった人々

東京の京橋にあるブリヂストン美術館所蔵の「海の幸」と題する大作（重要文化財・一九〇四年作）を青木繁が描き、残したきっかけは、房総半島の南端、白浜に近い旧富崎村の布良《めら》へ旅したことによるとされている。

一〇人ほどの素裸の行列が、マグロともサメともみえる大魚を背に運ぶ、迫力ある作品の構図を想い出される読者諸氏も多いのではないかと思う。

以前、筆者も、白浜にある「海洋美術館」の柳八十一館長より、来館記念にといって、「海の幸」の絵はがきを恵贈されたことがある。次頁の絵は、その時のものだ。

青木繁「海の幸」（1904年作．重文．70×181.5cm．ブリヂストン美術館蔵）

その、安房布良村の話だが、江戸時代後期以降、マグロの延縄漁がさかんな地として、江戸表には知られた漁村であった。

『江戸前の魚』（渡辺栄一著）によれば、この布良村に残る史料に、同村にマグロ専業者が移住したのは延享二年（一七四五年）のことで、その隣村の相浜《あいのはま》村の名主「公用日記」の明和五年（一七六八年）の項には、「鮪《しび》百五十六本取り申候につき、〔中略〕押送《おしおく》り四艘に積立《つみたて》出《しゅつ》船《せん》いたし候」とみえるという。

ちなみに、「押送り」とは「押送り船」のことで、当時、鮮魚を専門に輸送する船の名称。送り先は、当然のことながら、魚介類等の大消費地である江戸日本橋にあった魚市（肴場《さかなば》）であろう。

また、同布良村には、幕末以降、明治時代のはじめ頃にかけて、マグロ延縄漁船が八三艘もあったと桜田勝徳氏は『海の宗教』の中で述べている。

この地のマグロ（クロマグロ）の漁期は冬季が主で、特に江戸（東京）では、晩秋を過ぎ、一一月頃から翌年の春、四月頃までが旬《しゅん》とされてきた。この季節のマグロは脂がのっていて美味なのである。

しかも、その美味なるマグロを漁獲する漁場はごく近海で、布良の沖にある「布良瀬」と呼ばれる漁場に、冬場になるとマグロの群が接近してくるのが常であったらしい。

渡辺栄一氏の前掲書によれば、布良村の在地史料中に、「マグロは、天保・弘化ころ〔一八三〇〜四七年頃〕、暁天鶏鳴《ぎょうてんけいめい》〔夜明けに鶏《にわとり》が鳴く頃〕に出漁して、遅くも四ツ時〔午後一〇時〕には帰港し……」とある。日帰りの漁だ。

また、同史料には、漁獲したマグロが大きすぎ、「漁獲物を船中に積み込むこと能《あた》はず〔できない〕」とみえるほどの大物が釣れたともみえる。

この時代のマグロは、そのほとんどが江戸へ運ばれたのであろう。

江戸時代も初期の頃には、『慶長見聞集』(一五九六年)の中にみえるように、マグロは「シビ」とよばれて人気がなく、「鮪《しび》」は「死日に通ずる」として、不吉な魚だとか、「鮪は味が悪く、地下《じげ》の者〔身分の低い農民・庶民〕すらあまり食べない。侍衆にいたっては見向きもせぬ」と記載されている。

また、『江戸風俗志』の中にも、「鮪などは甚だ下品にて、町人も表店《たな》住者は食することを恥ずる体也」とあって下魚とされてきた。

ところが、江戸時代も後期以降になると、鮪(クロマグロ)は、背中が黒いことから「真ッ黒・マグロ」と呼ばれるようになり、以後しだいに、クロマグロだけでなく、マグロ類(キハダ、メバチ、ビンナガなど)を総称してマグロという呼び名が一般的になったことから「シビ」の名前はしだいに使われなくなり、特に関東(江戸)では、不吉な魚とされた「黒い魚」も、しだいに消費量が増えはじめた。

こうした時代の背景を裏書きするように、天保二年(一八三一年)刊行の『魚鑑《うおかがみ》』には、「シビ」(鮪)の項目名はみえず、「まぐろ」の項目のみに書きかえられ、

「まぐろ　京師《きょうと》ははつの身《み》。漢名しれず。清俗《からぞく》黒鰻魚《クロマンギョ》といふ。しびと一種別種。しびとよぶもの、万葉集に、鮪《ユウ》の字を用ゆ。大なるもの七八尺より一丈許《ばかり》にいたる。黒灰色《どぶねずみいろ》黄点《きぼし》あり肉赤く血点《あかほし》あり。味ひよからず。肥前五島に多し。関東にもあり〔以下略〕」とみえるようになるが、味はあいかわらず、よくないと記されている。

　しかも、江戸時代の中期・後期以降、江戸に人口が集中しはじめ、人口増をつづける江戸城下町の人々にとって、食料確保は重要な社会問題であった。

　武士や商人以外の職人をはじめとする庶民による食料確保、需要の増大にささえられて、武蔵、下総、上総、安房、相模などの海付きの村は漁業生産が拡大・発達し、その結果、漁場も沿岸からしだいに沖合に広がったであろうことはいうまでもない。

「獲れば売れる。売れれば儲かる……」となれば、人は誰れでも、危険だとわかっていても、欲が優先し、他人よりも速く、好漁場を目指し、沖へ、沖へ、進出する競争が展開されるようになるのは当然といえよう。

　布良におけるマグロ漁業は、こうした史的背景により、江戸後期から明治期をむかえ、引き継がれたのであった。

　そして、その後のことである。明治一五年（一八八二年）三月二六日、布良のマグロ延縄漁船（縄《なわ》船《ぶね》）が、伊豆大島の近海で西風の大暴風雨に遭い、四艘が遭難したのだ。

　だが、その後になっても布良の漁師たちは、こうした遭難にもめげず、沖合に出漁し、マグロ延縄漁業はつづいた。

その結果、漁船の遭難もつづいたのである。

桜田勝徳氏は、前掲書において、「明治十五年〔一八八二年〕の遭難以降、明治四十四年〔一九一一年〕までの三十年間に、約六十艘のマグロ船と四〇〇人をなくしたと思う……」としている。

このように、あまりにも多くの遭難者が続出し、一家の主人や、親族を失う「マグロ延縄漁」は「後《ご》家縄《けなわ》」と呼ばれたりした。

しかし当時は、今日のわが国のように平和な時代ではなく、明治二八年から二九年（一八九五〜九六年）にかけての日清戦争、明治三七年から三八年（一九〇四〜〇五年）にかけての日露戦争がおこなわれた時代で、戦死者も多くあったため、国民の眼が国外に向けられていたこともあり、こうした不幸も世間一般にはあまり知られなかったのではないかと思う。

布良沖（房州沖）のマグロ延縄漁場にかぎらず、船が沖に出ると、しだいに海岸（地山《じやま》・陸地）の山が波影で見えなくなり、高い山だけしか見えなくなってしまう。七浦の高塚不動が祀られている山、「高塚イッパイ」といえば、沖合彼方まで船を押し出し、ふり返ると、高塚山の頂がわずかに見えかくれする漁場であった。さらに、それも見えなくなると、「山なしに乗る」といわれた。「高塚イッパイ」の海岸からの距離は、二十里といわれていた。一里を約四キロとすれば、およそ八〇キロにもなる。

房州の布良からみれば、それほど遠くない漁場でも、相州（神奈川県）の三浦三崎の漁師からみれば冬季のマグロ延縄漁場はかなり遠くであったらしい。

内海延吉著『海鳥のなげき』の中にみえる、明治八年の戸長役場書上《かきあげ》によると、船の長さは三間半、幅六尺五寸、八人乗の大縄船で、漁場は安房布良沖から、西は伊豆下田と御蔵島との間となっている。

小さな船だ。普通、漁船は「敷《しき》」（船底）の部分で大きさを示す。そうすると、三間半の船底は、六メートル少々でしかない。あわせて、幅というのは横幅（肩幅といい最も広い部分）で示される。六尺五寸の幅は二メートルほどにしかならない。鯨尺でも二・四メートルほどである。

当時はこうした木造の漁船で、しかも櫓と帆だけで、黒潮本流あたりまで押し出していたのである。また同書に、「山なしを乗った」ヤンノ乗り（ヤンノとは船型をいう。六五頁参照）の話として、

「波の中に朝日を迎え、夕日を送るのは、今日と言う一日が経ったということをしみじみと思わせる。何一つ見えない大海の中で空の夕焼けが段々とさめて暮色が迫って来ると、何十年も海で暮らした男でさえ心細く、皆ロクに口もきかず、頼りなさそうな顔を見合わせるだけだった。まして初めてこんな沖に来た者は、二、三日どうしても飯がのどを通らなかったという。

ヤンノー《（ママ）》乗りは常に遭難におびえて日を送っていた。旅先の港に入って仲間の遭難の話を聞くと、銭湯《せんとう》からあがって〈生きている中に腹一杯食っておこう〉と、汁粉屋やそば屋に寄り、温かい食べ物に舌つづみを打ちながらも、今度は誰の番かな？　と、帰らぬ仲間のことによせて、運命の日がいつ自分に廻って来るかと思って、中にはそれを口に出して言う者もあった」

とみえる。こうした遭難に関わる話や、当時の状況については、いくら過去のものだとはいえ、筆にするには、ためらいの思いがある。

もとより、遭難の史実といった内容の記載は、「文化誌」（史）にふさわしくないように思われるが、そうではないのだ。日々の暮らしや「生活文化の向上」は、現実に直面したあらゆる困難をも克服し、遭難という現実の不幸を乗り越え、さらに「今日よりも明日が、少しでも明るく豊かな暮らしでありた

い……」と願い、努力する過程そのものは、れっきとした「生活の文化」なのだと思う。とすれば、人間があらゆる面で、自分の理想を実現するための営みそのものすべてが文化活動であるし、そうした希望や、その営みになる母体の暮らしも文化の土台であると位置づけられよう。

したがって、上述したように、筆者にしても、不幸な遭難の状況など、いくら過去の出来ごとだとはいえ、筆にするにはつらい思いはあるが、しかし、事実を後世に伝えていくことも大切で、許されることだと思いたい。

こうした史実をさらに具体的にみれば、

「明治二十六年から三十五年にかけて二十五艘、三十五年には八艘が遭難し、五十一人が死亡。その後、明治四十一年から四十四年までに縄船二十五艘と漁夫一四八人が遭難し、鬼籍に入れられたという惨状がつづいた」

という（前掲、渡辺栄一著による）。

大勢の遭難者をだした背景には、小漁船で沖合まで押し出したことや、操船技術の未熟さ、天候の予知能力、天候の急変に対する判断力など、いろいろな原因があったであろう。中でも天候の急変による遭難が多かったことはいうまでもない。

海難事故が多発した房州の布良には、この土地の人たちだけに呼ばれる星の名前がある。その名はズバリ、「メラボシ」である。

これまで上述したように、漁船による海での遭難者を多く出したこの地では、仏《ほとけ》が浜にあがらないため、野辺送りをできないことも多かった。

それゆえ、そうした人たちの霊魂が昇天し、天上で輝く「布良星」になったのだと、伝えられてきた。

「布良星」とは「カノープス」のことで、ギリシア神話に登場する船の水先案内をする星である。竜《りゅう》骨座《こつざ》の首星で、淡黄色の一等星。老人星、寿星の名もある。

天空をおおう冬の星座の中でも、オリオン座とともに夜空を飾るのは、燦然《さんぜん》と輝くシリウス。犬狼星《けんろうせい》（天狼星・大犬星）である。その、シリウスの南（右下）に、夜中に近い二三時頃、水平線上にあらわれる星が、ほかならぬ「メラボシ」だ。

布良の漁民に「シケ」（時化。暴風雨のために海が荒れる）がくることを教えたのが「カノープス」で、この星が南の水平線上にあらわれると海が荒れる前兆であった。それゆえ、出漁をおもいとどまらせる星なのだが、真夜中に近い時刻にならなければ現われない。

シリウスは、古代ギリシアでも不吉の前兆を意味する星であるとされてきた。

わが国では、冬の季節、太平洋側に高気圧がはいだし、冬に晴天が続いた後には、低気圧が荒れることが多い。「メラボシ」（カノープス）は、この季節に高気圧がはい出し、よほど夜空が晴れていないと見えない。

一般に「星がまたたく」のは、大気圏内に異常があるためで、空気の流れが激しい結果だといわれる。そうした状況を早く察知し、気象を予知することが遭難を未然に防ぐことになった。

筆者は「布良」とはそれほど遠くない、対岸の三浦半島（鴨居港）に在住しているが、以前は、地元の故老が朝夕きまったように、浜に集まってきていた。「観天望気」が暮らしの中に生きていた証しなのだ。今日では、テレビ、ラジオなどの天気予報にたよっているが、昔は「夜中に、なんべんも、ションベンに起きる漁師は、いい漁師だ……」といわれた。起きるたびに星空や浜風、遠い海鳴りにじっと耳をすますなど、様子を見て、気象を的確に予知することができたためだ。最近では頻尿症といわれそうだが、昔はそういう人が漁師仲間の鑑であり、手本だった。

三浦三崎では、「気象を予知する」ことを、「陽気を見る」といった。早朝、漁に出るかどうか判断しなければ、命に関わる。

よくいわれるように、漁民の暮らしは、「板子一枚下は地獄」で、船板の下の海底は千尋にもおよぶ。風雨を恐れ、出漁をやめたり、沖で早々に漁をきりあげて帰港すれば、大漁にはありつけない。だが逆に判断をあやまれば、遭難の危険が増すことになる。

漁場が近く、昼間の漁であれば、一艘の僚船が漁をしまえば、多くの場合、近くにいる他の船も皆これに従うのが普通だが、マグロ延縄漁の場合は、沖合での漁場が多く、しかも夜間にかけての漁とあっては僚船の影すら見えない。

天候を予知し、風を早くのがれて逃げ帰れば安全だが、その分、漁利を逸することになるのはしかたがない。「こんな時、真っ先に切りあげるのは、我が子兄弟を多く乗組ませている船頭で、肉親への愛情が判断を曇らせるのだ」と、前掲書『海鳥のなげき』にみえる。

普通の場合、親や兄弟など家族がそろって一艘の漁船に乗ることはない。特に沖合が漁場のマグロ延縄漁船などは、遭難したときのことを恐れてのことである。

分散して船に乗って操業していれば、万が一、遭難にあっても、家族中の働き手全員が不幸にあうということはないという配慮からであり、こうした事態をできるだけ、さけるための知恵でもあった。

しかし逆に、風波が少々強くなってきても操業をつづけ、大漁に結びつける度胸のいい船頭もおり、漁師仲間から羨望の的になったり、村や街の大きな話題や伝説的な話になることもあった。

房総半島の南端に位置する七浦の白間津《しらまづ》では、ごく近年になっても、「マグロ縄船は二〜三日沖どまりの漁をしていた。危険な操業だから、どの家も長男は乗せない」（『磯笛のむらから』）という印象的な記述がある。マグロ延縄漁と遭難との関わりを象徴している言葉で、この漁を端的に表現している。

悲しい記録

マグロ延縄漁に関わる海難事故の史実だけでは、到底「文化史（誌）」とはいいがたい。しかし、マグロ漁がいかに危険と背中あわせであったか、また、マグロ漁業者や、その漁業生産をささえてきた家族の努力や悲しみを知ることも、マグロに賭けて、一攫千金の夢を捨てきれなかった、マグロ漁に生きた人々の暮らしを知るうえでは重要なのだともいえよう。

この「悲しい記録」は、茨城県の大洗地方での出来事である。明治四三年（一九一〇年）の三月一二日に、マグロ漁船の大遭難がおきた。

『三浜漁民生活誌』（伊藤純郎《じゅんろう》著）によれば、同日、

「千葉県、茨城県の海上を突然大暴風雨が襲い、とりわけ那珂湊沖で操業中の漁船には大遭難をもたらした。

漁船二十八艘、死者行方不明者四百三十七人〔平磯二九〇人、湊一〇七人、前浜四〇人〕に達した。漁期がマグロ漁の時であり、マグロ流網漁はもともと沖合で営まれるものだけに、しかも、前日

までの大豊漁と当日好日和だったために、よけいに大損害をもたらした」とみえる。

また、同書に掲げられている『三浜実業新報』という新聞の記事（明治四三年三月二五日付）には、「遭難船四十八艘（湊町にて十五艘、平磯町にて三十三艘）」とみえることから、その後の調査で、遭難した船数、被害者数がさらに確認され増えたのかもしれない。

当時の海付きの村や町は、けっして豊かな暮らしをいとなんでいるとはいえなかった。遭難は、そうした苦しい暮らしに追討ちをかけ、働き手を失った遺族たちの生活は困窮をきわめた。前掲書のページを繰ると、どのページからも、いずれの行間からも当時の惨状と、人々の嘆きや悲しみが読みとれ、行間に涙が溢れ、零《こぼ》れ落ちる思いである。

以下、同書から当日の様子を若干、引用してみたい。

「黒沢某は弟二人と一家族三人が遭難し、遺族は老父母と四人の弟、一人姉、妻は二人の幼児を抱え、八人の遺族は生活の主柱を失って茫然とした。

そして海岸の砂浜には肌をさす寒天に、乳呑子を抱えた年若い妻が、夫の名を呼び絶泣する姿、三人の息子を一度に失い、気の狂わんばかりの年老いた父母が、子らの名を交互に呼び涕泣《ていきゅう》する姿は、まさに地獄もかくやと思われた。

若いかみさんが、赤ん坊を小脇に抱え、夫の名を呼びながら、海へ入って行く。大波にぶっつかりながら、どんどん入って行く。

茫然と見ていた岸の人らが、我にかえって飛び出してゆく。早くつかまえなければと夢中で海へ飛び込んでゆく。鼻に水でも入ったのか赤ん坊がするどい叫び声を出す。先に行った人が、素早く赤ん坊を高く持ち上げる。もう一人が、若いかみさんを引き戻そうとするが、気の狂った者の力は、すごい力なので加勢を呼ぶ。五つ六つの子どもらも、母親を追って泣きながら海に入っていく。こんな状況が浜のいたる所で見うけられたのであった。

この大惨事をひき起こした要因として、〈漁船構造が板張りの和船であったこと、櫓漕ぎと帆走に頼っていたこと、避難すべき港がなかったこと、などが指摘され、以後、西洋式漁船へと改良、石油発動機の取付け、漁港建設へと、近代化事業が成された。その結果、漁船の改良と動力化は急速に進み、大正期以降、漁船の大型化と漁業の遠洋化を促進し、那珂湊漁業を大きく前進させた。〔中略〕これらの無動力和船から動力化船への転換は、漁場の拡大、漁獲高の増大をもたらした。〉」

華蔵院境内の「遭難漁民追薦の碑」（高さ約 4m，幅約 1.5m）．

以上は前掲書の引用によるが、著者は、これらの内容を、佐藤次男著『那珂湊の歴史』（宮崎報恩会、一九七四年）、薄井源寿著『平磯町六十五年史』（一九七二年）などからの引用だとしている。

近年はこうしたマグロ漁業に関わる不幸な遭難は激減したが、それでも、過去の史実を筆にするのは辛く、悲しい。

那珂湊駅から徒歩でも行ける那珂川の海門橋にほど近い地に、華蔵院《けそういん》という立派な寺院がある。

瀧王山の山号をもつ真言宗の寺で、県下屈指を誇る。境内薬師堂脇に「遭難漁民追薦の碑」が建立されている。

碑文には「明治四十四年二月追悼」とみえ、「第十九台《（ママ）》横綱　常陸山谷右衛門書」とある。

高さ約四メートルもある、マグロ漁船の漁民を供養した遭難者碑だが、建立されておよそ一〇〇年を迎えた今日、地元の那珂湊の人々の世代も交代し、その存在を知る人の数もしだいに少なくなりつつあるのは淋しい。

4　運搬と流通・消費

押送り船と馬の背と

道路網が整備されておらず、陸上交通が発達していない時代に、一度に大量の物資を輸送することは大変だった。牛馬の背や、荷車にたよっても知れたものである。

そのため、海上や河川が大いに利用され、便利であり実益もあったので、近世には、この方面の交通がかなり発達した。

江戸時代の中頃、鮮魚（活魚）を運搬する専用の船として「押送り船《おしおくりぶね》」（押送船《おしょくりぶね》）が各地で建造され活躍するに至った。しかし、押送り船はスピードはだせても、積荷の魚介類の量は限られてしまう。それに帆（風）か、櫓を押す人力にたよるしかない操船なので、長距離輸送には限界があった。

遠方からの積荷は、いくら値段が高い品物でも経費がかかりすぎる。となれば、当時のマグロ（シビ）は下魚で値段が安い魚とされていたので、大型の帆船（弁財船に代表される）によって大量に大消費地に運ばれるしかないため鮮度が低下するのもやむをえなかったのであろう。江戸内湾の木更津周辺のこうした運搬船は「五大《ごだい》（太）力《りき》（船《ぶね》）」とよばれ、その活躍の様子は浮世絵にも描かれている。

それでも、安房地方あたりからは「押送り」による輸送がおこなわれていたようで、『江戸前の魚』

五大力船．海・川両用の構造を持ち，主に江戸湾で活躍した（船の科学館蔵『船鑑』享和 2 年・1802 年．安達裕之『日本の船』和船編より）

（渡辺栄一著）によると、相浜《あいのはま》村の名主「公用日記」の明和五年（一七六八年）五月一〇日の項に、「鮪《しび》百五十六本取り申候につき、（中略）押送り四艘に積立出船《しゅっせん》いたし候」とみえるという。一艘に約四〇本のマグロを積んだことになる（一九九頁参照）。

文化一〇年（一八一三年）に相州浦賀奉行所の同心組頭であった今西幸蔵によってまとめられた浦賀や三浦半島の家や船に関する記録が乾坤《けんこん》二冊で残されている。

江戸時代の「同心」という職は、幕府の奉行所など、役所にあり、与力《よりき》の下で指揮をうけ、警察や庶務の仕事をつかさどる下級の役人であった。それゆえ、浦賀や三崎の町はもとより、三浦半島の村々を歩く機会が多かったにちがいない。

その記録は、今日まことに貴重で、一般に『今西氏《いまにしし》家《か》船縄墨《はくなわすみ》私記《しき》』の名で呼ばれている。その中に、鰹《かつお》船や他の漁船にまじり、「押送り船」の図絵と解説がある。

絵図に示された「押送」は、「肩八尺二寸、深サ三尺、長七尋三尺五寸。艪《ろ》七挺。檣《ほばしら》三本七尋三尺五寸、六尋四尺、五尋二尺で元五寸角。桁《けた》長サ丈八尺八寸廻り。帆六反、蓙《ござ》帆　蓙二十四枚、中、木綿四幅」などとみえる。また、この船を建造す

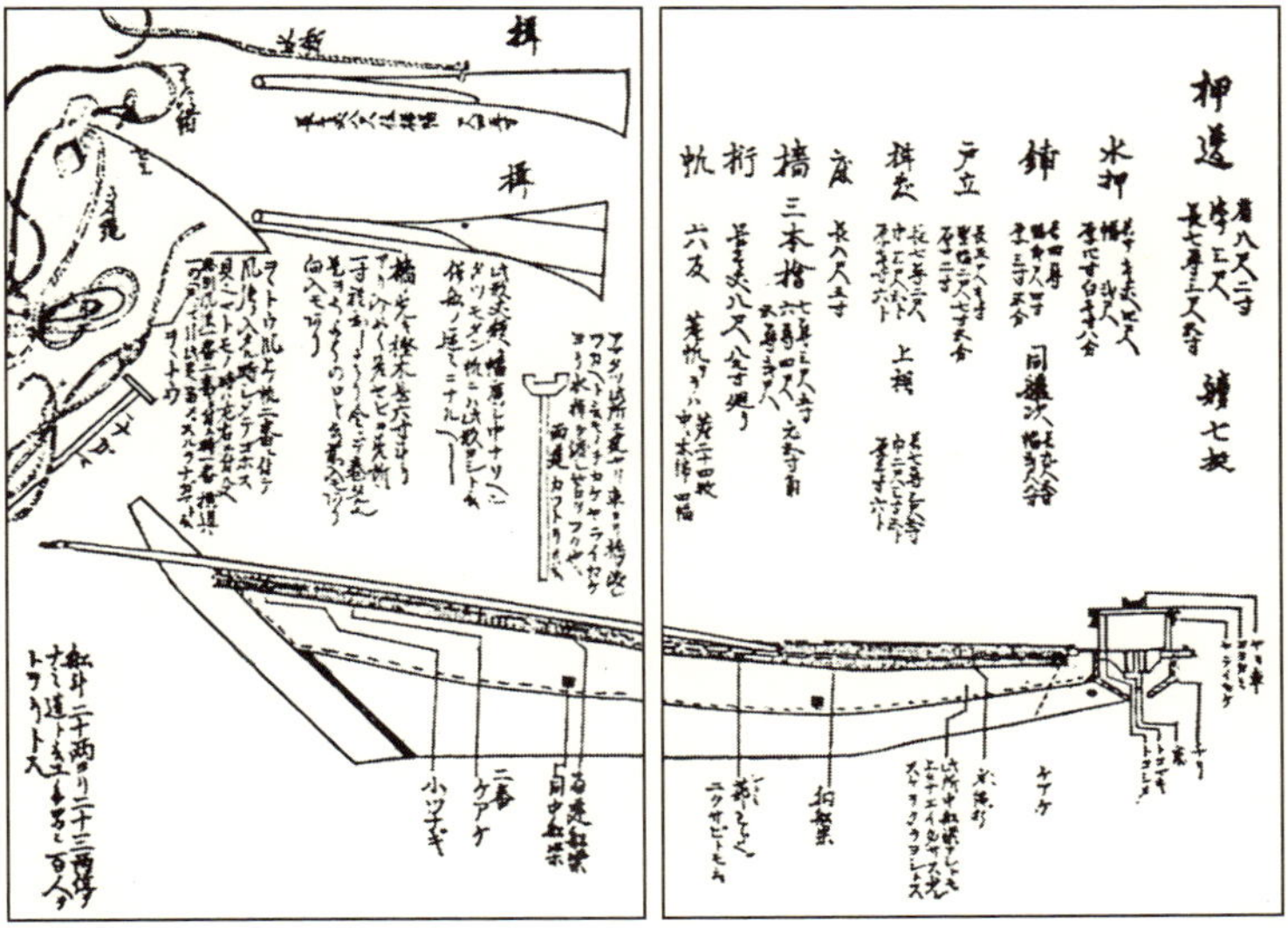

「押送り船」の図（『今西氏家船縄墨私記』より）

る「船代」は「二十両ヨリ二十三両位ヲナミ造ト云フ」と添書きされている。

「押送り船」にも、図示されている七挺櫓より大型の八挺櫓・九挺櫓の船もあったが、右の記録から、いずれの大きさの船でも、おおかたの様子を伺うことはできる。

明治の終り頃（四三年ごろ）、三浦三崎で使用されていた押送り船は、普通の大きさのもので、肩幅（後方の帆柱を立てる場所の横幅が他の漁船と異なり、肩幅が最も広い）が七尺五寸、敷《し》き（船底）の長さは三八尺から四〇尺（カネ尺で計った）で、七挺櫓から九挺櫓。乗組の人数は八人から一〇人程であった。

大きな押送り船になると肩幅九尺五寸から一丈、敷きの長さ四五尺から五〇尺。九挺櫓（キュチョッパリ）であった。このくらいの大きい押送り船は、三宅島まで手漕ぎで出かけ、トビ（飛魚）を積むのに使われたりもした。当時の

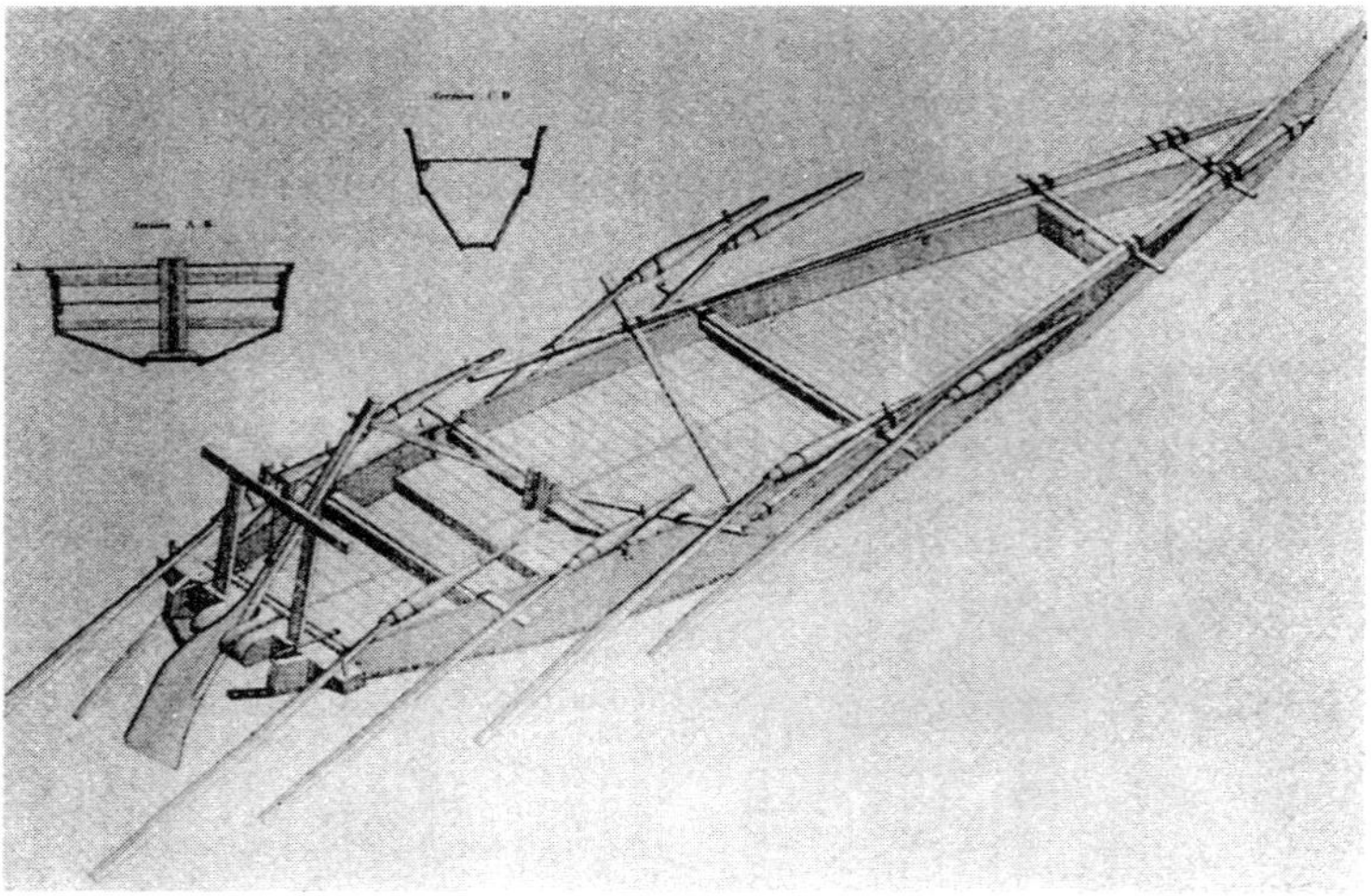

ペリー来航の際にスケッチされた押送り船.

押送り船は船型でいえばオモテが細長く、トモが太くなっていた。このような聞書き調査の資料を実証する船型に関するスケッチが残っている。

嘉永六年（一八五三年）六月三日、浦賀沖にあらわれたペリー（Matthew C. Perry）司令官が率いる四艘の黒い艦隊が記録したもの。八挺櫓の押送り船の特徴を実によくとらえている。

この押送り船のコベリ（漁船左右上部の縁《ふち》の部分をいう）の上にドマクマの高さまで「ネクシャビ」（前掲書に「ニクサビトモ云」とみえる稲藁を女竹につけて編んだ囲い・波や風よけ）をつけたもので、冬期の海上でも船内にすきま風がはいらず、けっこう暖かであったと伝えられている。

ネクシャビは女竹（ニワダケともいう）を上部に二本、下部に一本おき、その間の高さを一〇センチから一五センチの間隔で固定し、稲藁を使って編んだものであり、結わき方は、神社で祭礼に使う獅子の毛をつくる時と同じような方法によるということ

北斎の「神奈川沖浪裏」の漁船には，押送り船と同じ「ネクシャビ」がみえる

を三浦三崎で実際に押送り船に乗っていたことのある体験者から伺ったことがある。

「押送り船」と同じ「ネクシャビ」は、葛飾北斎の富嶽三十六景「神奈川沖浪裏」（一八三〇年）の船にも描かれている（前方横、富士の下部と重なる部分）。

また、押送り船は、荷をより多く積むこともあって、他の船に比べると、帆は比較的大きかったという。普通は小矢帆、中帆、大帆を使い、ハギッポ（二枚帆）の場合は大帆につけた。大帆は中に「ツリ」があり、六枚帆であった。

帆柱は檜《ひのき》で大柱をデンチュウ（電柱）と呼び、これが二本あり、その他に矢帆柱がある。三浦三崎に電灯が初点したのは大正二年三月二日のこと（『三崎町史』上巻）であるから、押送り船の大柱を「デンチュウ」と呼ぶようになったのは、その後ということになる。

帆布は木綿でチドリにからげあわせ、二枚をあわせれば二枚帆、三枚のものを三枚帆と呼んだ。三枚帆が流行しはじめたのは大正四年、五年で、それ以前に三角帆が使われることはなかった。話者の三壁甚五郎《みかべじんごろう》氏が押送り船を漕いだ頃、三崎より横浜の本牧まで、七挺櫓を押して、八時間かかったという。

鮮魚をより新鮮なうちに江戸日本橋の魚市場にとどけるために使用された押送り船は、たとえば、三浦三崎より海上輸送する場合、海路十八里すべてをとおして、乗組の者だけが漕ぎきるということでもない。

途中、海関があった浦賀湊をはじめ、江戸湾（東京湾）内の走水湊《はしりみず》や榎戸《えのきど》の湊には、櫓船を漕ぐことだけを、なかば商売《なりわい》にしている屈強な若者が待ちかまえており、彼らは普段、仕事がない日は将棋をさすなどして遊んでいることが目立つため、地元では厄介者のあつかいをうけることもあったが、いざとなれば、頼りになる「助っ人」で、歴とした賃金労働者なのであった。

上総、下総、安房、武蔵、相模、伊豆あたりで漁獲された魚貝藻類は、上述したような押送り船で海路、日本橋小田原町の魚市場《うおがし》まで運ぶことができたのであろうが、当時（江戸時代）でも江戸の城下町だけが消費地ではなかった。

陸上では牛馬の背荷物としての運送や荷車を使っての人畜の力にたよった輸送があったのは当然のことである。こうした鮮魚の運搬は、地域ごとに、それぞれの事情があり、その形態も史的背景も異なるが、次に、その事例の一つを掲げてみたい。

川名登著『河岸《かし》』（本シリーズ）によれば、江戸に近い「河岸」では鮮魚をはじめとする物資の輸送や人々の移動には、川（河）船が大いに利用されてきたことがわかる。

銚子湊に水揚げされた鮮魚は川船に積みかえられた。この船を「鮮船《なまぶね》」といったということが『利根川図志』にみえるという。「同書」によると、

「銚子浦より鮮魚を積み上するを鮮船といふ、舟子三人にて日暮に彼処を出て、夜間に二十里余の水路を泝《さかのぼ》り、未明に布佐《ふさ》、布川に至る」

とある。布佐、布川は取手宿（取手市）や我孫子《あびこ》宿（我孫子市）に近い。同じく『河岸』によると、

「生魚は鮮度が生命なので、夏は〈活船《いけぶね》〉〔船中に生簀のある船〕で関宿《せきやど》を廻って日本橋魚市場に送られたが、これは積載量に限りがあるので、普通は竹籠に詰められ、できるだけ短距離、短時間のルートが選ばれた。

銚子を出帆した〈なま船〉は、利根川中流の木下《きおろし》、布佐辺で荷物を揚げ、陸上を付け通し、馬で江戸川付きの松戸河岸や行徳河岸に送り、再び河船に積んで日本橋へ着いた。

これは陸路駄送を使うので輸送費は高くつくが、関宿を迂回するよりも時間はずっと短縮された。このような鮮魚輸送ルートが、いつ頃成立したかは不明だが、江戸での鮮魚消費量の増大との関係を考えると、元禄期頃（一六八八〜一七〇三年）ではなかったかと思われる」

としている。

また、山本光正著「近世房総の街道」（『街道の日本史19・房総と江戸湾』所収）によれば、

「布佐と松戸、木下と行徳を結ぶ〈木下街道〉は、〈ナマ街道〉などと呼ばれた。両道は銚子方面の鮮魚などが運ばれたが、木下と布佐は近接しているため物資輸送をめぐってしばしば対立している」

という。この物資輸送の対立については、上掲の『河岸』にその詳細が述べられている。以上のように、鮮魚をできるだけ多く、しかも短時間に目的地に輸送するために川船が大いに活躍したが、途中は馬背輸送にたよらなければならなかった。

宿場間の輸送でない半公的な（正式に幕府が定めたルートでないような）場所では、一旦、積荷をおろさないで、「付け通し」で運搬した方が、手間もひまもかからないし、ましてや鮮魚の場合など、時間がかかり、いたみが増せば、売値がさがるとなれば、少しぐらいのワイロなどを使っても、儲けが多いにこしたことはない。こうした結果、「付け通し」をしたままの馬背輸送が増加し、物資をめぐっての対立も多くなったのである。当然の結果であったといえよう。

また、内陸でマグロを運搬・流通している様子を描いた史（資）料も残っている。

『諸国道中　金の草鞋《わらじ》』は十返舎一九（江戸後期の草双紙・滑稽本作者。本名は重田貞一《さだかず》・駿府生れ。『東海道中膝栗毛』は有名。明和二年〈一七六五年〉〜天保二年〈一八三一年〉）によるものだが、その『金の草鞋』の中に、浦和、大宮（いずれも埼玉県さいたま市）、上尾《あげお》（埼玉県上尾市）あたりまで馬背輸送でマグロが運ばれている様子が描かれているのは興味深い。

馬と同じほどもある大きなマグロ二本は、かなりの重さがあるのであろう。馬がその重さに堪えている表情や、マグロを莚《むしろ》のようなもので簀巻《すまき》にして運搬している当時の街道筋の様子が生きいきと見える描写である（次頁絵図参照）。

当時、マグロ類は莚で簀巻きにして運搬するのが普通のようで、各地の史（資）料に同じような絵図が残っている。なお蛇足ながら、このような梱包方法はその後ひきつがれ、昭和年代の写真にも写って

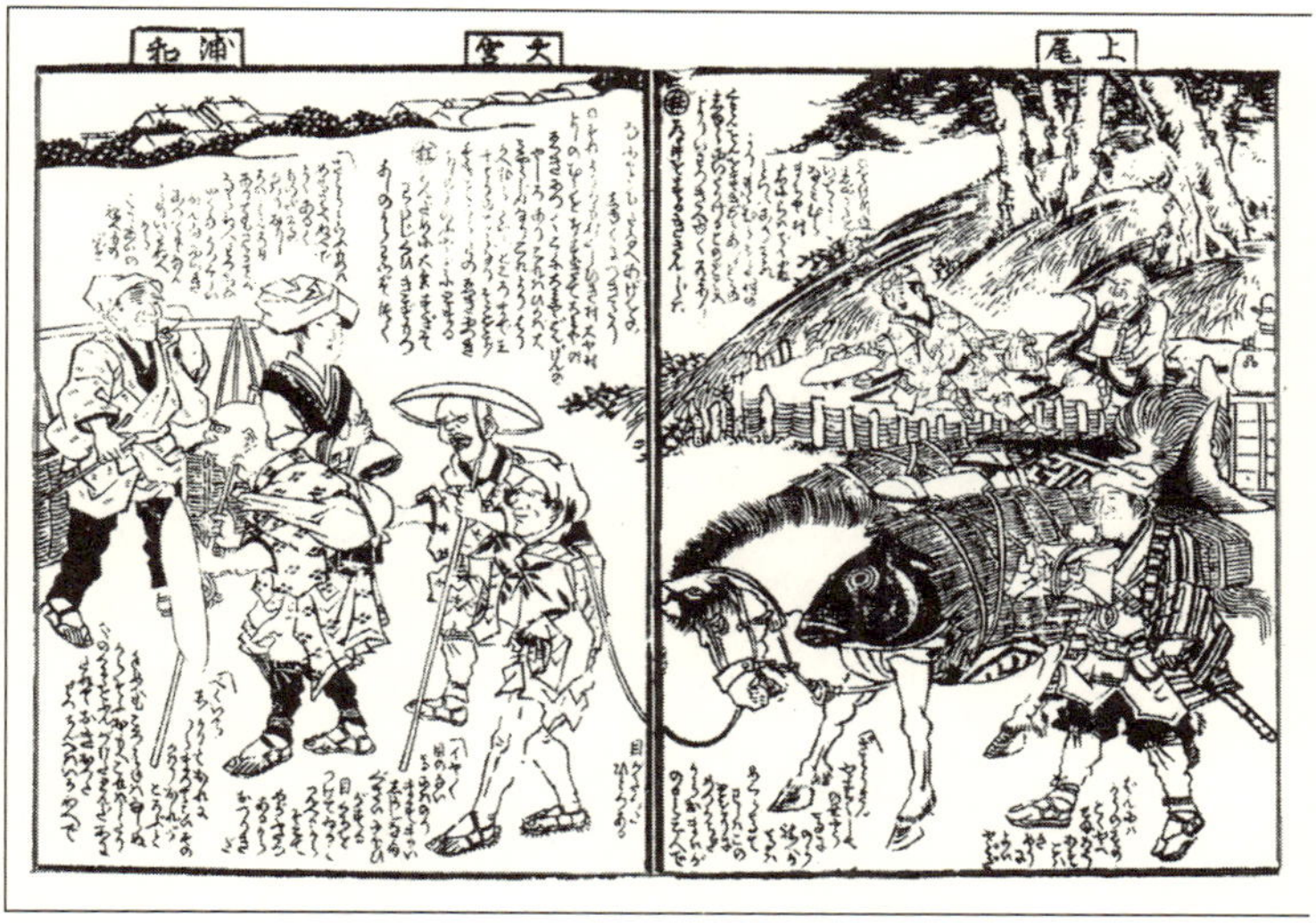

浦和・大宮・上尾付近の街道筋を馬に二尾（本）のマグロを「簀巻」にして運ぶ商人（『諸国道中　金の草鞋』より）

いる（次頁写真参照）。

さらに、江戸時代中期の国学者で歌人の賀《か》茂《も》真《ま》淵《ぶち》（元禄一〇年〜明和六年〈一六九七年〜一七六九年〉・本姓は岡部）の「日記」にも、マグロの馬背輸送している様子が具体的に記されている。

真淵は遠江《とおとうみ》岡部村（静岡県志太郡岡部町）の出身。江戸に出て、和学を荷田《かだ》春満《あずままろ》、儒学を渡辺蒙庵に学び、国学の研究や教授（講義）をしていた。五〇歳になった頃（延享二年・一七四五年）の九月一〇日、急に故郷が恋しくなったので、帰ってみることにした。その時、「東海道を西へむかい、戸塚宿から藤沢宿に至る街道筋で、一頭の馬が二匹も三匹もの〈しび〉を背に積んでいる七十頭あまりの馬の行列と出合った。〈しび〉は大磯・小磯等で釣ったもので、七月頃から釣れはじめるという」などとみえる。ちなみに、真淵

昭和 30 年代の大漁の港（静岡県焼津港か．マグロをスマキにして運ぶためのムシロを持つ様子が見える貴重な写真．物流博物館『企業が写した昭和の風景』より）

は宝暦一〇年（一七六〇年）に六五歳で隠居。日本橋浜町に居を移し、以後も『万葉集』などを研究した。門人には本居宣長などがいる。墓は北品川の東海寺に。

相模灘など相州沿岸で漁獲された鮮魚をはじめとする魚介類は、押送り船で海路、藤沢や鎌倉まで運ばれ、そこから陸路を牛馬や荷車で運搬する方法や、鎌倉・逗子方面から川筋などを利用して榎戸《えのきど》（江戸湾・東京湾）方面へ運び、再び海路を利用するなど、いろいろなルートがあったようで、今日でも横須賀市内に「船越」の地名が残っている。

「船越」は、ご存知の通り「船をかついで峠を越した」とか、半島や島嶼の両側がくびれている細くなった場所に船を通すために水道を掘り、陸地の最短距離を、船や人が交通できるようにしたとされる地名である。三重県の先志摩半島にある英虞湾と大王崎方面

葛飾北斎が描いた日本橋小田原町の魚市場（うおがし）の図（部分）

三重県先志摩半島の船越（深谷水道）

（太平洋）を結ぶ地にある「船越」や、岩手県の船越湾と山口湾を結ぶ地にある「船越」は有名。

上述したように三浦三崎からの鮮魚の運搬は海路を押送り船による荷が多かったが、この押送り船にも各種あり、「ナマ船」とよばれた鮮魚運搬船と、「イケモノ船」とよばれ、アワビ、イセエビ、塩干魚などを運ぶ船があった。ナマ船は肩幅一丈以下で七尺どまり、七挺櫓から九挺櫓を押した。普通一挺の櫓に二人がとりついで漕いだ。積荷の量は七百貫から八百貫（二・六〜三トン）といわれた。

ナマ船は三浦三崎を午後の三時頃に出帆するが、少しぐらいの風だと帆走するよりも手漕ぎの方が速く、海路十八里といわれた三崎と江戸日本橋の間を漕ぎつづけ、翌朝に新肴《しんさかな》場《ば》（日本橋小田原町の魚河岸）に着いた。途中の湊には、櫓を押すことを商売《なりわい》にしている屈強な助《すけ》っ徒《と》がおり、賃傭いで交代し、櫓をおしてもらうことがあったということは上述の通りであった。

また、イケモノ船は肩幅が五尺以下の小さな船で五挺櫓ぐらいを押した。この船は船足が遅いため、翌朝の魚市場の売

「日本橋　魚市」（右下の部分でマグロを商っている．天保 5 年・1834 年刊『江戸名所図会』より）

下浦（したうら）津久井発着場．漁獲物も乗客も一緒に（三浦半島．大正 8 年頃）．

りに間に合うためには、三崎を前日の午前一〇時頃には出帆しなければならなかった。

他方、当然のことながら鮮魚の陸送もさかんにおこなわれた。上述した『諸国道中　金の草鞋』に描かれている様子と同じく、マグロは簀巻にし、馬の背の左右にふり分けてつけたり、その他の小さな魚介類は「馬づけ籠」とよばれる竹籠（長さ二尺・幅が六寸か七寸ほど）に入れ、それをいくつも積み重ね、馬の背の左右にふり分け、横須賀や横浜方面（神奈川）へ運んだ。相模湾側では三崎から鎌倉まで陸送すると二日は要したといわれ、鎌倉で「継ぎ馬」をしたと伝えられている。

明治一四年の一月になってから、三浦三崎では、初めて汽船会社ができて、東京との海上交通が定期的におこなわれるようになり、汽船による鮮魚の運搬が可能になった。『三崎町史（上巻）』によると、

「この汽船は三浦郡長小川茂周《しげちか》、鴨居村の高橋勝七、三浦郡選出県会議員若命《わかめ》信義、加藤泰《たい》

次郎（初代三崎町長）その他が交通不便な三浦地方の人民の福利をはかろうと創立した汽船会社が、東京越前堀の福沢辰造から金六千円で購入した小汽船で、加藤・高橋名義を以て三崎東京間の通航をはじめた」

とみえる。

「三盛丸」と名づけられたこの汽船は、途中、松輪―金田―津久井―浦賀に立ち寄るが、寝ていて翌朝、目をさませば東京だったため、人気があった。

その後、鮮魚の陸送は、馬背運送から馬力車を利用しての運搬に変わる。明治中期以降は道路も多少なりとも拡くなり、馬力車による運送がさかんになった。三崎から横須賀まで、鮮魚をはじめてトラック輸送したのは大正八年のことで、積荷は魚荷八樽ほどと記録されている。

マグロ専用の移送用「トロ箱」

江戸時代には、マグロを陸送する場合、藁《わら》で編んだ莚《むしろ》を用いて「簀巻《すまき》」にするのが普通であったようで、当時の様子を描いた絵図にみられる（二一九頁参照）。

しかし、生マグロを流通させるための保存方法や移送手段も時代の流れとともに変わってきた。

今日のマグロは、一部の近海（沿岸）モノを別にすれば、遠洋延縄漁業船が漁場で漁獲するとすぐに超低温のマイナス六〇度近くまで急速冷凍してしまう。大きなマグロをマイナス六〇度ほどに冷凍するには、およそ二昼夜ほどかかるという。それゆえ、水揚げされたあとの陸送に苦労することはない。

現在の「一船買い《いっせんがい》」とよばれる商社の営業方針にあわせて商売をするのは大型船が多く、中型ないし小型のマグロ漁船は比較的近海での操業が多いため、今でも魚市場の岸壁に直接船を横づけして、マグロをおろし、入札やセリをおこなっている。

数年前になるが、千葉県の銚子港に早朝出かけたところ、市場のある岸壁に横づけされた中型のマグロ延縄漁船から生マグロの水揚げがおこなわれていたので伺ってみると、土佐から来て操業し、最も近い、しかも値のいい銚子港に入ったという返事だった。

神奈川県三浦三崎港、静岡県焼津《やいづ》港や清水港などは産地市場とよばれ、漁船が直接岸壁について、マグロの水揚げをおこなってきた。

以前は、三崎をはじめ、焼津や清水での冷凍マグロの水揚げ高は、全国の八〇パーセントにも及ぶといわれていたが、商社などによる前述の「一船買い」、すなわち船に積んでいる荷（マグロ）をすべて一括して購入するという商法により、東京築地に水揚げされる冷凍マグロの量が急増した。

これまで、主な生マグロの水揚げ市場として知られてきたのは、北から宮城県の気仙沼、仙台の塩釜、紀州勝浦をはじめ、多くの漁港があった。

水揚げされた生マグロはトラック輸送にたよることが多かった。それゆえ、以前（昭和三〇年代から昭和四〇年代にかけて）は、マグロの水揚げ日本一を誇った三浦三崎の街中を歩けば、魚市場の近くでなくても、いたるところに生マグロを入れて運搬するための「トロ箱」とよばれる大きな木箱が山積みされていたが、今日ではそうした街中の様子も変わり、「トロ箱」にめぐりあうことも、ほとんどなくなってしまった。

マグロを運ぶトロバコ（三浦三崎）

「トロ箱」という名称の木箱は、生マグロを一本横に寝かせ、隙間の部分に、くだいた氷をつめて輸送するので、積みあげるため、蓋《ふた》はない。長さは大きくても約二・五メートルほど。ホンマグロのように三〇〇キロ、四〇〇キロという超特大のマグロが水揚げされることは、めったにないので、一〇〇キロから二〇〇キロほどの重量のマグロであれば、この規格品の箱でまにあう。木箱の横には仲買人の「屋号」や「符号」（標識）などが印されている。その理由は、「箱」は出荷した、もとの市場に返送され、再利用されることになっているためである。

この「トロ箱」が活躍したのは、輸送に氷が必要な時代までのことで、冷凍車が普及する以前のことであった。

ところで、「トロバコ」という名称のことだが、「マグロを専用に運搬するための木箱を、どうして〈トロ箱〉と呼ぶのか」という疑問が以前からあった。

そこで、東京品川にある物流博物館にお邪魔した際に調べてみたころ、「トロバコ」という箱は、マグロを専用に運搬するための箱ではなく、むしろ、転用されたものであることがわかった。

大正一一年（一九二二年）に東京市商工課が調査した「日本橋魚

市場に関する報告書」によると、その中に、「鉄道や水運で日本橋の魚市場に入荷する魚の容器の種類は、名称だけでみても箱種は石油箱・トロール箱（トロ箱）など五十四種にのぼる」とみえる。

そして、トロール箱というのは、トロール船が網を曳いた際、大量の魚などが漁獲できるので、大きな木箱を用いたことにはじまり、この大きな「トロール箱」とよばれる木箱が「トロ箱」と略され、そこにマグロがおさまって運ばれるようになった……と。さすが、物流博物館である。

ちなみに、トロール漁業は、初期には帆船によったが、一九世紀後半に欧州で汽船トロール漁業が発達し、わが国には一九〇五年以降になってつたえられたという。

IV　自然・共生文化とマグロ

マグロを調べた人々

ひとくちに、マグロを調べるといっても、その内容は多岐にわたる。たとえば、大学病院で教授や医学生が病気の原因を調べる場合には病理学（病理医学）的な調べかたもあれば、臨床学（臨床医学）的な調べかたがあるのと同じように、自然界の生き物（自然科学の分野のこと）を調べるにあたっては、分類学や形態学といった、いわゆる基礎学問的な分野の研究や、生態学（動態学）、環境学といった方面（切り口）からの調べかたもあるからだ。

そこで本稿ではマグロに関する数多くの研究業績や著作の中から、今日までマグロのことを知るうえで、研究者はもとより、われわれ一般の、マグロ類に興味や関心をよせている「マグロ・ファン」にとっても有用にして、役立ってきた研究成果の一端を紹介してみたい。しかし、おことわりしておかなければならないのは、「重要」あるいは「有用」な研究といっても、人それぞれ個人的に価値観が異なるため、独断的になるのはやむを得ないことなので、この点はお許しを願いたい。あわせて本稿では、国内の研究者によるものだけを選んだため、国際的な視野での選択でないことをおことわりしておく。

また、どの分野の学問にも「先行研究」の歴史があり、その道の大家による学問の系譜がある。一般に「学史」といわれるものにあたる。

その学史をたどっていくと、世界史的には古代ギリシア時代に、まだ学問の分野が個別・分化していない、いわば、学問の母体（礎）ともいうべき「哲学」にいきつき、ソクラテス、プラトン、アリストテレスにたどりついたり、ローマ時代では博物学のプリニウスにいきついたりすることが多いのだが、ここでは、そんなに古い「学史」からひもとくのではない。ごく最近の「マグロを調べた人々」の先行研究をみるにとどめる。

馬場孟夫『鮪の研究』

馬場孟夫による『鮪の研究』という著書がある。この本のサブタイトルに「主として欧洲方面の鮪に就て」とあるように、内容は欧洲方面のフランス、イタリア、スペイン、ポルトガルをはじめ、モロッコ、チュニス（チュニジア）などの地中海沿岸諸国のマグロ漁や、マグロの加工（缶詰・塩造〈蔵〉・塩漬・オリーブ油漬など）についての記載が多い。

また、歴史的背景としてフェニキア時代、ギリシア時代、ローマ時代のマグロ漁についても記述し、ヨーロッパの国々の古代、中世、近世、近代に至るマグロとの関わりを明らかにしている。

同書によると、著者の馬場氏は、マグロの缶詰の対米輸出が昭和一一年（一九三六年）頃に安定したため、さらに業界では将来の発展のためには新市場開拓の必要性が痛感されはじめたので、欧洲の鮪缶詰業の調査や研究と、あわせて市場視察をかねて、日本鮪油漬缶詰業水産組合の組合主事であった同氏が洋行することになったとみえる。

別項の「マグロの缶詰」（一〇九頁）でも述べたが、わが国で最初にマグロの缶詰が研究試製されたのは昭和四年（一九二九年）のことで、その翌年の昭和五年には三万函ほどの生産と対米輸出がおこなわれ、同八年には七〇万函を超える生産と輸出がおこなわれるまでに成長したという記述の出典は、ここに紹介した『鮪の研究』によるものである。

著者は当時、鮪缶詰製造に関する「欧洲方面鮪缶詰諸事情調査書」を書くにあたり、派遣された時、ヨーロッパ、特に地中海沿岸のマグロに関係する多くの資料を日本へ持ち帰ったが、その後、第二次世界大戦などの影響で、業界の状況もすっかり変わり、大戦終結後も資料は死蔵されたままであった。

その死蔵されていたマグロに関する資料が社団法人日本缶詰協会から昭和二七年（一九五二年）になって刊行されたのが本書なのである。

本書がマグロを知るうえで貴重なのは、昭和初期におけるフランスをはじめとする大西洋におけるマグロ漁業の実態を、地中海沿岸諸国のマグロ漁業の実地調査や視察による資料によって記載された点にある。とかく学者は机上の文献、データなどで論をすすめるが、著者は豊富な写真資料で実態を紹介しているので説得力があり、わかりやすい。

さらに同書は、ヨーロッパのマグロ漁法の紹介の中で、漁法として世界的にもめずらしい、スペインや地中海のごく狭い地域でおこなわれてきた旧廃漁法のことにもふれている。このマグロ漁法は、「焚寄せ漁法」などの名前で呼ばれる「イサリ火漁」で、夜間、「船の水面近くに火を焚き、マグロが近づいてきたら銛で突くという漁法」である。同様の漁法は、わが国では「スズキ突き漁」として広く知られているが、マグロ漁でこの種の漁法が伝えられていることを筆者は知らない。もしかすると、古文献（『古事記』や『万葉集』など）に散見される「鮪《しび》突く海人《あま》」というのは、同じように夜間における「突き漁」であったのかも知れないなどと思う（一二三・一二八頁参照）。

岩井保・中村泉・松原喜代松「マグロの分類学的研究」

昨今、マグロに関する研究論文や著作に関わった人の中で、多少を問わず、表題の論文を引用文献、あるいは参考文献にしていない者はないといわれるほど、広く知られたマグロに関する論文である。しかし、有名な論文であるにもかかわらず、原論文は京都大学みさき臨海研究所の特別報告で刊行部数が限られていたこと、一九六五年の発行による第二号で、五〇年ほど前のものであるため、入手は大変困難である。

今日ではインターネット等でコピーは入手しやすくなっているが、筆者などは八方手をつくし、やっとのことで中央水産研究所（横浜市金沢区の「独立行政法人水産総合研究センター」）の松浦勉博士のご尽力により、同図書館の手をわずらわせ、拝読できたという思い出がある。

同論文の「まえがき」で著者らは、

「世界の海に広く分布するマグロ類は、生鮮食料として、あるいは加工原料として重用され、世界各国で重要な水産資源となっている。〔中略〕近年、漁船の大型化と装備の近代化にともなってマグロ漁業は驚異的に発展し、漁場も急速に拡大されつつある。このようにマグロ漁業が国際漁業となり、遠洋漁場へ各国が競って出漁するようになると、当然の結果としてマグロ類の資源管理が国際的な問題として表面化する。ところが、資源管理の基礎となる統計資料を整備しようにも、各国で使用しているマグロ類の名称が一定していないため、いたずらに混乱をひきおこしている現状である。

マグロ類の分類的研究は古くから各国で行なわれていたのであるが、研究材料が各国の近海のものに限られ、しかも、研究者がおのおのの主張にもとづいて独自に分類体系をたてたため、マグロ類が世界的に分布をしているにもかかわらず、その分類は統一を欠き複雑になるばかりであった。最近、漁場が拡張されるにつれてマグロ類の生態とか分布状態についての資料もしだいに豊富になり、また標本の入手範囲も拡大されて分類学的研究も国際的になりつつある。〔中略〕

一九六二年アメリカ合衆国カリフォルニア州ラ・ホヤで開催されたFAO世界マグロ会議では、マグロ類の分類学に関する決議が提出され、全世界のマグロ類の分類学的再検討が進められることとなった。その際、前南海区水産研究所長中村広司博士の御尽力により当教室もこの研究の一部を担当することに決定した。〔以下略〕」

とみえる。

そして、研究の結果「要約」において、

「世界の文献をひろく調査し、かつ、できるだけ多くの標本を調査した結果、世界に産するマグロ類をビンナガ、クロマグロ、ミナミマグロ〔インドマグロ、ゴウシュウマグロ〕、メバチ、キハダ、タイセイヨウマグロおよびコシナガの七種類に分類し、これら七種をマグロ属に含めた。〔学名及び以下略〕」

として発表したのが上掲の論文である。

以下、篤いおもいをマグロによせた先学の、燦然と輝く研究業績に敬意を表しつつ、その成果を活用させていただきたい。

マグロ一族の系譜

まず、賞味するばかりのマグロ類に敬意を表し、今後も世話になる「マグロ一族」の系譜を明らかにし、顕彰しておきたい。したがって、以下は「紙上・顕彰碑」といったところだ。内容は「マグロの身上書」あるいは「マグロの戸籍簿」にあたるが、今日風にいえば、「マグロの住民登録簿」である。今後ともマグロとつき合うためにも、「個人（魚）情報」を収集しておくことは賢いといえよう。それゆえ、ここでは各種のマグロ類について、先学からの応援を得て、身上書の作成をおこなわなければならないが、そのことで、魚類学者など、専門家の縄張りを荒らすことにはならないだろう。

以下、上述した「マグロの分類学的研究」をはじめ、『マグロ——その生産から消費まで』（東京水産大学第七回公開講座編集委員会編）や、他の専門の学術論文などを参考に、その一族の系譜や、どんな種類、特長があるのか、また、分布域はどうなっているのか等についてみていきたい（二三〇頁「マグロを調べた人々」参照）。

「マグロ類は、クロマグロ、メバチ、キハダ、ビンナガ、ミナミマグロ、タイセイヨウマグロ、コシナガの七種類に分類される。

国連食料農業機関（ＦＡＯ）による一九七六年の統計によると、世界のマグロ類の漁獲量は約一〇〇万トンで、日本はそのうち約三〇万トンを、〔つまり全漁獲量の〕三分の一弱を水揚している。この漁獲量は、近年ほぼ横ばいの状態から低下しつつあるという。

日本の漁獲量の約三〇万トンのうち、約八〇パーセントは中部太平洋、インド洋、大西洋などの遠洋マグロ漁業による水揚で、そのほとんどは、クロマグロ、メバチ、キハダ、ビンナガの四種類で、他のミナミマグロ、タイセイヨウマグロ、コシナガの三種類の漁獲量は比較的少ないという。〔中略〕

マグロ類は、魚類の分類学的にはサバの仲間（スズキ目・サバ亜目・サバ科）であるため大型サバ型魚類と呼ばれる。この類には代表的な多くの回遊魚がふくまれる。動作はきわめて敏しょうで遊泳力が大きく、産卵、索餌《さくじ》または越冬のために適水温帯を求めて、熱帯域から温帯域へ、外洋部から沿岸部へと広範囲に移動する。〔中略〕

一方、カジキの仲間は、従来マグロ類と同様サバ亜目に含まれていたこと、延縄などでマグロ類と混獲されることなどから、大型のサバ型魚類として、マグロ類同様に取り扱われる場合もある。」しかし、最近の分類では、カジキ類は、マグロ類とまったく別のカジキ亜目の魚として取り扱われている。マグロ類がサバ科に属するのに対して、カジキ類はマカジキ科とメカジキ科の二科に大別され、マカジキ科は、マカジキ、クロマカジキ（クロカジキ、クロカワカジキ）、シロマカジキ、バショウカジキ、フウライカジキの五種類が、メカジキ科はメカジキ一種が知られている。

マグロ類とカジキ類の分類を整理してみれば、

マグロ類……スズキ目、サバ亜目、サバ科、サバ亜科、マグロ属

カジキ類……スズキ目、カジキ亜目、マカジキ科、メカジキ科

とわかれ、マグロ類とカジキ類は「スズキ目」のところだけ一致しているにすぎないので分類的には近

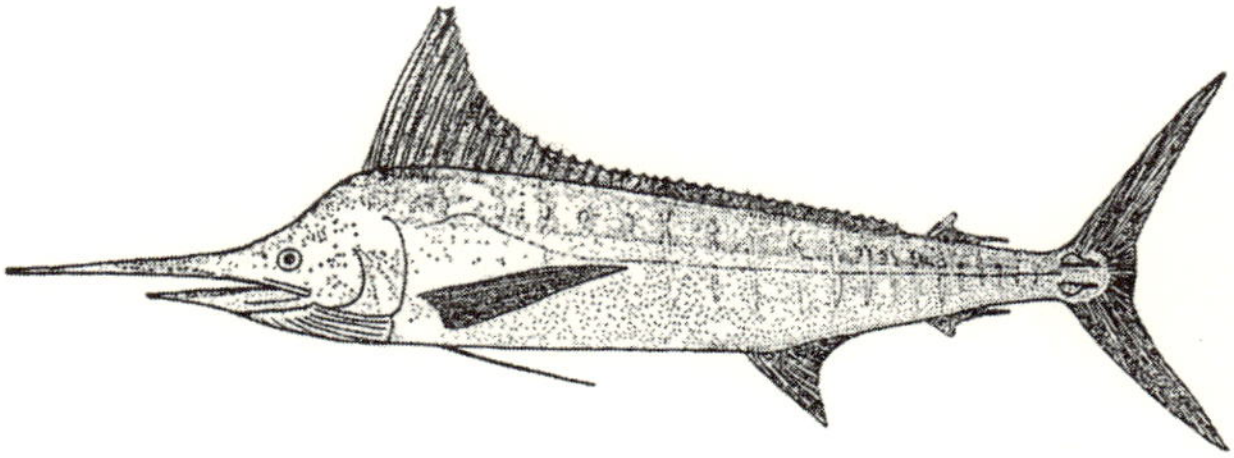

マカジキ *Tetrapturus audax*（中村仁：1968 より）

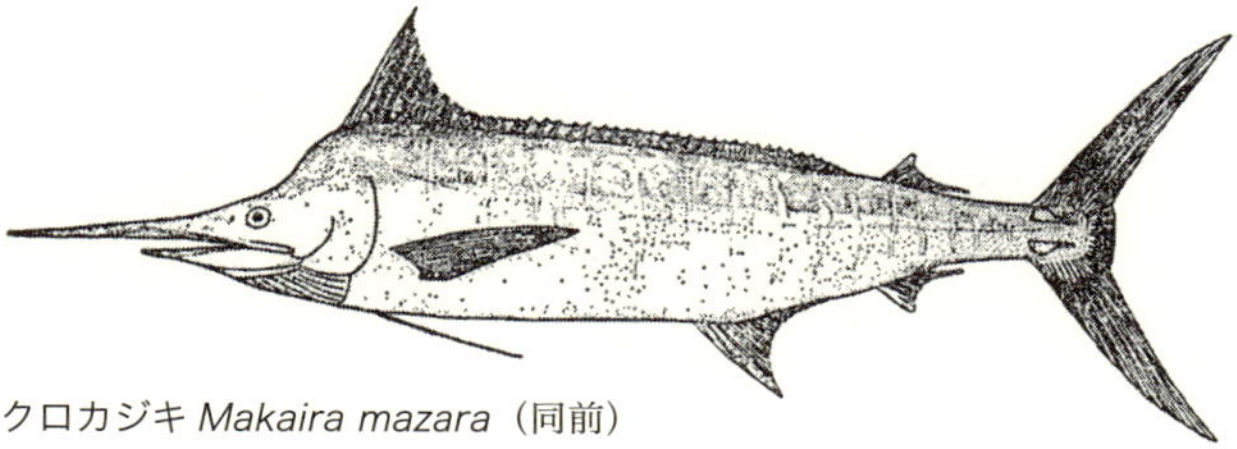

クロカジキ *Makaira mazara*（同前）

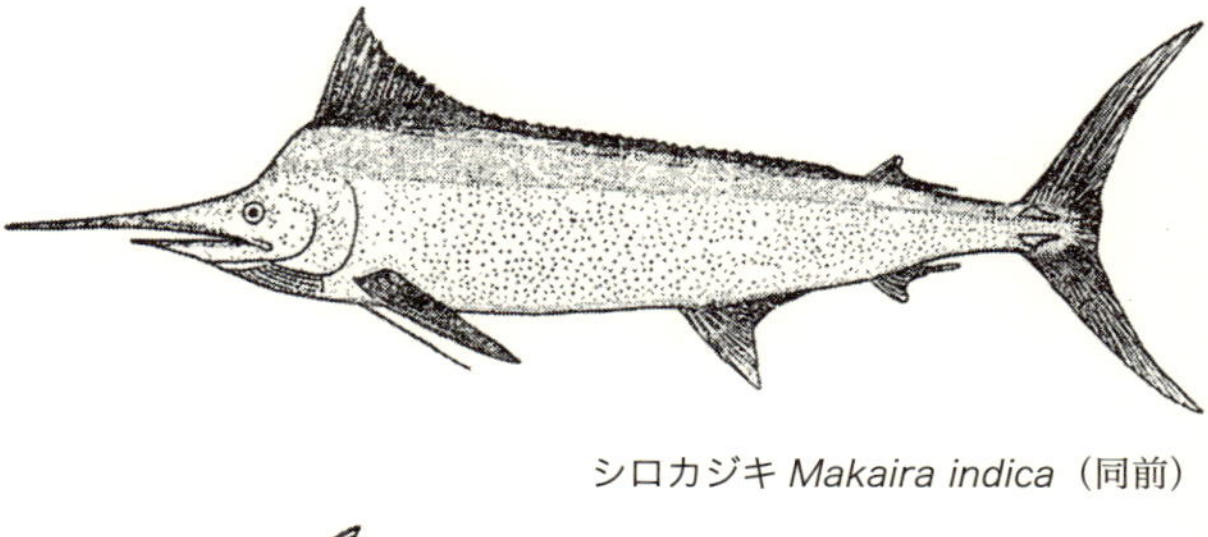

シロカジキ *Makaira indica*（同前）

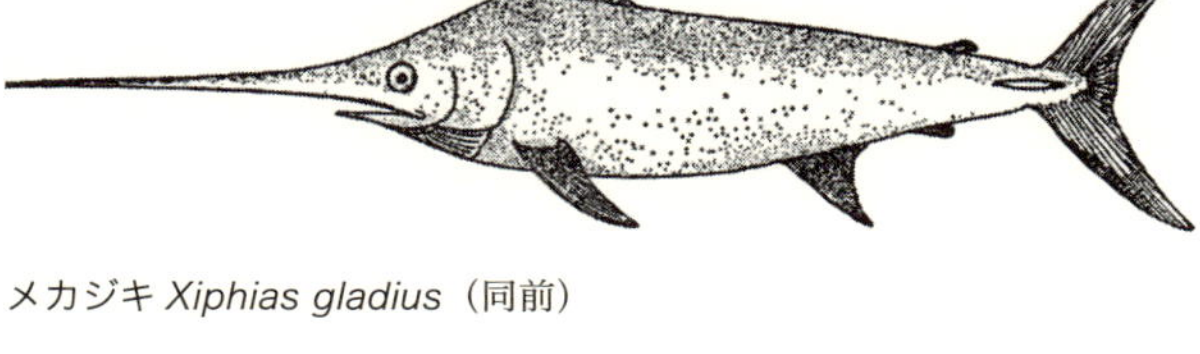

メカジキ *Xiphias gladius*（同前）

い種類とはいえないことになる。

現在、世界のマグロ類は上述したように、マグロ属一属のもとに七種類に分けられ、おちつきをみせている（「マグロの分類学的研究」参照）。

こうした魚類学会での分類学上の発表ともなると、「属について」とか、「種について」で、その分類を「認める」「認めない」などと研究者の立場によって意見が異なることも当然おこりうる。こうした議論はどの学問の世界でも同じであるが、そうした経過が学問・学界（会）の進歩、発展に結びつくことにもなるといえよう。

それゆえに分類学上の研究動向は常に流動的であることが多い。なお、本書は文化史（誌）を内容とするのが目標であるから、上述の分類などに関してのご意見は、取りあえず無用とさせていただく。

かつて、わが国には、太平洋に関わることを総合的に調査・研究するための学術的「機関」として「太平洋学会」という学会があり、活発な活動を続けていた。学会誌『太平洋学会誌』をはじめ、『太平洋双書』『太平洋諸島百科事典』（原書房）等を刊行する一方、数多くの研究会、フィルドワークをはじめ、時には、お洒落なイベントとして、「太平洋のマグロを食べる」企画なども実施された。

四半世紀も前になるが、一九八三年（昭和五八年）の一〇月一日に、当時の東京水産大学（現在の東京海洋大学）の鈴木裕教授が講師をつとめ、三浦三崎でマグロを賞味する会を催したことがあった。その日に、鈴木会員が、「今日は太平洋のマグロを十分堪能していただきたい……。だが、マグロを食べる前に、ちょっと、お時間を拝借いたします……」と言って、マグロに関する講義資料を配付してくださったことがあり、筆者の手もとに、その時の資料が残っている。

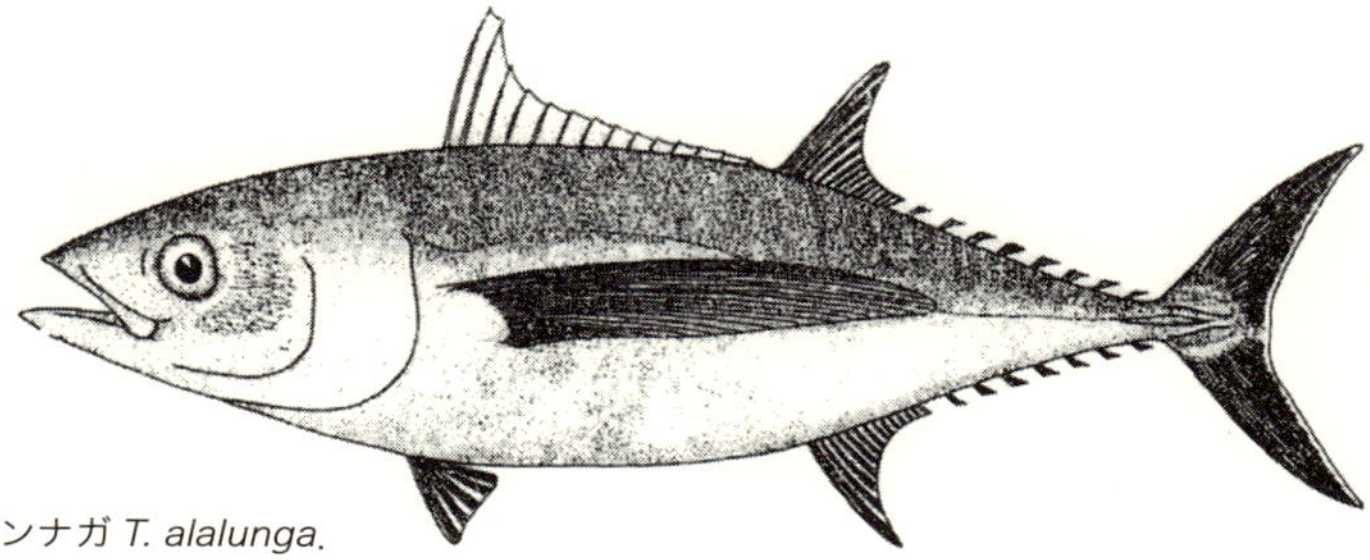

ビンナガ *T. alalunga.*

（岩井・中村・松原「マグロの分類学的研究」1965 より．以下 245 頁まで）

楽しい企画の「太平洋のマグロを食べる会」であったが、流石《さすが》は学会の集まりだけに、講師も一流、配付資料もいわずと知れた貴重な内容であったため、保存しておいたという経過がある。その中から以下に、いくつかをかみくだいて引用させていただくことにする。

ビンナガ

「長い胸鰭」が特徴。胸鰭を鬢髪《びんぱつ》（頭から顔にかけての左右側面、耳の前の髪の毛）にみたてたお洒落なマグロである。

分布域は世界の熱帯から温帯に分布しているという。地中海にも分布しているというが、なぜか日本海側にはほとんど見られない特徴をもつ不思議なマグロだとも……。こうしてみると、ビンナガや、後にのべるキハダは、日本海側と性があわないマグロらしい。

太平洋では北緯五〇度から、南緯四五度の広い範囲に分布するが、太平洋や大西洋の赤道付近では、ほとんど漁獲されないといわれる。思うに、「キハダ」が「寒さ嫌いなマグロ」なのに対し、「ビンナガ」は「暑さ嫌いなマグロ」なのだろう。体長は一メートル以内で小型。体重はマグロ類中では軽く、二〇キログラム前後が多い。肉色は淡い乳白色で、味は最も淡白である。肉質は柔《やわ》らかく身くずれしやすいの

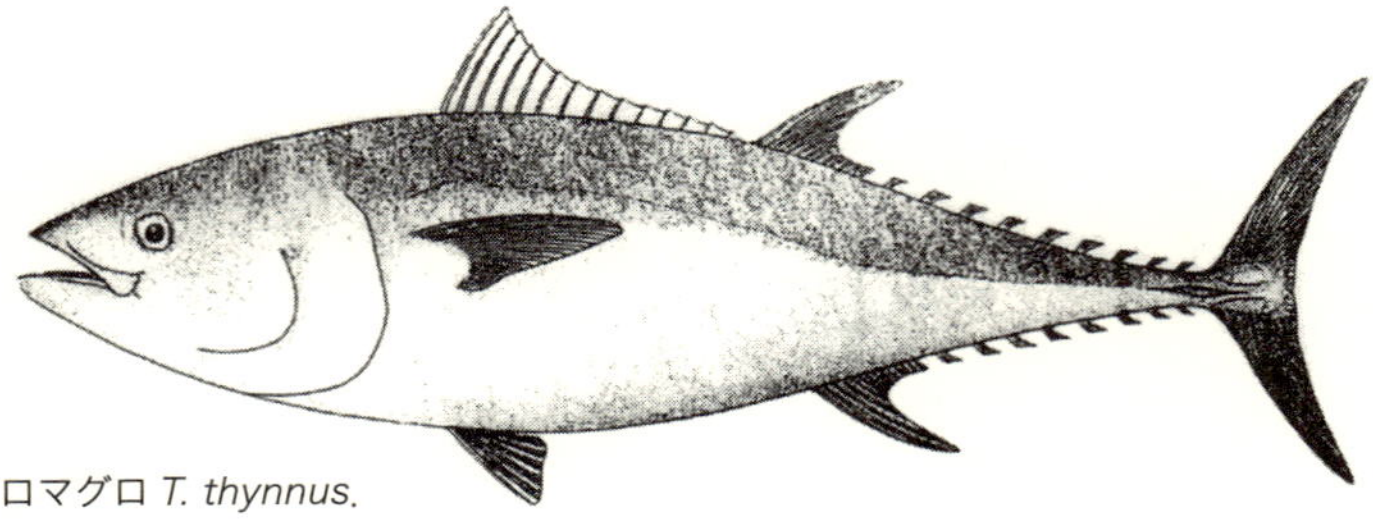
クロマグロ *T. thynnus.*

で刺身には不向きであるが、最近はそうもいってていられない。
ほとんど輸出用缶詰の原料となる。一部はマグロ・ステーキ、照焼きとして消費されるので、マグロの切り身として鮮魚店で販売される。油漬けの缶詰は「ツナ缶」などとよばれ人気があるほか、近年、ビンナガの脂ののった部分は「ビントロ」と称し、色は白いが刺身として人気があるほか、マグロ類全体の値段が高騰している折、ビンナガも「ビンチョウ」などの名で呼ばれ、スーパー・マーケット等の店頭に並び刺身の食材として座をしめつつあり、今後さらに人気がでそうだ。

クロマグロ

クロマグロは別名を「ホンマグロ」と呼ばれる。一般に「マグロ」といえば、魚体が「マックロ・真黒」であるところから、この種類ということになる。「シビ（死日）・鮪・鮪」もおそらく、この種類をさしての呼び名であったのだろう。黒い喪服を着用のためか……。

その分布域は、日本近海はもとより、太平洋、大西洋（北西大西洋・東大西洋）、地中海など、かなり広範囲にわたる。分布域の中心は主に北半球で、太平洋では北緯二〇度から、北緯四〇度あたりまで。大西洋や地中海では、もう少し北に位置する北緯三〇度から、北緯四五度ないし北緯五〇度あたり

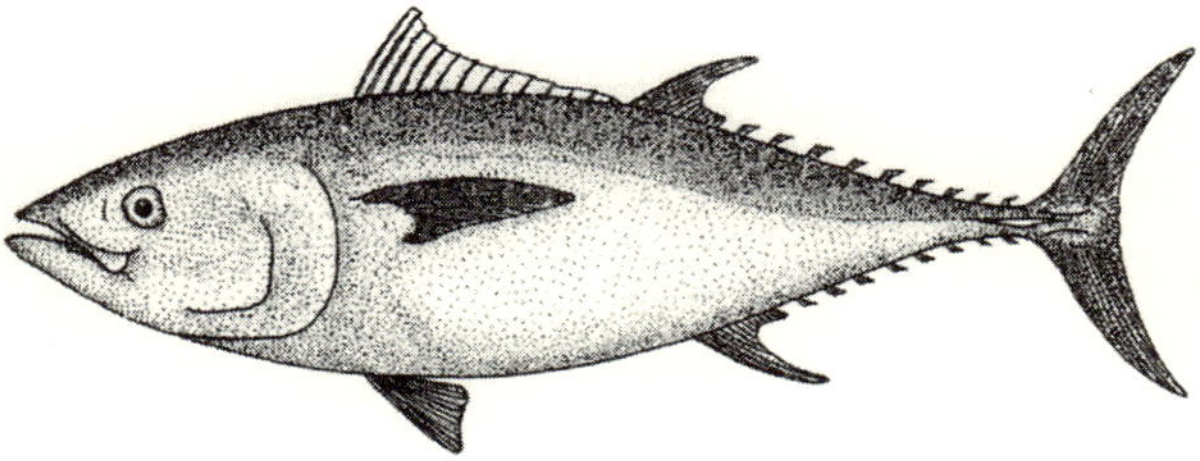

ミナミマグロ *T. maccoyii.*

まで、温帯から熱帯にかけて生息しているものが多いとされる。

後述するミナミマグロがほとんど南半球に生息するのに対して、クロマグロは、ほとんどが北半球に生息するとも。近年、一般によく知られるようになった津軽海峡で一本釣される青森県下北半島の「大間のマグロ」や、北海道の函館の汐首岬に近い「戸井《とい》のマグロ」（亀田郡戸井町）はこの種類である。

クロマグロの特徴は、「胸鰭《むなびれ》が短い」ことだという。また、上述のように色が黒く大きくなるのも特徴だ。マグロ類の中では最も大きくなる。普通の大きさでも体長は二メートルから二・五メートル、体重は三〇〇キログラムはあり、最大級のものになると体長四メートル、体重は五〇〇キログラムになるという。マグロ類では最高値で取引きされ、中トロ、大トロがとれる。肉質にすぐれ、味は濃く美味で、マグロの刺身（生食）としては最高級である。「メジ」「ヨコワ」はクロマグロの小さいもの（七キロぐらいまでの若魚）をいう。

ミナミマグロ

すべてがクロマグロに似ており、肉質が上等なため人気・価格ともに高い。クロマグロの項で述べたが、クロマグロがほとんど北半球に生息するのに対して、名前のとおり、ミナミマグロは南半球にしか生息していないという。

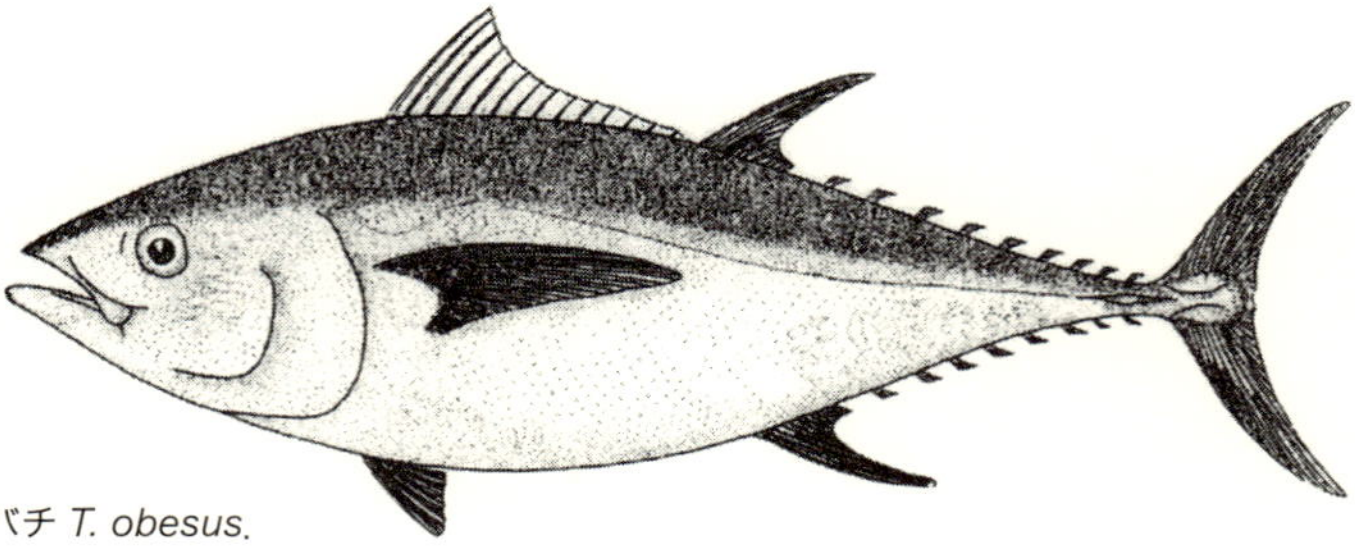

メバチ *T. obesus.*

その分布域もかなり高緯度で、南緯三〇度から、南緯五〇度あたりより高緯度に分布域を広げているとも。

南半球に位置するオーストラリアは、この種のマグロ類を漁獲するのに恵まれた地理的条件にあり、漁獲したミナミマグロはほとんど日本へ輸出している。

近年は冷凍施設やその技術が向上し、新鮮な肉質をたもてるので刺身（生食）の食材として人気がある。あわせて、近年はオーストラリアで養殖・蓄養をさかんにおこない、輸出している。もちろん得意先は日本だ。

ミナミマグロは、南半球のインド洋にも生息しているので、「インドマグロ」の名で呼ばれることも多い。「ゴウシュウマグロ」（濠洲鮪）の名もある。ただし、こうしたインドマグロなどの名は、日本漁船がオーストラリアの西岸沖や東岸沖へ進出するようになり、日本がつけた名前にすぎない。

メバチ

名前のとおり、「眼が大きく、パッチリしている」。眼の大きさは、他のマグロ類に比較して、それほどちがわないと思うのだが、そういわれると、よけいに、そう見えるから不思議なマグロだ。

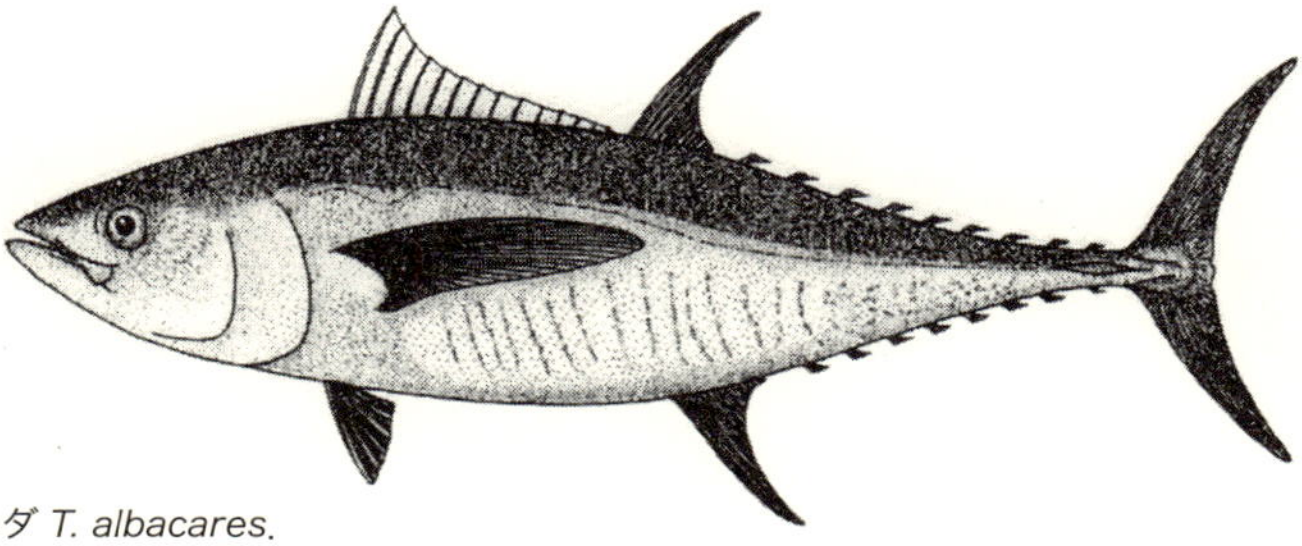

キハダ *T. albacares.*

分布域は世界中の熱帯から温帯にかけて。しかし、世界中といっても、メキシコ湾や地中海には生息していないという。「カリビアン・ブルー」や「メディタレニアン・ブルー＝地中海の碧《あお》」が嫌いなマグロなのか……。北半球では北緯五〇度、南半球では南緯四五度あたりまでが分布範囲とも。したがって、わが国では、北海道稚内の宗谷岬や利尻島・礼文島あたりが北緯四五度に近い。

体長は大きいものだと二メートルほどになるが普通は一メートルどまり。体重は五〇キログラムから六〇キログラムのものが多いとも。

肉質は濃い赤色で華やかさがあり綺麗だ。眼でも楽しめるし、美味。クロマグロ、ミナミマグロに次ぐものとして刺身に用いられる。一般の鮨（寿司）店や鮮魚店に「赤身のマグロ」として、かなりでまわっている種類。

キハダ

鰭《ひれ》などの部分はけっこう黄色いので、名前の通りだ。マグロの肌全体も黄色味を帯びているところからつけられたネーミングでピッタリ。

分布域の特徴は、日本の太平洋側には、どっさりいるのに日本海側にはいないという。また、地中海にもいないなどの特徴的な分布を示すのが興味深い。世界中の熱帯から温帯にかけて広く分布・生息する。夏の季節に

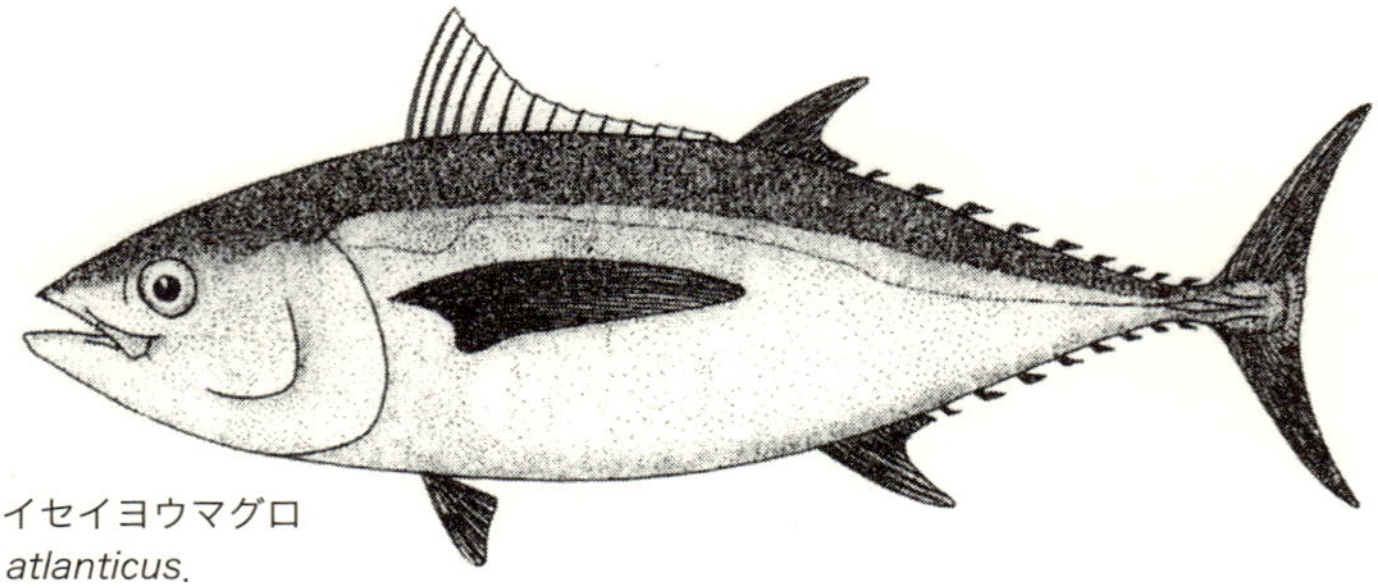

タイセイヨウマグロ
T. atlanticus.

は赤道をはさんで南緯・北緯ともに四〇度くらいまで、冬の季節には三〇度くらいまでに分布するともいわれている。比較的、「寒がりなマグロ」なのかもしれない。

体長は大きいものでも一メートル二〇センチほど。体重は三〇キログラムから四〇キログラムが一般的だとも。メバチより低価格で、肉色は鮮やかな紅色で味は淡白。脂肪分の少ない赤身の刺身（生食）として一般家庭で用いられることが多く、人気もある。ライトミート・ツナとして冷凍または缶詰、魚肉ソーセージなどで輸出される種類。

タイセイヨウマグロ

名前のとおり、大西洋の赤道をはさんで北緯四〇度、南緯四〇度近くまで、大西洋だけを分布域としているという。

小型のマグロ類で、大きなものでも体長はおよそ一メートル前後、体重は約二〇キログラム前後が多いらしい。

漁獲量がそれほど多くないのと、南北アメリカ附近が漁場であり、特にメキシコ湾周辺からカリブ海が主漁場である。したがって、南北アメリカで消費されてしまうことが多い。刺身（生食）でなく、缶詰として製品化されるのがほとんど。また、ソテーなどの食材にも利用される。

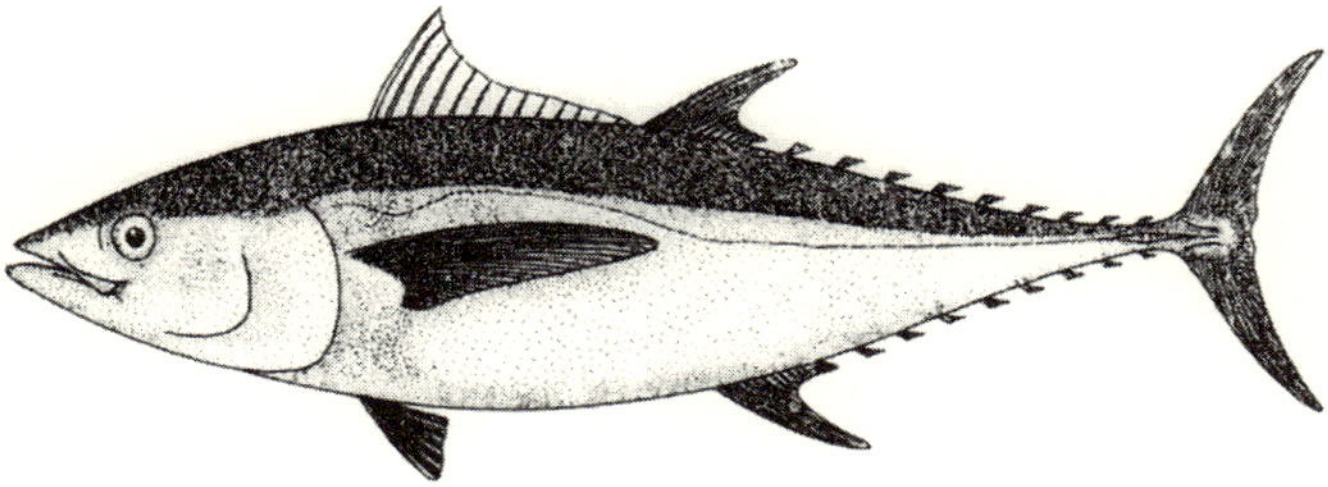

コシナガ *T. tonggol.*

コシナガ

「コシナガ」の名前は、魚類学の専門家によると、尾の部分のシリビレの前にある肛門より後ろ、からだの後半の部分が長いので、その名前がついたのだと説明される。この種類は、他のマグロ類よりも比較的スマートなのだ。とはいえ、よく見ても、「そうかな……」と思う程度で、素人が判別するのはむずかしい。

マグロ類の中では、最も小型で体長は一メートルに満たないものが多い。重量もせいぜい二〇キログラム程度だという。

主な分布域はオーストラリアの北部から赤道をこえてインドネシア、インド洋あたり。日本近海でも沖縄県方面には分布しているといわれる。マグロ類の移動は一般に広範囲におよぶといわれる中で、大陸棚に分布する沿岸性のマグロがコシナガだともいわれる。

肉質がさっぱりしているマグロ類なので、刺身や鮨（寿司）種にむかず、生食には無理がある。したがってフライやソテーの食材、あるいは缶詰加工としての需要が多いという。

以上、マグロ類七種類の身上調書である。なお、わが国では「カジキ類」について、「カジキマグロ」とも呼び、一般にマグロ類と同じにあつかわれて食材として流通していることが多い。したがって「カジキ類」に関しても、項をあらため、若干の紙幅をさくようにしたい。

また、最近のわが国におけるマグロの年間消費量は約四五万トンで、全世界の消費量の三分の一にあたるといわれている。この量を換算すれば、日本全体で一日に約一二〇〇トン以上ものマグロが消費されていることになる。

カジキマグロ漁――「突ン棒」漁など

わが国では、「カジキ」を「カジキマグロ」とも呼び、一般にマグロと同じ仲間として、あつかうことが多い。本来の戸籍（分類）は「マグロ一族の系譜」の項で明らかにしたが、カジキをマグロと同じ仲間としてあつかっても、動物（魚類）の分類学者以外、不服をいう人はいないと思う。

カジキは、特に伊豆半島の稲取で水揚げされる量が多い。その理由は、伊豆半島に多い温泉旅館で、カジキがマグロと同等、あるいはそれ以上に高く評価されるため、市場価格が時によってはマグロよりも高値になることさえあることによる。それゆえ、一帯の漁民はカジキを漁獲した時には稲取へ水揚げするのが普通だ。

温泉旅館の多い伊豆半島でカジキが高値で取引きされる訳は、カジキの肉質にある。

カジキは、他のマグロ類とちがい赤身ではないが、肉質がしっかりしており、刺身に調理してから長時間おいても身肉がクタクタにならない。身肉から水分もほとんどでない。

そのため、団体客を多く受け入れる温泉旅館では、宴席の準備をするのにカジキはありがたい刺身の食材なのだ。あわせて、客に「この刺身はなんという魚ですか……」と聞かれても、仲居さんが「カジキマグロです」と答えて応対すれば、うってつけの「マグロの刺身」になるのがカジキなのである。

このように、カジキ類はマグロの仲間として扱われるが、カジキも分類学上、マカジキ科とメカジキ科があり（前掲）、中でもマカジキは肉質がキハダ（マグロ）に似た淡紅色をしているので、素人では区別がつけにくいというのも理由の一つとしてはある。

大型の洄游魚であるカジキ類は、生息している海域がマグロ類と同じことが多いため、マグロを延縄《はえなわ》漁《りょう》や定置網漁、巻網漁などによって漁獲すると、その中にカジキも混って漁獲されることが多い。

しかし、わが国にはカジキだけの漁獲を対象としておこなわれてきた「突ン棒」（漁）とよばれる漁法や、「カジキ流し網」（刺網）とよばれる漁法がある。それに、沖縄県では一本釣もおこなわれてきた。

「突ン棒」とよばれるカジキ漁は、もとはといえば、春先から黒潮にのって北上するカツオをねらう一本釣漁師やマグロ延縄漁をおこなうために沖合に出た船が、たまたまカジキやサメ、マンボウなどを見つけ、五挺櫓や八挺櫓の和船の櫓を押してカジキを銛で突く漁であった。したがって、最初はそれが本業ではなかったのである。

だが、夏から秋にかけて、カジキが群で移動することがわかると、この大物漁はしだいに専門化されるようになった。それを後押ししたのは漁船が動力化されるに至り、より、スピードのある漁船でカジキの群を追うことが容易になったためであり、結果、漁船が増え、広まった。

とはいえ、この漁法は、大分県の津久見市保土島や同県の臼杵市、千葉県の外房一帯（特に白浜町）、相模湾沿岸の横須賀市長井町や大磯町、二宮町、三浦市三崎の二町谷《ふたまちや》の漁村など、ごく限られた地域の漁民によって今日まで伝えられてきたにすぎない。その理由は、船上からカジキを突くという熟達した技が必要なためであった。

カジキ類の漁獲はヘミングウェイの『老人と海』という作品以来、世に広く知られるようになったとはいえ、作品の中のカジキ漁は釣漁である。それは、スポーツ・フィッシングでも同じだ。

こうした、大型の洄游魚を捕獲する場面を実見する機会は、沖合での漁であるため、漁民に限られてきたといってよい。

最近はテレビの番組で放映されることもあるが、まず、「突ン棒」（漁）について、もう少し詳細に述べておきたい。

昭和以降、この漁をおこなうため、専用に造られた船の舳《へさき》に「銛持」（複数のこともある）が立ち、船がカジキを追いながら接近すると、餌のサンマなどを鼻先に投げる。カジキが餌にありつこうとして、一瞬ひるんでスピードをおとした隙に、手にしている銛を棹ごとカジキめがけて投げつける。

銛先はカジキに命中すると反転して肉身にくい込む。

また、銛棹はヤナワ（矢縄）と呼ばれるロープにつけられているので、当たったカジキは銛先がささったまま逃げまわる。最後は「二の銛」を投げ、力つきたカジキを捕獲し、船に引きあげる。

近ごろでは、しとめたカジキとの力くらべはヤナワを引いたり、延ばしたりの、獲物とのかけひきに時間・労力共にかかるため、電気ショッカーといって、カジキに電流を伝え、瞬時に仕留める方法が開発されている。

以下は、筆者がカジキ漁に関わった時の体験を要約したものである。読者諸賢にカジキ漁に生きた男たちの豪快な闘いや、刹那的興奮と迫力を、少しでも伝えることができればと思い、紙上案内として掲げることにした。

「九月になって、黒潮の躍る外房の海を見た。久しぶりに会った安房白浜の船頭、木曽清七氏はすこぶる元気で、筆者を安心させた。一四歳から〈突ン棒〉一筋に生きてきた海の男である。しかし、話してみると、前の年に、船をやめてしまったという。その声が、これまでのようにはりがなく、少々、淋しそうに聞こえた。一四、五人の乗組員が集まらなくなったのと、カジキの漁獲量が減ったのがその理由だと淋しそうに話した。

外房の漁業で〈突ン棒〉ほどの花形はない。若い頃、一日に大型のカジキを五〇本も突いた実績のある船頭・船長の彼にしては、船をおりることが辛くて残念だった。しかし、過去の栄光におぼれることで生きることはできないし、採算がとれなければ、これもしかたがない。民宿〈旅館〉の経営者におさまったのもその結果なのだ。

だが、九月の声をきくと、やはり海に出たくなると聞いた。過去の輝かしい活躍に対しての郷愁ばかりではない。もしかしたら、すぐ沖の海にカジキのナブラ（群）がきているかもしれないからだ。そう思うとよけいに悔しいと、彼は嘆く。ときにはがまんできなくて、小さな船を出すこともある。民宿の近くに引き揚げてある〈仁幸丸〉だ。

昔だって、いつでも漁に恵まれるというわけではなかった。カジキのような大モノほど、漁のあたりはずれは大きいのである。

一見、おおらかにみえる漁民の生活も、実は緊張の連続で気楽ではないのだ。岡（陸）にいても風向きや雲の流れを気にしていなければならない。海に出れば、潮流や海水温に気をくばりながら船を操舵しつつ、カジキを見つけなければならない。カジキ漁（突ン棒）ほど、上手、下手の差がはっきりする漁は、あまりないという。それだけに厳しくもあり、豪快であるのだといえよう。

久しぶりに〈仁幸丸〉は艫綱《ともづな》（船尾にある船をとめておく綱）をといた。船頭の顔が輝き、上機嫌だ。全身にパワーが漲《みなぎ》っている感じがする。

マカジキの適水温は一八度、メカジキはややつめたい一六・五度から一七度の潮にのってあらわれる。あまり凪でもわるい。海風は四メートルから五メートルほど、あった方が良い。白浜では南西の風が吹き、潮が東灘へはいることを〈コミマッシオ〉というが、こうした風向きのときは大漁のことが多かったという。

毎年、春先の三月頃から夏にかけて水温がよくなると、カジキは尾を海面上にのぞかせることが多いのだと聞いた。ナブラのときは、五本も一〇本も尾鰭が水面上に見えることさえあるらしい。

こんなときは、血が湧きあがるほど興奮する。だが、こうした状況も眼がよくなければ見逃してしまう。寒い時季になると、尾鰭が海面に出ることはすくない。しかし、魚体は海中で赤味をおびて見えるから、色具合でカジキを見つけることができる。漁師はこれを〈アカミ〉と呼ぶ。

普通、カジキのいる場所を探すのには、海鳥の群の飛びかたでわかる。小さな魚の群を上空から海鳥がねらい、海中からカジキが小魚を餌としてねらうからだ。これを漁師は〈トリツキ〉と呼んできた。
海鳥は、海中の魚が小モノのときは、せわしなく小羽根をつかってチョッ・チョッと飛びまわり、おちつかない。だが、大モノにつく海鳥は、海上をフワー・フワーと大きく旋回して飛ぶのが普通だ。だから遠くからでも鳥の様子で魚がわかるし、こんな海鳥を発見すれば、漁民の眼は血走り、心は勇みたつ。

海に出ると時間のたつのが速い。その日も、時は流れ、太陽もやや西に傾きかけた頃だった。突然、船の前方を凝視していた船頭の鷹のような、金色で鋭く、緑がかったようにも見える大きな瞳がさらに輝いた。海鳥の大群、発見だ……。

漁船は時計の三時方向へ全速力で大海原をつっぱしる。小さな船で、筆者を含めて四人しか乗っていない船内にも緊張した空気がみなぎるのを感じた。追跡だ……。

〈全速前進……〉。船頭・船長の声が小さな船内に大きく響いた。

船頭（銛ウチ・銛持）は、すばやく相手（カジキ）の様子をみさだめる。ナブラになったカジキはおとなしい。賢い動きをするカジキはナブラの端のものと思ってよい。

船頭は舳先《へさき》の台上へのぼり、サンダル状に固定し

カジキを突く銛を持つ船頭の木曽清七氏.

た足どめに身体をすえ、後方の舵取りに手で合図をおくりながら、無言で前方をにらむ。しだいに海鳥も数を増し、海面すれすれに飛びかう。カジキは近いか……。

その時だ。船頭は左手に先端が三ツ叉になった銛の棹を力強く摑みあげてかまえた。三ツ叉の先端はとりはずしのできる〈離頭銛〉とよばれる鋭いモリ先がさしこまれ、樫材の棒（棹）は三メートルから四メートルある（長さは一六・五尺と決まっている）。

と見るや、用心深くカジキに近づいた船の舳先から、タイミングをみて、船頭がカジキの好物であるサンマを一匹、ポーンと鼻先にむかって投げた。一瞬、餌にありついたカジキは、気をゆるめたのか、やや速度をおとし、餌に近づき、胸鰭を広げたかのように見えた瞬間を船頭はみのがさない。チャンスだ……。舳先前方四五度……。カジキがガバッと巨体をくねらせて海面をかきみだしたかに見えた瞬間、船頭のつま先に力がはいり、イキがとまった。とみるや、つづいて、〈トウ……〉という鋭い声とともに、銛棹は渾身の力をこめて、鋼のような腕から投げられた。命中したか……。息詰まるほどに緊張と興奮が交錯する一瞬だった。もしかすると、カジキが巨体をくねらせて海面をかきみだしたのは、銛が手をはなれてからのことだったかも知れない。

船頭の持った銛棹が手をはなれ、カジキが〈ガバッ〉ともんどりうって潜る瞬間以前に、船頭はとっさに〈空間の手応え……〉を感じたという。それは、命中したかどうかがわかる以前の瞬時のことだったとも……。

と同時に、足もとにおいたヤナワカゴのヤナワ（矢縄・ロープ）がものすごい速さでくり出されていく。〈やった……。命中だ……〉。船頭の日焼けした厳しい顔が思わずほころんで振り返り、眼で舵取りにお礼の挨拶をしたように見えた。

銛先はカジキに刺った瞬間、半回転して体内にくい込み、銛先につけられたヤナワで、カジキは船に引きよせられる。最近の〈突ン棒〉をする大型漁船は、電気ショックでカジキを弱らせるが、〈仁幸丸〉にはそんな上等なものは積んでいない。だから、カジキも簡単には参らない。〈しめろ……〉・〈ストップ〉・〈しめろ……〉と船頭の合図が矢継ぎ早にとぶ。

力尽きたカジキは、引きよせられて船影を感じたのか、最後の抵抗なのか、もうひとあばれして逃げようとする。その時、〈二の銛〉が投げられ、止《とどめ》が刺された……。

このときのために、長年にわたって鍛えられた鷹のような眼と、鋼のような腕と、するどい勘が必要なのである。それに船頭が安心して舳先に立てるための、よい舵取りの相棒がいなければならない。チームワークが大切なのだ。

〈突ン棒〉こそ、紺碧の海に展開される勇壮なドラマだ……。海に生きる豪快な男達だけに唱いあげることを許された闘いの叙事詩だといえよう。言葉をかえていえば、この瞬間こそ、漁民が全生命を賭けた現実への挑戦であり、真剣勝負以上のものだと思う。してみれば、ロマンチックな言動や表現は許されない。

その時、舳先に立った船頭の背中が、ことのほか、大きく見えたような気がした。闘い終ってヤナワをまきあげながら燻《くゆら》す煙草のうまさが、永い間、禁煙中の筆者の口もとにまでつたわってくるような気もする、心のやすまるひとときでもあった。

相変わらず飛びかい、啼き叫ぶ海鳥の群をかきわけるように、〈仁幸丸〉は全速力で帰港の途についた。〔中略〕

大正時代の頃まで、〈突ン棒〉の船は和船で五挺櫓を押した。銛先も最初は一本であったがその頃になると二本（二叉）のものが考案され、漁師はそれを〈叉金《またがね》〉といった。昭和の初期には、銛先が三本（三叉）のものが使われるようになった。船も動力船になり、昭和三〇年代には三五トンほどに大型化された。しかし、漁獲高は年ごとに減少した。

外房漁民の暮らしの中で移り変わったものは、漁業生産に関わる道具（民具）だけではない。生活のしかたそのものも大きく変わっている。いまや漁業社会の伝統は寸断されてしまい、漁師の気風も変わり、〈意気地無〉ばかりになったと故老はなげく。

和船のころは、水平線の彼方まで櫓拍子をそろえて押しだしたり、帆走したものである。外房一帯の漁村には〈高塚八合〉とか、〈高塚イッパイ〉という言葉がある。七浦の高塚の山には〈高塚不動尊〉が祀られており、沖へ漕ぎ出した漁船が山を見て、マグロやカジキの漁場を知るための〈山あて〉をしていたなごりだ。〈高塚イッパイ〉とは、船上で後を振り返ったときに水平線すれすれイッパイの沖合まで押し出したことを意味していた。その漁場は大型洄游魚のマグロやカジキの多い好漁場であった。しかし、一歩まちがえれば遭難の危険も多かったのである。それゆえ、〈高塚イッパイ〉より沖の、陸地（岡）の望めない好漁場は〈後家場〉とよばれた（一九八頁「マグロの延縄《はえなわ》漁と遭難」参照）。

突ン棒漁船は舳先が長く，船頭はそこに立ってカジキを突く（白浜にて）

その時代の漁民にとっては、自分の腕にかかる櫓を押す力や銛を放す腕力・眼力・勘、それに、ひたすらな信仰心以外には、頼り、かつ信じることのできるものはなかった。だからこそ、自然を相手として生きる漁民にとって、信仰は大きな力のささえであったのだろう。

漁がなく、肩を落して、人目を憚るように帰港することもしばしばあった。だが、時には〈大矢声〉勇ましく櫓拍子をそろえ、五色の大漁旗をおしたてて賑やかに、威風堂々と入港することもあり、そんな日の浜は賑わい、わいた。オッカア（主婦）がいそがしそうに小走りしたり、子供までがうきうきした気分になって浜は活気にくるまれた。

普段の生活は、できるだけ倹約してつつましく暮らし、物日（晴れの日）には、できるだけ華やかにというオリメ・フシメのある暮らしをつづけてきた海付きの村や街では、大漁の日こそ、正月や盆と同じように、晴れ（ハレ）の日にちがいなかった。

茜色に染めたフランネル（紡績の毛糸で粗く織ったやわらかい布・織物）や木綿の手拭が鉢巻用に船主の家から船子にくばられ、宴席がもうけられた。大漁つづきのときは、引出物としてマイワイ（万祝）の反物が出された（一七頁「マグロの大漁を描く」参照）。

そして、夜おそくまで大漁節が村や街に響いた。

やがて、大漁のお礼参りに、乗組員一同や、時には家族も揃って氏神や船玉大明神・龍神様はもとより、成田山、大山の雨降神社、日光などへ、揃いの万祝着を羽織って、おしだすこともあった。今日、外房の村や街に残る万祝着や、博物館、資料館等に保管されたり展示されている万祝着が、当時の晴れやかだった栄光の日の一断面を無言で語っている。〔中略〕

今日でも、眼にうつる海辺は昔とかわらないように見えたが、白浜での木曽さんから伺った話や筆者の体験は、荒廃していく海に対する挽歌そのものであったように思われた……。〔以下略〕

筆者がカジキ漁に関わる作品を書いたのは、この一編にすぎない。今となっては、近海でのカジキの〈突ン棒〉（漁）は旧廃漁業になってしまい、新たに取材することはできない。それゆえ、旧稿「紺碧の海の漁師たち」（『文学の旅』関東(I)）の一部分を掲げた。

なお、わが国におけるカジキの漁獲方法に関しては、「突ン棒」（漁）の他に、主に鹿児島でおこなわれてきた「カジキ流し網」（刺網）漁法がある。また、沖縄県の一部地域では「カジキ一本釣」もおこなわれていることは上述の通りである。

鹿児島県内では、かなり広範囲にわたり、「カジキ流し網」(刺し網)がおこなわれてきた実績がある。『鹿児島県の漁業』(二〇〇三年)によれば、県内におけるカジキ流し網の経営体数は八三件で、多い地域は「市来《いちき》町一五・内訳(市来一五)、下甑《しもこしき》村一四・内訳(下甑一四)、笠沙《かささ》町一二・内訳(笠沙六・野間池六)、上甑《かみこしき》村一一・内訳(上甑五・浦内三・平良三)、東市来《ひがしいちき》町八・内訳(東市来八)、根占《ねじめ》町五・内訳(根占五)、串木野市三・内訳(羽島三)、その他は、川内《せんだい》一、黒村一〔以下略〕」などである。

さらに、カジキ漁のうち、一人乗り漁船による「カジキ一本釣」は、沖縄県の与那国島でおこなわれてきた伝統漁法で、今日でもわずかながら継続されている。

この、ヘミングウェイの作品『老人と海』さながらの一本釣は、餌にカツオを一本丸ごと使ってのヒキヅリ漁法だ。したがって釣竿を用いることはなく、手で直接、釣糸を握る。大物になると重量も二〇〇キログラムをこえるクロカワカジキ(クロカジキ)などが漁獲されるので、一人で獲物を船上へ引揚げるのに苦労するという。

V

マグロのア・ラ・カルト

「シビ」から「マグロ」へ

マグロは古い時代から高級魚とされてきたわけではない。

江戸時代の初期に、三浦浄心（茂信）によってまとめられた『慶長見聞集』（慶長元年・一五九六年）の中には、「鮪《しび》」は「死日に通ずる」として不吉な魚だとか、「鮪の味は悪く、身分の低い人すらあまり食さない。侍衆にいたっては見向きもせぬ」という記載がみられる。

また、『江戸風俗志』（幸田成友著）の中にも、「鮪《しび》などは甚だ下品にて、町人も表店住の者は食する事を恥ずる体也」とあって、下魚とされてきた。

このことは、料理に関する専門書の中でも同じように記されている。『江戸料理集』（延宝二年・一六七四年）中にも、「マグロ　下魚也　賞翫《しょうがん》に用ひず」とみえる。上等な客人にご馳走の食材としては使えないとしているのだ。

ところが、江戸時代も中期以降になると、鮪《しび》（クロマグロ）は背色が黒いことから「真黒《マックロ》・マグロ」と呼ばれることが多くなり、以後、しだいに、クロマグロだけでなく、マグロ類（メバチ、キハダ、ビンナガなど）を総称して「マグロ」という呼び名が一般的になったことから、それ以前の「シビ」の名前はしだいになくなり、江戸以外の地方での方言的な呼び名のようになって今日までも継続されてきたため、消費が増えはじめたのである。

さらに、一八世紀も後半に至ると武士階級のあいだでもマグロは食べられるようになる。江戸幕府の老中として権勢をふるっていた田沼意次《おきつぐ》は、経済政策で実力を発揮した反面、贈収賄の日常化をまねき、政治腐敗をすすめたことでも知られる。

この田沼時代になると、マグロも贈答品の中に加えられていたことが『甲子夜話《かっしやわ》』（松浦静山）に記されている。

そこには「田沼氏の盛なりしとき〔中略〕また某家のは、いと大なる竹籠にしび二尾なり。この二つ（一つは大鱚《おおぎす》）は、類無《たぐいなし》として興《こう》になりたりと云ふ……〔傍点筆者〕」。以上のような内容からすると、某家から田沼家の屋敷にとどいた進物は、大籠に入れられた「しび」で、江戸時代の初期には「しび」という名が「死日」に通じることで、特に武士社会では食用にされなかった魚が贈答品に加えられるようになっている。

文中に「田沼氏の盛なりしとき」とあるのは田沼意次《おきつぐ》が老中として権勢をふるっていた安永年間（一七七二〜八〇年）の頃ということになる。

この当時の様子を総合してみると、賄賂横行で、目立つものでなければ贈答品の役目をはたさなかったのであろうか、竹籠に入れた「鮪《しび》」は、たしかに奇抜である。

あわせて、それまで「下魚」とされてきた「鮪《しび》」が大籠に入れられて、進物としてとどけられたのは、なんと、幕府の重臣の御屋敷なのである。江戸中期頃までは、「しび」という名が「死日」につうじるということで、特に武家では食用にされなかったマグロが、田沼意次の屋敷にとどけられたというのだから驚きである。「江戸ッ子」の、きのきいた「嫌がらせ」とも思えないが……。

くだって、天保二年（一八三一年）に武井周作がまとめた『魚鑑』には、「まぐろ」の項目はあっても

「しび」の項はなく、「しびと一種別種」としている（前掲二〇一頁）。また、「まぐろ」の中に「きはだ・めばち・びんなが」を含めている。

こうしたことをみても、天保時代の頃には、一般に「しび」という語彙よりも、「まぐろ」の方が通用するようになってきていたことが伺える。

以上のようなことからみて、関東地方（江戸周辺）で、「シビ」を「マグロ」と呼ぶようになったのは、江戸城下町の人口の増加にともない、日常の食料品全般の需要が高まる中で、「うまいもの、まずいもの」ではなく、「高いもの、安いもの」という価値判断の基準にきりかえる階層が増加したことにより、それまで、下魚とされてきた「シビ」でも、食卓にのせなければならない人々が、「マグロ」の言葉を広めた結果であるとみることができよう。暮らしが逼迫し、内職をしなければならなくなった武士階級、生活が困窮する庶民層の増加という社会にあって、値段の安いものほど嬉しいものはなかったのである。

近年、マグロを食材としての料理のメニューもふえ、マグロのステーキや揚げ物（テンプラ）まで登場し、ますます需要の幅をひろげている。マグロの一品料理も人気上昇中だ。

「シビ」という魚・方言と地名

上述したように、江戸時代中期以後、しだいに「マグロ」とよばれるようになった「マグロ類」であるが、その後も方言（地方名）として「シビ」という語彙は残った。現在でもクロマグロ（本マグロ）を方言で「シビ」とよぶ地方は、東北地方や北陸地方に多い。

『原色日本魚類図鑑』によれば、マグロ（クロマグロ）を静岡県豊橋市あたりではホンシビと呼んでいるとみえるし、メバチを三重ではダルマシビ、宮崎ではヒラシビと呼んでいる。また、ビンナガをトンボシビと呼ぶ地方は関西・串本・高知とあり、キワダをシビあるいはマシビと呼んでいる地方として大阪・高知をあげている。同じキワダを和歌山県ではイトシビと呼んでいるとも。

以上のように今日でも「シビ」の語彙は全国各地でマグロ類の名称として生きているし、「……シビ」という呼びかたで、種類の仕分けがおこなわれ、通用している。

かつては、江戸近辺でもマグロを「シビ」と呼んでいたことが、地名として残っていることからもわかる。

『新編相模国風土記稿』には、三浦郡の浦賀湊に近い「鴨居村」に、「小名　鮪ヶ浦　之比賀宇羅《しびがうら》多々羅《たたら》〔浜〕の南に続り《つづけ》」とみえる。「鴨居」は筆者が住んでいる「東海荘」に近い渚である。しかし、近年に至っては、「鮪ヶ浦」の地名を近隣の住民さえも知らない。

その他にも「シビ」の地名はある。平成二三年（二〇一一年）三月一一日の東日本大震災の津波で、大きな被害をうけた宮城県気仙沼市に近い唐桑《からくわ》半島のつけねに「鮪立《しびだち》」の集落がある。半島の先端の御《み》崎《さき》さん（神社）には海神、漁神、船神が祀られており、漁民の信仰が篤い。気仙沼の漁業者は、沿岸・沖合漁業だけでなく、マグロ、カツオ等の遠洋漁業にも実績があり、これまでにもマグロの漁業基地として、マグロの水揚げに貢献してきたことは、ご存知の通りだ。

宮城県本吉《もとよし》郡唐桑《からくわ》町内にある「上鮪立」「鮪立」などは、東日本大震災前は漁村（漁業集落）であった。かつて、このあたりの海に「シビ」の群れが押しよせて、湾内は「シビ」でうまったという。それゆえ、

「鮪立湾《しびだちわん》」の名があるのだと伺ったことがある。

静岡県の伊豆半島、駿河湾側（西海岸）にも「鮪浦《しびうら》」という地名がある。この地は、静岡県の旧加茂村の安良里《あらり》（現在の西伊豆町）の入江の奥まった場所であるが、鮪浦を地元の方々は訛って「シブウラ」または「ジブウラ」と呼んでいる。

安良里は「アラリイルカ」の名で知られるイルカ漁の伝統がある村であった。その安良里湾の最も奥まった場所が「シブウラ」で、以前はイルカを捕獲するとこの浜に引揚げた。二基のイルカの供養碑が建立されている。この地の小字（小名）がイルカに関わらず、マグロに関わっているのは地名のなりたちからみても興味深い。

日本の岬の中にも「シビ」という地名のつけられた鼻がある。「鮪《しび》ノ岬」がそれで、北海道の檜山支庁乙部町にある。わが国では「鮪《しび》」の名がつく唯一の岬だ。

この地名が、北海道にあるにもかかわらずアイヌ語でないところをみると、松前藩がおかれて以後、近くの江差あたり一帯に、ニシン漁のため、和人《シャモ》の人口が集中し、その後につけられた比較的新しい地名なのであろう。

ちなみに、『アイヌ語辞典』（萱野茂）によれば、アイヌ語で「鮪《まぐろ》」はシンピといい、「岬」のことをシリエド sir-etu またはノッド notto，シリは「陸地」、エドは鼻、先とみえる。

また、マグロ類のうちでも、クロマグロ以外の種類を「シビ」ということがある事例に関しては前掲の通りであるが、その他にも、沖縄ではメバチを「シビ」と呼ぶところがある他、ビンナガのことを同じく沖縄、また長崎・壱岐地方で「シビ」と呼ぶなど、マグロ類の種類・別称に使われているところもある。わが国は狭いといわれながらも、語彙は豊富だ。
なお、「シビ」の方言・異名などに関しては、次項を参照されたい。

マグロの和名と英名など

前項でも述べたが、魚類の方言は実に多く、魚種によっては、一種類だけで一冊の本ができるといっても過言ではない。したがって、本書では、ごく簡単に異名をあげるにとどめたい。
クロマグロ……マグロ、ホンマグロ（東京）、クロシビ（静浦、小名浜）、ホンシビ（豊橋）、シビ（東北地方、静浦、富山）。体重約七・五キロ以下の若魚〈八キロほどのものはメジ、ホンメジ、クロメジ、チュウボウ。さらに小さいものはヨコワ〉
メバチ……バチ、メバチマグロ（東京）、ダルマ、メンバチ（湯浅）、メブト（福岡）、ヒラシビ（宮崎）、メッパ、ダルマシビ（三重）、オオバチ〈大型魚〉
キハダ……キワダ、キワダマグロ（東京）、ゲスナガ（静岡）、イトシビ（和歌山）、シビ、ハツ（大阪、高知）、入梅マグロ（三崎、城ヶ島）、キメジ〈若魚〉
ビンナガ……ビンチョウ、トンボ、ビンナガマグロ、ビナガ（宮城）、ヒレナガ、カンタロウ、トンボシビ（西日本、串本、高知）〈若魚〉
ミナミマグロ……ゴウシュウマグロ、インドマグロ、バチマグロ
タイセイヨウマグロ……クロヒレマグロ、ミニマグロ

コシナガ……シロシビ、セイヨウシビ

以下、ついでながら、カジキ類の方言〈異名〉についてもふれておくと、次の通りである。

マカジキ……マカジキ（東京、三崎）、オカジキ（関東）、カジキトオシ、ナイラゲ（高知）、ハイオ（福岡、熊本）

クロカジキ……クロカワ、マザアラ、クロカ（東京）、カツオクイ（伊勢）、アブラカジキ（沖縄）、クロカジキ（田辺）

シロカジキ……シロカワ、シロカワカジキ、ゲンバ（高知）、シロマザアラ（三崎）

メカジキ……（メカジキ科は一種）……メカ、メカジキ（東京）、カジキトオシ（高知）、シュウトメ（和歌山県）、ゴト（鹿児島）、ダクダ、ラクダ（千葉）、ハイオ（熊本、壱岐）

以上の中で、マカジキやメカジキを高知で「カジキトオシ」と呼んでいるのは、『和漢三才図会』の中のマグロ」（一三〇頁）で「鱘《かじとおし》」と説明していることにほぼ一致するので興味深い。

次に、マグロの種類の中で、和名と英名がもっとも一致しているのが「メバチ」だろう。漢字では「目鉢」と表記するが、文字どおり目の大きなマグロである。和名は「メバッチリ」からきているという巷説があるほどだ。

ところで、メバチは英名でも「ビックアイ・ツナ big eye tuna」という。

「キハダ」も「黄肌」の表記がある。英語では黄色い肌よりも、黄色い長い鰭が強調され、「イエローフィン・ツナ yellow fin tuna」だ。

「クロマグロ」は英名で「ブルーフィン・ツナ blue fin tuna」という。釣りたてのクロマグロは黒色というよりは「群青色《ぐんじょういろ》」なのだといわれる。たしかに、マグロにかぎらず魚は水中で遊泳している時と、陸上で見るのでは色が異なる。それは、変色するといった方がよいのかも知れない。

「ビンナガ」は「アルバコーレ・ロングフィン・ツナ albacore long fin tina」。この名前も特徴をよくおさえている。英語では alba あるいは core だけでビンナガ（マグロ）としても通用するという。

「ミナミマグロ」は「サザン・ブルーフィン・ツナ southern blue fin tuna」。

「タイセイヨウマグロ」は「ブラックフィン・ツナ black fin tuna」。

「コシナガ」は「ロングテイル・ツナ long tail tuna」とよばれる。こうして英名をみると。マグロ類の英語名は鰭に注目してつけられていることがわかる。

なお、マグロはラテン語で thunnus といい、ギリシア語では tnyn または thýnnos という。フランスでも古代プロヴァンス語で ton といい、現代語では thon というが、この言葉はマグロ類の総称である。英名と同じように種類により、タイセイヨウマグロは thon rouge, ビンナガは thon blanc, メバチを thon obése という。obése は肥満というような意味だ（一一六頁「地中海のボッタルガ」参照）。

大きなマグロ・高価なマグロ

「記録を更新する」ということは、すべてのことで日常的におこなわれている。スポーツに限らず、あらゆる分野で記録は常にぬりかえられている。したがって、「すべての記録は更新されるためにあるようなものだ……」などというヒトもいる。

マグロ類の中で最も大きく成長するのはクロマグロだが、わが国で、これまでに記録されているクロマグロのうち、最も大きかったのは、上述したように、青森県下北半島の大間崎に水揚げされた体長四メートル、体重約五〇〇キロのものだという。

しかし、世界の記録の中には、まだまだ大きなマグロが漁獲されたことがあり、黒海で漁獲されたマグロの体重は七八七キログラムあったというが、残念なことに体長は記録されていない（『マグロのふしぎがわかる本』による）。

『ＯＰＲＴニュースレター』というマグロ専門の情報誌（*Organization for the Promotion of Responsible Tuna Fisheries*）の四六号（二〇一一年二月刊）によると、「二〇一〇年の一〇月、カナダのプリンス・エドワード島沖で漁獲されたクロマグロは、五四〇キロ超、同島付近で漁獲されるクロマグロは、ほとんどが、ハリファックス経由で日本市場へ空輸されている」という。

また同紙によると、「二〇一一年一月五日、東京・築地市場の生鮮マグロ卸売場で行われた初セリでは、東京都の記録が残る過去一三年で、初めて青森県をしのいで、北海道（戸井産）の三四二キロ物の本マグロが最高値をつけた」とみえる。キロ値は九万五〇〇〇円で一三年（一〇万円）に次ぐ史上二位だったが、一本値は三二四九万円で過去最高値。「昨年と同じく、東京・銀座の老舗すし店と、香港のすし店が共同購入した」とある。

さらに同紙はつづけて、「東京都が港ごとにまとめるようになった一二年から昨年までの一一年間は、常に青森・大間産本マグロが最高値をつけてきた。今回、最高値の戸井マグロを販売した東都水産の担当者は、〈元々、大間も戸井も津軽海峡に面していて、漁業者は同じ海峡で操業している。今は〝海峡マグロ〟として北海道・青森の産地すべての質の高さを訴えるよう努力しているが、今回の北海道産の最高値はその格好のPRになったのでは〉」と、述べている。そして最後に、「初セリのご祝儀値とはいえ、マグロの人気を示すものといえよう」とまとめ、「戸井のマグロは資源にやさしい〈はえ縄漁法〉で漁獲されている」と結んでいる。

マグロと魚付林

一般に、魚類を沿岸近くに集めたり、その繁殖や保護をはかる目的で、海岸や岬の近くにある自然林の伐木を禁止したり、新たに植林して育成した黒松などの松林を「魚付林《うお(を)つきりん》」とよぶことはよく知られている。

この「魚付林」は、魚類が暗所を好むということが前提になっている。

『三重県水産図解』の中にも、マグロは「海岸、島嶼ノ樹陰アル所へ多ク近寄ル故ニ、紀州南北両牟婁郡ノ漁村ニ於テハ伐木ヲ禁ジ、保護ヲ一班トナスト謂《イエ》リ」とみえることからも知られる。

今日では、海岸に近い森林が、海風や波浪を防ぎ、人々の暮らしに恩恵を与えるばかりか、海水温を安定させたり、森林の栄養分が海中に流入するために植物プランクトンの発生をうながすのに役立ったため、それを餌とする動物プランクトンが増えるなど、多くの利点が指摘されるようになり、これまで以上に、「魚付林」の利用・使用価値が高く評価されるに至っている。

それゆえ、魚付林は魚類ばかりでなく、カキの養殖、コンブ等の海藻養殖にも良い効果があることが

真鶴港．右側から突き出しているのが真鶴半島

わかり、海岸や岬の近くでの植林は増加の傾向にあるという。

ところで、魚たちにとって、魚付林は見えるのであろうか……。

以前、筆者が勤務していた横須賀市自然・人文博物館で、魚類に関わる講演会を開催した際、会が終了した後、講師の大先生に、「海中にいる魚は、陸上の様子を伺うように〈魚眼〉というのは、できているものですかね……」と伺ったところ、「よく、わかっていない……」という返事であった。

深海の陽光がとどかないところで游泳しているマグロやブリといった大型洄游魚の群が、海岸に近づいて洄游する際、水深が浅くなるのは当然であるから、同じように、游泳する水深も浅くなるので、海中における明暗の変化は察知することができるであろう。

ただし、「明るい場所よりも、暗い場所の方が安心できる……」と思うのは、わからないこともない

真鶴半島の魚付林．左手の海に小さく定置網のブイがかすかに見える

が、それは、われわれ人間の感覚であるように思える。読者諸賢のご意見はいかがなものか……。

しかし、わが国の全国各地には魚付林が実在し、これまでにも、魚付林がはたしてきた実績を評価しないわけにはいかないだろう。

神奈川県の足柄下郡真鶴町にある「真鶴半島」の魚付林は、日本で最もよく知られた一つで、江戸時代から「御林」の名で親しまれ、大切にされてきた。

岬の周辺は、江戸時代からボラ（鯔）の好漁場であったが、マグロやブリも、定置網（江戸時代には「根拵網《ねこそぎあみ》」「相模大網」「天保大網」などの名前でよばれた）によって大漁が続いた史的背景を知れば、やはり、魚付林の存在意義というか、効果を認めないわけにはいかない。

今後とも、自然環境の保護、景観保全など、キャッチフレーズの言葉だけに終ることなく、実益に結びついた「魚付林」の新たな造成・育成に務めることは、現代に生きるわれわれの責務であるといえよう。将来を見すえての「百年の計」を実行すべきだ。

マグロの産卵

わたしたち日本人は、「マグロが好きだ」といっても、それは食べることが好きなだけであって、それ以外にマグロに関することは、あまり知らない。

たとえば「マグロの産卵」についての説明も、『マグロのふしぎがわかる本』の中で、日本周辺の「クロマグロは春には沖縄から台湾にかけての南西諸島付近の海域で産卵する」という記述にとどまっている。ようするに、これまでのところ、だれが調べても、この程度のことしかわかっていなかったのである。

ところが、「マグロの産卵について」、平成二二年（二〇一〇年）九月一五日朝のＮＨＫニュースは、水産庁の調査船による調査結果として、次のように報道発表された。

「能登半島から富山湾沖、佐渡ヶ島の海域で、クロマグロの幼魚（約四センチ）が捕獲された。数は一八匹だが、これまで日本海の海域で、マグロの産卵場所が知られていないので、今後に期待がもたれる……」と。そして、「これまで、日本近海では、南西諸島方面のみが確認されているにすぎなかった」とつけくわえた。

このニュースは、同年、わが国で、ウナギの「完全養殖」が成功して水産界の話題になったことにあわせて、ビッグニュースになったため、読者諸氏もご記憶のことかも知れない。

また、マグロの産卵については、和歌山県の串本町在住の寺本正勝さんから、次のような話を伺ったことがある。寺本さんは「マグロ・ハエナワ漁」の超ベテランである（二九二頁「現代マグロ伝説」参照）。かつて（昭和五二年以降のこと）、寺本さんは一九トンの新造船で沖縄県の中城湾《なかぐすくわん》付近で操業したことがあった。このあたりの海域は在日米軍の演習区域になっていたため、制限水域ぎりぎりの漁場で、マグロ・ハエナワ漁業はおこなわれていた。記憶がさだかでないが初夏の頃だった。

クロマグロの雌と思われる一匹に、三匹ないし四匹の雄と思われるマグロがヒレを立てて追いかけるように旋回している。何百メートルもある運動場をグルグルと回って、大きな輪を描くような状況であったという。

よく見ると、鰭立《ひれだ》てているマグロの数は何百もみえた。

あとになって、水産試験場の職員に、この実見した様子を話すと、「それはマグロの産卵場所にちがいありません」。「めずらしい現場の様子を見ましたね……」といわれたという。

雌が産卵すると、その後を追いかける雄が、卵子に精子をかけるために数匹が追う。そうしないと受精しないのだと聞いて納得したのだとか。

そういえば、鰭を立てて泳いでいた一匹のマグロへ、他のマグロが腹をよせた際、その場の海面が白く見えた……。あれは雄のマグロの精子だったのか……とも。五〇年もマグロ漁を続けてきた寺本さんだが、マグロの産卵の現場に立会ったのは、これが最初で最後であったという。

マグロの漁獲制限・輸出の禁止

近年、マグロは話題にのぼることが多く、パーソナル・コミュニケーションばかりでなく、マス・コミュニケーションでもよくとりあげられる。

その内容は第一に、なんといっても「マグロの漁獲制限」に関する話題である。なにしろ日本は、マグロの漁獲量・消費量ともに世界一である。それゆえ、「マグロ大国日本」などといわれ、マグロを捕獲して日本へ運べばいくらでも売れると吹聴され、世界中の新聞やテレビなどのマス・コミュニケーションでよくとりあげられるのはご存知のとおりだ。

マグロを乱獲して、近い将来、資源が枯渇してしまっては一大事だから、マグロの漁獲制限に反対するわけにもいかず、水産庁もマグロの漁獲制限を支持せざるをえない。しかし、マグロの漁獲量（流通量）が減って、マグロの価格が高騰し、食材として入手しにくくなるのも、こまったものである。

マグロの漁獲制限は、最高級のクロマグロ（本マグロ）だけでなく、それに次ぐミナミマグロ（インドマグロ）の乱獲も指摘され、今日では、各国別に漁獲割当てを決めている。現在、マグロ資源を管理する国際機関は主なものが五つある（三一七頁「エピローグ」参照。他に、北太平洋におけるまぐろ類およびまぐろ類似類に関する暫定的科学委員会〈ＩＳＣ〉、まぐろ・かじき類常設委員会〈ＳＣＴＢ〉がある）。

日本漁船は今後、どの海域でも漁獲枠を遵守し、マグロ資源を大事にする前向きの姿勢を世界に示すとともに、政府も漁獲枠を超えたマグロの輸入はしないことを国際社会で強調し、「マグロ大国日本」

は、資源保護の手本を示していかなければならない。

すでに二〇〇六年に、マグロ資源を管理する国際機関の一つである「みなみまぐろ保存委員会」（CCSBT）は、これまでの漁獲枠の二〇パーセント削減を決定してきた。

また、二〇〇八年一一月、「大西洋まぐろ類保存国際委員会」（ICCAT）は、世界のマグロの六割ほどを供給する東大西洋・地中海で、漁獲枠を三年で三〇パーセント削減することで合意した。

こうした、マグロの漁獲制限は、メバチマグロやキハダマグロにもおよんでおり、近々、マグロの種類全体におよぶことは、目にみえている。

二〇〇八年一二月には、「中西部太平洋まぐろ類委員会」（WCPFC）もメバチマグロを二〇〇九年から三年間で三〇パーセント削減することを決めた経緯がある。

いずれのマグロも乱獲をおさえ、資源回復を考慮する必要があるので、漁獲制限に賛成せざるをえない現実がある。

今日、世界の主なマグロ漁獲国は、日本の他に、韓国、台湾、インドネシア、フィリピン、フランス、スペイン、イタリア、アメリカ、メキシコなどの国々だが、日本以外の他国のマグロ漁業は、マグロの大消費国である日本向けの主要な輸出品といっても過言ではないのである。

日本は、前掲した世界各国から、マグロを高値で輸入してきた。この傾向はこれからもつづくであろう。しかし、そこに第二の問題が浮上してきた。その、詳細な内容については後述しよう。

今や、自然界のマグロ資源だけをあてにする時代は終ったとみなければならない。東京の築地市場では、この三年間でクロマグロの取扱量が約五〇パーセント近くも減少したといわれる。

そして、卸売価格は、逆に五〇パーセントほどあがったとも……。今後も、この傾向は、長期的に上昇する可能性があり、おさえることはできないとの見方が強い。

「蓄養」と「養殖」をもっとさかんにして、天然モノと同じように味もよく、しかも割安で、安定供給できる道を一日もはやく軌道にのせることが大切であろう。ただ、蓄養の場合は、若いマグロを捕獲することにかわりはないから、マグロ資源保護の根本的な解決にはつながらない。

ところで次に、第二の問題の内容というのは、二〇一〇年三月にカタールの首都ドーハでおこなわれた、ワシントン条約の締約国会議の第一小委員会で、モナコが提案し、欧州連合（ＥＵ）が修正案を出した「大西洋・地中海クロマグロの国際取引を禁止する提案」が、反対多数で否決されたことである。

もともとこの提案は、「大西洋まぐろ類保存国際委員会」（ＩＣＣＡＴ）において、モナコが「大西洋や地中海におけるクロマグロの国際取引を禁止しよう」と提案したもので、当国が「猶予期間もなく輸出を禁止」としたのに対して、欧州連合（ＥＵ）は、二〇一一年五月までの「猶予期間をおく」とする修正案を出したのであった。

しかし、結果として、マグロに関する国際的なルールづくりは、先進国と発展途上国とのおりあいがつかなかった。

モナコがクロマグロの輸出に関する提案をしたのに対して、モロッコやセネガルなどの代表から、「我々の国の生活は魚に依存している」し、「貿易を縛るのは不公平だ」という意見が出された。

以上のように、大西洋・地中海クロマグロの国際取引を禁止することで保護しようとするモナコや欧州連合（ＥＵ）の提案は、二〇一〇年三月一八日に、ドーハでのワシントン条約締約国会議の委員会で

大西洋マグロ禁輸否決

条約会議委、反対多数

全体会合に報告へ

【ドーハ=井田香奈子】当地で開かれている野生動植物の国際取引を規制するワシントン条約の締約国会議は18日午後（日本時間同日夜）、第1委員会で大西洋・地中海クロマグロの国際取引を禁止する提案を反対多数で否決した。欧州連合(EU)や米国が禁輸支持を表明し、クロマグロの最大輸入国である日本は危機感を強めていたが、取引継続を求める国が票を固めた。

=9・37面に関係記事

ドーハで18日、大西洋・地中海クロマグロの国際取引を禁止する案を審議した、ワシントン条約締約国会議=AP

この議決は、24日から始まる全体会合に報告される。全体会合で投票国の3分の1が賛成した場合は再採決が行われ、ここで禁輸支持派が投票国の3分の2以上の票を獲得した場合は委員会議決は覆る。その可能性は残っている。

最高級のトロがとれるクロマグロは、日本で人気が高く、輸入と自国漁獲分を合わせ世界の約8割が日本に供給されている。禁輸となれば、中長期的な値上がりや品不足などが懸念されていた。日本はこの結果を評価しているが、EUなどが慎重な検討を求めるなかで反対派が採決に走った形となり、禁輸支持派の批判は高まるとみられる。

この日の審議では、大西洋クロマグロを「絶滅の恐れがある種」をリストアップした付属書1に含めるよう提案したモナコが、自国案を説明。その後各国が賛否の立場を表明した。EUは禁輸実施時期を来年5月までに先送りすることを条件にした修正案を提案。日本は反対の立場から意見を述べ、アジア、アフリカの途上国の多くが賛同した。リビアが意見表明のなかで即時採決を求めた。

「大西洋マグロ禁輸否決」の記事（『朝日新聞』平成22年・2010年3月19日）

一応は否決された。

この日、大西洋・地中海クロマグロの禁輸に反対したのは、日本をはじめ、カナダ、インドネシア、チュニジア、アラブ首長国連邦、ベネズエラ、チリ、グレナダ、韓国、セネガル、トルコ、モロッコ、ナミビア、リビアの一四カ国であった。

また、モナコ提案の「猶予期間もなく禁輸」に賛成したのは自国のモナコだけ。欧州連合（EU）は、来年五月まで猶予期間をもうけることで「修正案つき」賛成。

アメリカ、ケニア、ノルウエーは禁輸を支持しながらもモナコ提案、欧州連合（EU）の修正案のどちらかは明らかではないが賛成した。

今後ともあらゆる暮らしの中で、自然保護・環境問題を優先すべきか、社会的・経済活動を優先すべきかなどの問題が生じ、食文化の伝統尊重の是非など、当分は議論がつづくであろう。「マグロ」がそれを象徴している。

ビキニ環礁とマグロ

「ビキニ環礁」は平成二二年（二〇一〇年）、ユネスコの世界遺産に登録された。その登録理由は大旨、次のようなことによる。

第二次世界大戦（太平洋戦争）が昭和二〇年（一九四五年）に終結したのは広島と長崎に投下された原子爆弾が大きく作用したことは、誰もが認めることであろう。というのも、当時、日本の軍部内には、まだ、本土決戦、徹底抗戦を主張する意見も強くあったと聞く。

その後、世界の大国は競って原爆・水爆のさらなる研究開発にのりだし、実験の数も増加の一途をたどるようになった。中でもアメリカとソ連は、いわゆる「冷戦」と呼ばれた睨み合い状態の中で、軍事目的による核開発のための実験をエスカレートさせたのである。

当時、ミクロネシアの一帯は、日本の敗戦以後、アメリカ合衆国により信託統治されていた。

それ以前は、「マーシャル群島」、あるいは「南洋諸島」の名で親しまれてきた日本の信託統治領であった（一八九頁参照）。

以後、米国人は「ザ・トラスト・テリトリー」（The Trust Territory 米国信託統治領）または「ザ・ストラテジック・テリトリー」（The Strategic Territory 戦略的領土）と呼んできた。そして、アメリカ本土から遠く離れたこの島々を核実験場化することを計画したのである。

まず、当時、ビキニ環礁で自然とともに暮らしてきた島民一六四人に対し、「アメリカの安全・世界平和のため」と説得し、故郷の島から約一〇〇〇キロメートルも離れた無人島「キリ島」へ住民を移住させ、そこに地球上最大規模の核実験場が建設された。

実験はビキニ環礁で二三回、マーシャル群島など、全体では六七回におよんだと伝えられている。

こうした核実験が繰り返しおこなわれていた昭和二九年（一九五四年）三月一日、日本のマグロ延縄漁船が、アメリカが当時、危険海域と定めた外のおよそ一六〇キロメートル離れた公海上で操業中に被災（被曝）した。静岡県焼津港船籍の第五福龍丸がその船であった。

それから約半月ほどした三月一四日、第五福龍丸は焼津に帰港した。

同船から水揚げされたマグロは数日後、東京の築地市場に運ばれ、放射能検査をうけたところ、マグロも被曝していることが明らかになり、これらのマグロは流通することなく、市場内の空地に埋められたのである。

当時の『神奈川新聞』によると、こうした、ビキニ環礁の核実験でマグロ漁船が被災し、マグロへの不安が高まり、広がる中で同三月二五日、横浜港の大桟橋で「輸出マグロの放射能検査」が厚生省によりおこなわれ、米原子力委員会「米原爆調査委員会」の学者らが立ち会った。

その立ち会いの理由は、日本はマグロを缶詰に加工して各国へ輸出しているため、アメリカは輸入国

マグロ塚．今日では，放射能汚染でマグロが大量に廃棄された事件を知る人もほとんどいない（高さ約 4.1m．東京夢の島公園内）

の立場になるからだった。結果、アイゼンバット原子力委員会委員は、「検査結果は答えられない」とコメントしたので、さらに不安が広がり、風評被害は全国に及んだ。

当時、三浦三崎は日本一のマグロ漁船の基地であった。それゆえ、同三月、三浦魚市場に「放射能マグロ対策本部」が設置された。

第五福龍丸の事件をきっかけに、ビキニ環礁周辺でアメリカが危険区域としていた海域外の四〇〇キロメートルもはなれた漁場で漁獲したマグロにも強い放射能が検出されるマグロ船が後をたたなかったこともあり、せっかく水揚げされたマグロも山あいの谷間の土中に埋められたり、銚子沖の海洋に投棄されるなど、マグロ業界はあらゆる面で甚大な被害をうけた。当時の三崎は日本全国で最大のマグロ水揚げ港で、約七割の水揚げ金額を占めていたため、この事件による経済的・社会的被害は特に大きかった。

今日でも、当時の三浦魚市場や街の様子、被曝した原水爆マグロを埋めた場所を記憶している方々はいるが、半世紀を過ぎたこの史実を語れる人の数は年々少なくなっている。

このことは、焼津港でも東京築地市場でも同じことがいえる。このため、築地の市場内に被曝したマグロを埋めた経験のある関係者らが中心となり、過去の記憶を風化させないために「マグロ塚を作る会」を結成したのであった。この会は、全国から一〇円募金で参加した大勢の子どもさんたちとともに、この歴史的事実を記録するためにはじめた運動で、平成一一年（一九九九年）三月一日にプレートが作成された。

「マグロ塚」の碑とともに、できあがったプレートは設置される計画だ。しかし、平成二四年（二〇一二年）現在、東京都の築地市場整備事業推進との関わりで、「東京都立第五福竜（龍）丸展示館」（夢の島内）に仮の収蔵展示がなされている。

ビキニ環礁を含む約一五〇〇島もあるといわれるマーシャル群島は、一九九九年九月一七日に「マーシャル群島共和国」として独立し、マジュロ環礁のマジュロを首都に定めて今日に至っている。

ビキニ環礁がユネスコの世界遺産に登録されたといっても、その登録は手ばなしに喜べない人類の「負の遺産」であり、わが国における広島の「原爆ドーム」に共通するものがある。

海洋汚染と新しい学の提唱（文化史学）

日本は、広島と長崎に原子爆弾を投下され、人類が被爆した世界最初の国となった。

以後、核のない平和な世界づくりをめざしてきたにもかかわらず、一〇年もしないうちに被爆国の日本は再び「死の灰」の恐怖、犠牲にみまわれてしまったわけだ。

国内でも、東海村の核燃料事故、東日本大震災にともなう東京電力福島第一原子力発電所の事故による被害など、わが国民の不幸は多大な犠牲を伴いながら継続している。しかも、それでもまだ将来に向けて、原子力エネルギーにたよって暮らそうと思っている人々がいるのだ。

原子力エネルギーに依存することが、産業・経済を発展させ、将来のわが国の発展に結びつくと考えている政治家もいる。しかし、日本人の将来、国民の未来永劫の幸せを考えての発言であるとはいえまい。もっと、一〇〇年、二〇〇年の計をみすえるべきだと思う。今日ほど、エネルギー政策を根本から見直すことが必要な時代はあるまい。

科学の発展は必ずしも人類（国民）を豊かで幸せな暮らしに導いてくれるとは限らない。それは宗教でも同じで、わが国は鎖国やキリスト教の禁止など、歴史過程を経て、充分に理解し、承知しているはずなのに、同じあやまちを繰り返している。科学技術の中でも核問題は特に重要だ。もっと、自然エネルギーを中心とした、健康と生命にとっても安全で安心な、原子力以外のエネルギーへのいちはやい転換が求められる。それによって海洋（水）汚染を防ぎ、マグロをはじめ水産資源の安全性が確保されるのだから……。これは大気や土壌についても同じだ。

柳田国男は民俗学を「自己内省の学問」と位置づけたが、わが国の人々のごとく、自省心にとぼしいのか、あるいは懲りないのか、それとも忘れてしまうのか、とにかく同じ失敗を繰り返すような国民性にあっては、過去の出来ごと（史実）をしっかり見すえ、未来を志向する学問は民俗学ではなく、「文化史学」であると筆者は考える。

その理由は、文化史学が「史学」の範疇（分野）にはいるとはいえ、『史記』（漢の司馬遷著）に「省《せい》察《さつ》」とみえるように、「みずから省みて、考えをめぐらす」心の学問でもあるといえるからである。過去の歴史や文化を反省してよく考え、新しい文化の創造と発展に寄与する学問が文化史学であり、それこそが「省察の学問」で、今日の社会に最も求められている学問分野であるといえよう。

西洋文明（文化史）の足跡をふり返ってもキリスト生誕以来、あるいはそれ以前から、人類の曲り角を哲学が救ってきたこともあったし、宗教が救ってきたかに思われた時代もあった。また、科学が人類の将来に光明を与えてくれたとも思ってきた。

しかし、核兵器の使用や原子力発電所の事故により、高濃度の放射性物質が海洋、大気、土壌に放出されて環境を汚染している現在にあっては、現実の諸問題もさることながら、まだ生まれていない将来の子どもだけでなく、人類以外の地球上の生物に悪影響がでることは目にみえている。

ビキニ環礁がユネスコの世界遺産に登録されたことを機会に、「文化史学」の発展はこれまで以上に望まれる今日である。

趣味で釣るマグロ

「文化」とは、「あらゆる人間が個人、集団をとわず、理想を現実するために、それぞれが努力する営みのプロセスそのものだ」と枠組づくりをすれば、趣味も、遊びも「文化」の範疇にはいるであろう。「趣味でおこなう釣り」もまたしかりで、「文化」として列叙できる。だが、釣り人自身は「文化」だなどとは思っていないのが普通だ。

ところで、「魚釣り」を趣味と自認している人は多い。その多くの人の中に、「あなたの趣味は何ですか……」と問われ、「魚釣り」と答えてはみたものの、その中味というか、範囲は、さまざまで広い。

一般に、釣りは「鮒《ふな》釣りにはじまり、鮒釣りに終る……」といわれるように、その対象とする魚種は多く、幅も広いが、奥も深いだろう。

海辺の岩礁や渚、あるいは川の岸辺に腰をおろし、竿を持ち、糸をたらす様子は、それだけで、見（観）るものにやすらぎを与え、風景の一部ともいえる。そして、一般にはそういう景観が趣味の釣りなのだと思っている人が多いのではなかろうか……。それは筆者も同じだ。

したがって、本書の主題である「マグロ」を趣味で釣りにいきたい、などと思う人はいないに等しいと考えるのが普通だ。

ところが、マグロのような大物釣りに挑戦してきた趣味人もいるのだ。しかも、江戸時代のころだから驚く。

趣味でマグロを釣りに、江戸から、わざわざ小田原城下町の沖合まで出かけて行った話が黒田五柳（三河屋）の『釣客傳《ちょうきゃくでん》』に紹介されている。

同書中の「小田原沖鮥鰹《まぐろかつお》釣之事」によると、

「小田原海鮥釣、濱手より沖中へ二三里乗出し、海の深さ百四五十尋、釣糸は手寄にて三ツ子より、釣糸長さ三百尋、右糸を竹笊《たけざる》に繰入《くりいれ》、江戸の十枚張り凧の糸位也、〔釣鉤の実物大の図がある。次頁参照〕此形にて三匁銑位、おもりは四百目位の石を網の袋に入れ、船頭三人、中乗《なかのり》一人、右にて乗り出し流れ（ママ）釣也、餌サ烏賊《いか》丸差、鮥引かけりたる節、欠出し、または引留むる。稍《やや》しばらくの間也。それより段々船の際によせたる節鮥血を吐き、其時、誠に気味悪き事なり、扠《さて》船頭左右より鮥に鍵《かぎ》を打込、船縁《ふなべり》へ竹簀《す》べりといふをかけ、ひきあげる。多はつれず、また上り船鰹釣同様、右魚持ち来りたる節は、濱辺の女共来たり、鮥の蓮花（内臓の一部也）を取り、塩辛に漬け売り出すなり、小田原名物なり」

とみえる。

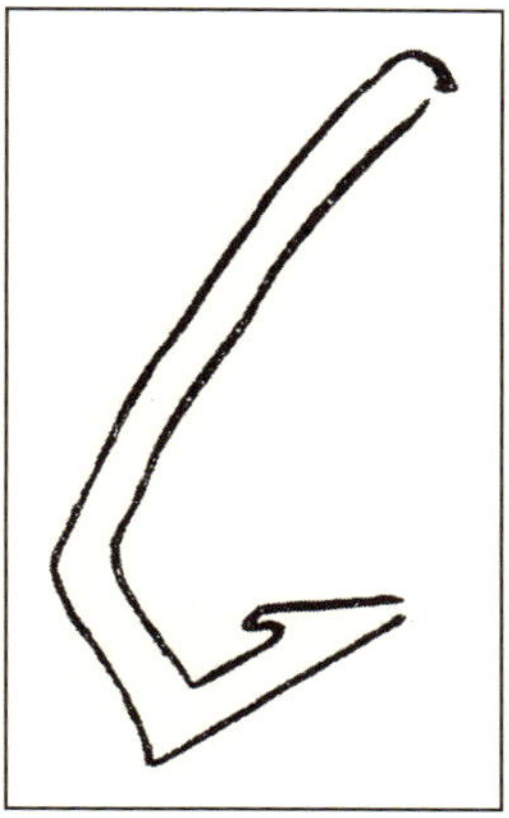

マグロ釣鉤（黒田五柳『釣客傳』より．全長 5cm）

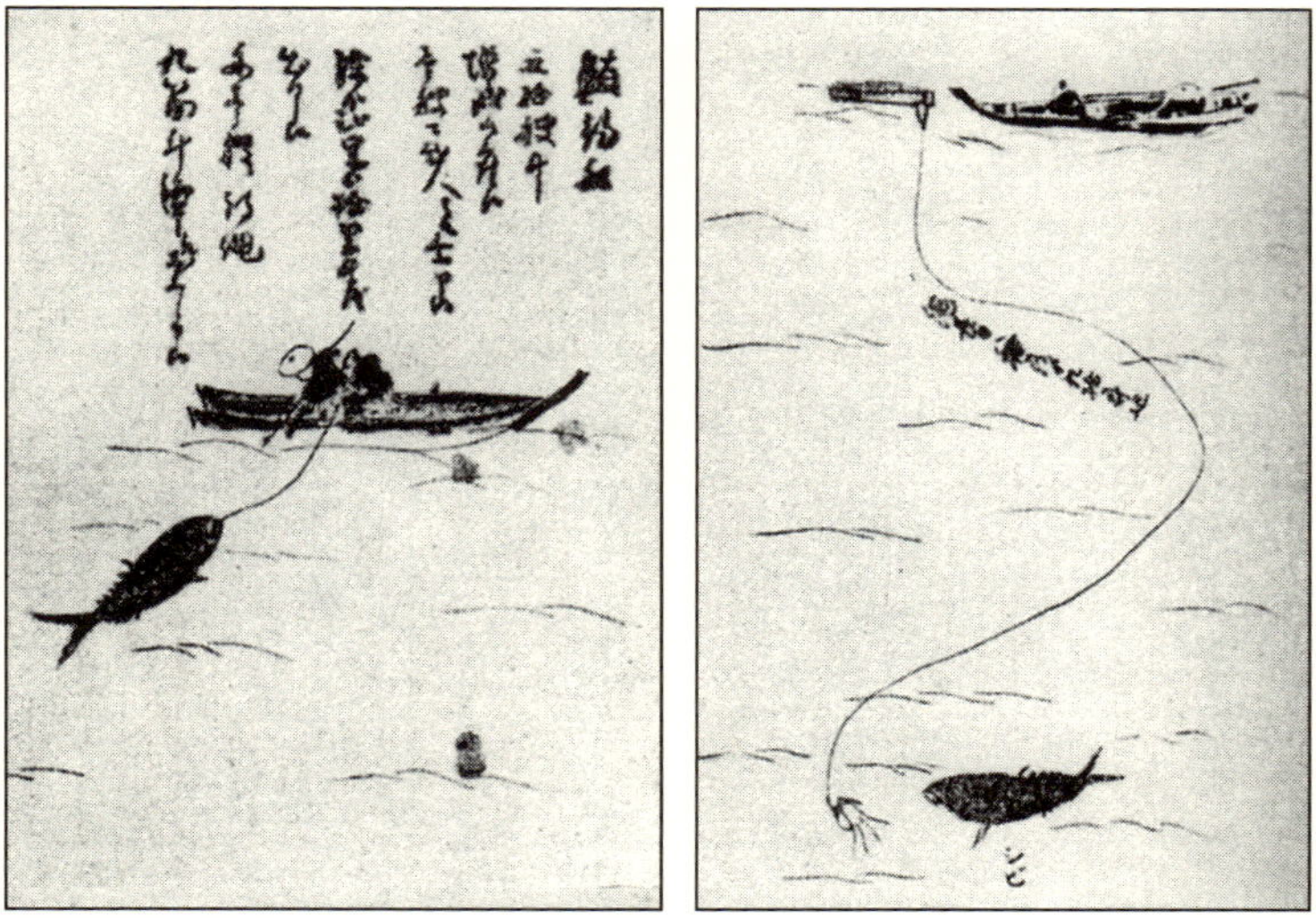

江戸時代のイカ餌を用いた「シビ釣」（澁澤敬三『日本釣漁技術史小考』より）

あわせて、「同所にて絡縄をはぐ也、糸百尋間に針六本付ける由、何れも濱手の売人素人と断る也」として、マグロ延縄漁に関しても、わずかながら記している。

『釣客傳』は上下の二巻よりなり、上巻の文中には「天保十三寅年（一八四二年）十一月」などとみえるので、著者は当時の人であることがわかる。しかし、大橋青湖の編した『釣魚秘傳集』には、黒田五柳の『釣客傳』は文政年間（一八一八〜二九年）の作としている。こうしたことを勘案すると、文政年間から天保年間（一八三〇〜四三年）の頃のことが記されていることになろう。

また、『釣魚秘傳集』の同書中には、「絡」を「このしろ」と読ませているが、まったくあたらないことも付記しておきたい。

というのは、「絡」は「しび」のことで、『大漢和辞典』（諸橋轍次著、大修館書店）にも「鮪の小さいもの」「叔鮪也《しゅくゆうなり》」とみえる。

「叔鮪」については『和漢三才図会』に「鮪の小さいもの。俗に目黒《めぐろ》という」と解説している（『和漢三才図会』の中のマグロ」の項を参照）。

クロマグロ（ホンマグロ）の若魚は、体重が約七・五キロから約八キロ以下を「メジ」「ホンメジ」「メジカ」「ヨコワ」などの方言でよぶ地方が多い。

そのように、趣味でマグロを釣る人は江戸時代にもいたのだが、誰もができるような趣味というわけにはいかなかったであろう。

それでは黒田五柳という人物はどんな趣味人であったのだろうか。それは同書の下巻末尾に「三河屋改め　黒田五柳著述」とあることからして、江戸で商売をして成功し、大店《おおだな》の隠居として悠々自適に暮らしていた趣味人であったらしい。が、詳細なおいたちは不明である。

最近は、こうした「趣味で釣るマグロ」事情もだいぶ変わった。というのは、このところ、素人が大物のマグロ類やカジキ類を趣味で釣ることが、わが国でもさかんになりつつあるのだ。誰でもできるわけではないように思われるマグロ釣りも、少しの心がけで、わが国でも、できるようになってきたためである。

こうしたスポーツ・フィッシングは、アメリカのフロリダなどでは、かなりの歴史があり、ご存知のアーネスト・ヘミングウェイ（一八九九〜一九六一年）は五〇年も前に鬼籍に入れられた作家だが、現在でも大物の釣り好きであったことで有名だし、作品も残された。

大物釣りはディープシー・フィッシングとか、ビッグゲーム・フィッシングと呼ばれ、カリブ海に出るにはフロリダ半島先端のキー・ウェスト、ハワイ島のコナ沖、オーストラリアのケアンズ沖合など、よく知られた釣り場があり、釣り場ごとに大会もある。

日本では、中華民国の台湾に最も近い与那国島周辺海域のカジキの一本釣（竿は使わない）がよくしられ、テレビで放映されることもしばしばある。大物のカジキ類と格闘する画面がテレビをとおして視聴者を興奮させるからであろう。

最近は津軽海峡をはさんだ函館の汐首岬に近い戸井や、青森県の下北半島の大間崎でクロマグロに挑戦する人もいる。地元の漁業協同組合で定めたルールにしたがえば、これも可能なのだ。

戸井漁港のマグロ漁は、毎年一一月にはじまる。戸井ではマグロ延縄《はえなわ》漁がさかんで、一〇〇キロから二〇〇キロのマグロをねらう。したがって、二五〇キロ、三〇〇キロといった巨大マグロ伝説となる大物は望めない。しかし、マグロの水揚げは年間一五〇トン、金額にして約六億円にもなるとか。

三〇〇キロ以上のマグロを釣るには、やはり伝統的な、竿を使わない一本釣りが最適であるようだ。餌はトビウオの他、シイラ、サワラなどが使われる。餌については、趣味の釣り人ではなく、マグロ釣りを職業にしている専門漁師は拘泥が強く、トビウオ以外は使わないという人もいる。

東京に比較的近い海でマグロが釣れるのは房総半島一帯の沖合である。

勝浦港などでは、趣味のマグロ釣りではなく、本業の漁師がマグロ延縄《はえなわ》漁を今日でもおこなっている。だが、商売なので素人の便乗はむりである。餌にはサバを使うことが多い。延縄なので、餌のサバも三〇〇匹は必要になるため、餌のサバを釣る労力だけでも大変な苦労をともなう。縄の長さも二〇キロにおよぶので、縄入れだけで二時間はかかる。延《は》え終ったあと、一時間ほどたつと、縄の引き上げにかかるが、これまた三時間ほどを要する。

マグロ釣りの船は、マグロを捕獲するとすぐに船上に引き上げ、木槌を使って頭部の急所を打ち、血抜きし、鰓や内臓をとり出し、腹部の周囲にあたる、大トロ、中トロと呼ばれる脂肪の多い肉質が特にいたまないように、氷を腹の中につめこんで、「身やけ」を防ぎ、市場価格がさがらないようにする。今日では、この時に使う木槌に変わり、電気ショッカーなるものが登場したため、この時の労力だけは軽減することができるようになったが、あとの作業は重労働であることに変わりはない。漁場が比較的近いからなどと思って、うっかり素人が「趣味でマグロ釣り」をしようなどという気になって、生業《なりわい》をたてるためにマグロ釣りをしている船に、乗せてもらわない方が賢い。

竿を使ってのクロマグロの一本釣もある。山口県萩市の沖合、西北約五五キロにある見島のマグロ

「竿一本釣」は有名だ。

この島のマグロの餌はイカ。早朝五時に出港し、漁場に着くと錨をおろし、竿をおろす。釣れるまで、一日中、その場を動かないというのが見島の「竿一本釣」である。時には、二五〇キロもの大物が釣れることも。

「少しの心がけで、マグロ釣りは、だれにもできる」、といっても、大物はどこでも釣れるというわけではないから、漁場までの「時間とお金」がかかるのはしかたがない。そのかわり、釣果しだいでは、獲物を売って、モトをとることもできるし、賞味することもできる。趣味といっても、実益の可能性は高く、希望も持てるのが「釣り」であろう。

ハワイ諸島（オアフ島）の例を紹介しよう。観光客で賑わうワイキキ海岸に近いハーバーなどでは、早朝の三時に出港して、その日の夕方には帰港できる一日ツアーもある。ホテルや観光案内所で予約をし、船のチャーターをすれば、朝食のサンドイッチやハンバーガー、ランチ、飲物までサービスしてくれるだけでなく、ホテルまでの送迎もしてくれる。もちろん、アルコール類も。ただしこれは有料となる。気をつけなければならないのは、最近、マグロ類やカジキ類の市場価格が高価になったので、あとでトラブルがおきないように、きちんとした契約（約束）をしておくことをおすすめしたい。もちろんそれは大物が釣れた時の話だから、取越苦労かもしれないが……。

しかし、いずれにしろ、契約は必要だ。

その第一は、趣味で大物釣りにチャレンジするのだから、「豪快なマグロ釣りの醍醐味を楽しむだけ」の契約。こうした大物釣りはルアー・フィッシングなので、船はもとより、釣り具からすべてを

ファイティング・チェアーでマグロのあたりを待つ

漁師《フィッシャーマン》（あやしい業者もいる）が準備してくれるので、身体一つでボートに乗り込み、ルアーを流し、運良く獲物がかかければ、ファイティング・チェアーに座り、腰のチェアー・バンドをしめる。あとはファイティング（格闘）を楽しみながら、大物と対決する場面を体験できる『老人と海』の世界だ。

「無駄な体力は使いたくない……」と思っている読者諸氏にはむかないが、マグロのような大物釣りは、趣味というよりもスポーツという言葉のほうがあたっている。

大物といっても、マグロにかぎらず、なにが釣れるかわからない。サメもいればマヒマヒ（シイラ）もいる。運が良ければ、マグロ類やカジキ類もかかる。釣果があるだけで満足しなければならないし、釣果がなければ、ホノルル沖のクルージングに出かけたと思えばいい。やや高いクルージング代金だがけっこう楽しめる。

帰りは、お土産なしの契約である。

第二の契約は、釣れた魚の身肉は漁師のもので、市場で取引きできる権利は漁師にあるのだが、釣果を誇る想い出の記念に剝製にするために魚の皮を剝ぎ、（要するに食べられない、売れない部分を）持ち帰ることができるという契約である。博物館などであつかわれる魚類標本の剝製は、小さい魚体でも数万円から数十万円の製作費が必要になることもある（これは種類にもよる）ので、あまりにも大物を釣り上げてしまうと、その時は嬉しくて喜んでいても、あとで出費がかさみ、泣くはめにもなりかねない。

第三は、獲物が手に入ったときの権利を釣り人（契約者）がすべてもつことができるという内容の契約。すべての権利といっても、身肉は市場に売り出し、皮は剝製にするために持ち帰り、釣果の記念に応接室に飾るとか……。

もっとも、この契約で大物が不幸にして釣れてしまうと、現在の住宅事情では問題がおきないともかぎらないが、マグロ類などの市場における商品価値があがっている今日では、まるごと市場に売り出して、最も高いこの契約の漁船のチャーター代にあてれば、おつりがくるのは、まちがいない。

ハワイ諸島のチャーター船案内パンフレット

ところで、残念というか、「幸か不幸か」筆者はいまだかつて、どの契約にもあてはまるような釣果に恵まれたことがない。いちばんチャーター料金の安い第一番目の契約にしているのだが……。

出かけるたびに、船に備えつけてあ

る大きなクール・ボックス（大物が釣れた際に入れる）は、空になったビールのカンやワインのビンを港に持ち帰るだけしか用をたしていないのだが、期待感だけは忘れられず、出かければ、また挑戦したくなるのがホビーとしての釣りなのだ。

さて、読者諸氏は、どの契約を選ぶであろうか……。

最近は、わが国の近海や離島でも、こうしたゲーム・フィッシングがさかんになりつつあり、趣味人を受け入れる釣宿や民宿も増えた。時折、大物を釣りあげたという話題も聞く。

その気になれば家族や友人たちと気楽に参加できるのが今日の大物釣りである。ぜひともファイティング・チェアーを占有し、手もとや足元に力をこめ、豪快な大物釣りを楽しむことをおすすめしたい。フィッシングというスポーツは男性だけのものではなく、女性や子供でも日常的に、男性と同じように楽しむことができるのだから……。

現代マグロ伝説——マグロにかけた男たち

どの分野というか、どの業界にも「伝説的な話」はある。そして、その中には古くから語りつたえられてきたものもあれば、比較的新しいもの、できたてのものなど、内容もさまざまである。井原西鶴の『日本永代蔵』（元禄元年・一六八八年版）に登場する人物など、その代表といえようか。

そうした数多い伝説的な話の中に、現代では事実として語られている話だが、時間の経過と共に「伝説化されつつある話」も……。

ここでは、そうした中の「マグロに関わる話」を紹介しよう。

日本一の「マグロ捕り」

和歌山県はマグロの水揚げ量が多い。それは、黒潮本流が熊野灘の沖を流れているためだ。したがって、熊野市、紀伊勝浦、串本町にはマグロ・ハエナワ漁業に従事する漁業者も多く、和歌山県ではマグロを「県の魚」に決めているほどである。近年は、マグロの蓄養や養殖にも力を入れている。

「和歌山県の魚はマグロ」という、ありがたい「お墨つき」をいただいて以後、紀伊勝浦や串本町といった観光地には、マグロをメインにした料理屋が増えた。取材中、紀伊勝浦駅前の店で「名物・マグロうどん」にめぐりあったほどだ（三七頁参照）。

マグロに関わる料理屋が増えれば、その食材の身肉の良し悪しにも差がでるのは当然のことである。特に生鮮食材（刺身）となれば、なおさらのことといえよう。

そのような「マグロの街」串本に、マグロに賭けてきた寺本正勝さんがいる。地元のマグロに関わる料理屋や漁業者の中で、寺本さんの名前を知らない人はいない。業界内では全国的にも知名度が高く、北は東北、北海道の漁業協同組合、南は九州、沖縄県といった全国区の「マグロ捕り名人」である。

寺本さんにお会いした際、筆者は「切り出しの言葉」として、「以前、私と同じような仕事をしていた、柳田国男という、民俗学者がおりまして……」その人は、お話しを伺う際（聞取りの時）、まず最初に、「あなたが、これまでで、一番嬉しかったことで想い出されることは何ですか……」といって、話しを切り出すのを常としておりました。「寺本さんは、いかがでしょう……」と伺ったところ、恵比寿顔で、たちどころに、「漁師にとって、なにが嬉しいかといえば、やはり大漁です……。私はマグロ漁師ですから、マグロさえ釣れれば、それまでどんなに苦労をしても、すべて忘れてしまいますよ……」という返事がかえったきたことが思い出される。

筆者はこれまで、全国各地で、各種の漁船に同乗させていただいたことがあった。その時の体験から、「漁船に乗っての沖の仕事は、陸上で思っているよりも、すべてが大変である」ことを体得している。体力がいるのはもちろんだが、魚群を探すためや、海況を判断して安全に操業するための知力がいる。陸上の仕事に比較すれば、そのエネルギーは倍以上にもなろう。

ましてや、船頭（漁撈長）・船長ともなれば、乗組員の安全はもとより、健康管理から操業、船が港に入るまでの仲買人（魚問屋・魚商）との連絡、漁獲物の処理、氷の注文、各種の手配など、操業中の操船以外にも、営業・経営面にまで気をくばらなければならない。体力・精神力など超人的でないと、この仕事は務まらないといっても大袈裟ではない。陸（岡）で見たり、思ったりするようなロマンチックな海上生活ではなく、厳しい現実がそこにあるのだ。

そうした、沖での「マグロ釣り五〇年の人生」を続けてこられた話者の寺本正勝さん（昭和一三年八月二日生）に、これまでの多くの嬉しかったことの中でも、「特に嬉しかった」マグロの大漁について、そのいくつかを伺ってみた。

昭和四二年（一九六七年）の秋（一〇月初旬）のことだった。その時は、岩手県東部の釜石漁港を根拠地に、三陸沖でマグロ・ハエナワ（鮪延縄）漁場に向っていた。この時季、釜石の魚市場は、まだ、近海マグロの水揚げも少なく、品薄の状況であった。したがって、マグロが釣れて、すぐに水揚げすれば、高値で取引きができるのは確実であった。

話者は船頭（漁撈長）兼船長。一四トンの小型マグロ船に、本人を含めて五人が乗っている。「安崎丸《あんざき》」の船名は自宅のある「安崎」の地名からつけられた。マグロ延縄漁船の中では最も小さい船だ。安崎丸はマグロの延縄漁をおこなう際、できるだけ生餌しか使わないように務めてきた。冷凍物（魚）の餌を使わないようにしてきたのも船長のこだわりだ。しかしそのため、まず最初に餌のスルメイカを釣る仕事から始めなければならない。

その日も、北緯三九度から四〇度（三九度は陸前高田・大船渡、釜石は三九度一五分、魹ヶ崎《とどがさき》〈本州最東端の岬〉は三九度三〇分に近い）あたりの沖合で、マグロの餌にするイカ釣りをおこなっていたが、夕方には餌のイカ漁も終った。

普通、マグロ・ハエナワ漁における操業時間の常識は、朝の七時頃に延縄を入れはじめ、午前一〇時近くになると投縄を終了する。その後、縄を流してマグロがかかるのを待ち、夕方の四時から四時半になって縄を引きあげる（揚げ縄）までは休憩、仮眠する。漂泊の時間帯だ。しかし、昼間の時間帯に、乗組員は仮寝しても、船頭・船長は、そうもいかない。船の安全・安心が第一なので、まとめて寝ることもできない。したがって、三時間ぐらいずつ、二回に分けて寝るのが習慣になってしまっていたという。通常は、夕方の四時から四時半に延縄を揚げはじめ、夜中の一時頃に終るのが普通の操業形態ということになる。

ところが、その日に限って、餌にするイカがよく釣れたため、夕方には「餌釣」が終ってしまったので、投縄まで、丸一昼夜あいてしまった。あまりにも長い時間を無為に過ごしたくないと思った船頭・

船長は、四人の乗組員に、いつもとは逆に、夕方の四時過ぎから投縄をはじめるように指図をしたのであった。投縄を開始したとはいっても、夜中にかけて縄を延えても、マグロが釣れるかどうか、まったく自信がなかった。しかし、夜中の一一時頃に縄を揚げはじめて驚いた。これまでの操業時間帯とは、まったく逆なのに、マグロが釣鉤に次から次にかかり、あがってきたのだ。これまでの操業の常識をやぶる体験をしたのである。「大漁」であった。

漁場から釜石港まで、全速で帰れば約四時間ほどで着く、沖の海域であった。釣ったマグロの数が多く、魚艙（船倉）にはいりきれず、「デッキ積み」しなければならないほどであったという。

「デッキ積み」とは、捕獲したマグロを、まず、「木槌」を使って頭部の急所をたたき、血抜きし、鰓や内臓をとり出し、マグロで最も値段のつく腹部の周囲にあたる、大トロ・中トロと呼ばれる脂肪の多い肉質がいたまないように、氷を腹の中につめんこんで、「身やけ」を防ぐための応急処置をとってからデッキに並べることをいう。

巷説かどうか、無案内だが、「マグロは游泳している時の体温が四〇度近くあるらしい。それゆえ、釣りあげてからそのままにしておくと、身肉がいたんでしまうので、船上にあげたら、ただちに神経をころし、内臓を取り出し、冷えた水や氷につけ、身肉のいたみをとめる」のだという。

こうした船上作業をしているうちにも、船長は、釜石港の魚問屋と無線で連絡をとり、漁獲したマグロに氷を加えるなどの処理の準備をしなければならない。その日、水揚げされたホンマグロの数は、大型のマグロばかりで一一本。釜石の魚市場にマグロが品うす状況であったこともあり、水揚げ高は金額で三六五万円になった。ちょうど、一年間の日数と同じ数なので、今でも忘れないという。

寺本さん所有の安崎丸は、串本町の坂本造船所で、総額七〇〇万円で建造したヤンマー一二〇馬力の三代目。船名の由来は、上述したように、自宅がアンザキという小さな半島の上に建っているため、屋号を「アンザキ」（安崎）と呼ばれてきたことによる。

この日、ひとばんの水揚げで、安崎丸建造の費用の半分を稼いだのだ。「一番よかった……、一番嬉しかった……」と想い出すのは、当然のことといえよう。それもそのはず、筆者はその当時、公立中学校の教壇に立っていたが、一カ月の給料は二万円ほどで、一冊四〇〇〇円の『日本の民具』全四巻（慶友社）を購入したら月給がほとんどなくなってしまった頃のことだから……。

マグロ・ハエナワ（延縄）漁という漁法は、漁具が学校の運動会でおこなう種目の「パン食い競争」のような仕組でつくられている。一本の幹縄とよばれる太い横縄に枝縄をつけ、三三尋おきに六本吊す。これを「ヒトハチ」とよぶ。

安崎のご自宅で恵比須顔の寺本正勝氏

もう少し具体的にみると、まず、目印となる「ボンデン」（浮き）から水深六尋ないし七尋ほどの浮縄の下（横）に幹縄を延《は》える。この幹縄に三三尋の間隔をあけ、枝縄が三本つけられている。枝縄の長さは九尋から一〇尋なので、横の枝縄（隣り）にからまることがないような長さにしてある。枝縄の先端には、サルカンとよばれる縒戻《よりもど》し具や、釣鉤がつけられ、餌はスルメイカを使う。枝縄の中間にガラスのビンダマをつけて浮かし、幹縄のバランスを保つ。そしてまた、三三尋おきに枝縄が三本つく。最後にまた目印のボンデンを立てる。これが「ヒトハチ」である（一八八頁の図参照）。

したがって、ヒトハチの幹縄の長さは二三一尋。一尋を約一・五メートルとすれば、約三五〇メートルになる。この幹縄を一七マイルから一八マイルも流す（延える）。一マイルを一・六キロとして約二七、八キロの長さになる。約八〇パチの幹縄が必要になり、ヒトハチに釣鉤が六本つくので、約五〇〇匹に近いスルメイカの餌が必要となる。餌のイカの数をそろえるだけでも大変な労力だ。

マグロの生餌となるスルメイカは、昼間の漁だと水深一〇〇メートルもの深さに生息しているので、五〇〇匹もの餌を釣るには苦労がいる。しかし、夜間のイカ釣りの際には集魚灯を使うことができるので、昼の漁よりは釣りやすい。

餌のスルメイカは、イカのミミの部分に釣鉤をかけて吊すような形状になるが、釣鉤にかけるときは、ミミの部分の骨（スジ）をはずしてかけるのがこつだという。

話者はマグロの釣鉤を徳島県と高知県の境に位置する甲浦《かんのうら》の小松釣鉤製造所（二軒ある）より購入し、使用してきた、と伺った。

わが国における釣鉤の形態には、マグロはもとより、伝統的に三種類の地域差がある。そのうち、この地域では「丸型」のものが使用されてきたが、このような釣鉤の地域差は漁業者自身のつくりだした伝統的形態のちがいではなく、江戸時代後期以降の商品流通による商圏のちがいであろうと筆者は考えている（四六頁参照）。

ちなみに「丸型」以外には「角型」があり、この形態の釣鉤は東海地方から、関東、東北地方に及ぶ太平洋沿岸の各地域で宮城県の仙台湾あたりまで分布しており、他の種類は「袖長型」で、東北北部の太平洋側から宗谷岬をまわり、日本海側に分布し、若狭湾あたりまでに至る地域で使用され、西南日本で使用されてきた「丸型」に合流する（四四頁参照）。

その他、話者によれば、「漁船は全国どこの漁港に入港しても、港の駐船料や使用料を支払うことなく、歓迎される側にある」という。その理由は、港に漁獲物を水揚げして、地元の経済を活性化し、利益をもたらすばかりでなく、次の航海をするために必要な食料、燃料、氷などの他、あらゆる日用雑貨を購入しなければならないし、乗組員の休息もとらなければならないため、漁港の街はあらゆる面で活気づくためだ。

ところで、串本町における一般的なマグロ・ハエナワ漁業者の一年間の生産暦をみると、毎年、七月頃に串本漁港を出港し、東北地方へ向う。そして、一一月三日の文化の日を目安に帰港するのが普通だ。約四カ月間は東北地方での操業となる。そして、一一月初旬に串本港に帰ると、翌年三月頃まで、地元の沖合で、ビンチョウ、キハダ、メバチの他、カジキのハエナワ漁をおこなう。この時の餌は冷凍物のムロアジ、サンマ、サバなどが使われる。

そして、三月にはいると、再び、地元沖合のホンマグロのハエナワ漁となる。この漁は五月いっぱいまで続けられるが、五月の終りから六月にかけて、マグロの抱卵時期になると、マグロの肉質も悪くなり、しかも、「ラッキョウマグロ」と呼ばれる名の通り、痩せてしまう。また、マグロはこの時期に産卵するので、マグロの市場価格もさがる。

それゆえ、この時期は大東島から奄美大島方面の漁場に出漁することもあった。この時の水揚げは、串本港まで持ち帰るのが普通であったという。大東島から串本港まで帰るには二昼夜かかった。約半月ほどの航海・操業になる。この時の餌は冷凍物のムロアジ、サバ、ソウダガツオ等が使われた。

その後、昭和五五年（一九八〇年）ごろにもマグロの大漁に恵まれたことがあった。岩手県の釜石港を出た後、津軽海峡でマグロ・ハエナワ漁をおこなっていたが、当時の津軽海峡のマグロ漁は青函トンネルの工事中のためか、その影響だといわれる風評どおり、水揚げはおもわしくなかった。そこで、この年は津軽海峡を通過し、新しいマグロ漁場を探しながら日本海を北上し、利尻島、礼文島に近い漁場に船団を移動させることにした。

マグロ漁業は本来、自由に操業できるものだが、北海道には各支庁ごとに海域漁業調整委員会によるルールがあるので、それぞれのルールに従わなければならない。

利尻島、礼文島の西南には「ムサシ堆《たい》」と呼ばれる漁場がある。この漁場は、かつての大日本帝国海軍の時代に、戦艦「武蔵」が付近を航行中、異常な波頭のある海域を見つけ、調べてみた結果、そのあたりの水深が八メートルから一〇メートルほどしかなく、付近は好漁場であることが確認されたため、命名された漁場だ。

この漁場に向かった時は、話者が四代目の安崎丸を建造した頃のことであった。この船は、やはり地元の串本町にある長通造船で建造した。ＦＲＰ（強化プラスチック）製、一九トン、五〇〇馬力で、前の船（三代目）と同じように乗組員は船長（話者）を含めて五人。以前とのちがいといえば、やや大型化され、機械の諸性能が向上したことと、この頃は話者が、マグロ延縄漁船をまとめるための役として、船団長を務めているころだった。

その年は、夏の八月から一一月まで石狩湾沖の漁場で操業した。留萌（海域）支庁などは、他県から来るマグロ漁船を受け入れてくれたので、羽幌などが船団の基地になったため、二〇艘ほどのマグロ延縄漁船が港に集結した。

そんなある日、いつもと同じように、夕方の日の入り前から夜にかけて、マグロの餌にするイカを釣るために沖合二〇マイル（一マイルは約一・六キロ）ほどの漁場でイカを釣りはじめたが、さっぱり釣れない。餌がなければ、すべてが始まらない。困っていると、夜中になって、比較的沿岸で餌のイカ釣をしていた千葉県の僚船から、イカが多いとの、無線連絡をうけた。

しかし、二〇マイルは遠い。全速でも漁場まで二時間近くかかる。だが、船長は決断した。そして、僚船に、「すぐに沿岸のイカ釣漁場に向かうので、集魚灯を消さないでほしい……」と。時計の針は、夜中の一時半をさしていた。

カムイエト岬（カモイ岬）近くまで全速力で走ったかいがあり、約半時間ほどで餌のイカを、運よく入手することができた。しかし、再びマグロの漁場まで戻らなければならない。

あわせて、マグロ・ハエナワ漁は船団を組んで集団操業をおこなっているため、船団長である話者が投縄時刻を遅らせるわけにはいかない。

しかし、話者は最後まであきらめなかった。

努力の結果、漁場には早朝の四時に戻ることができた。

船団長は全船に、「今朝の投縄は三〇分遅らせてもらいたい……」と無線で連絡した。常日頃の話者の人徳もあり、すべての傭船からの不満もなく、快く了解してくれた。そして、朝の四時半にハエナワを入れ、六時半に投縄は終った。夜中の時間がこんなに速く過ぎるのも、久しぶりのように感じた。投縄が終り、やっと昼頃まで仮眠することができたのも束の間、一二時過ぎには縄をあげなければならない。

この日は、超多忙であったが、その詮《かい》があり、釣れたホンマグロは二五本、水揚額は一四七〇万円であった。

この海域で漁獲したマグロは小樽の魚市場か美国《びくに》の市場に揚げることが多い。この時はたまたま美国に水揚げした。

マグロ・ハエナワ漁に関わる漁具も、新製品の開発により、素材など、大きく変わりつつある。今日では、幹縄はナイロンを使用するようになった。したがって縄が軽すぎて、浮いてしまい、深い場所に延えることができないのでオモリをつけるようになった。

枝縄も、これまでのワイヤーに変わり、呉羽化学が開発したフロロカーボンが使われるようになった。石狩湾沖で操業し、ホンマグロを一回の操業で二五本釣りあげた時は、フロロカーボン一六五号の枝縄を二五本、それより細い一三〇号の枝縄を二五本使ったところ、太い縄の一六五号には二五本ともマグロが釣れていたが、細い方は、すべて切断されていたという。このように、経験をもとに試行錯誤しながらの操業を繰り返すことになる。その後、枝縄の材質は、どのマグロ船もワイヤーから、すべてが太いフロロカーボンに変えられたという。

新製品の登場で、設備投資にかかる資本も大変だが、安崎丸の大漁で、石狩湾周辺の漁港では、その恩恵をうけた「夜の店」も多いのだろう。また、マグロ・ハエナワ漁の、これまでの経験からすると、マグロが大漁であると、その後は必ずシケ（時化）になるという。ようするに、シケの前は、よく、マグロが釣れるというのだ。

話者は、家業としての漁業を、はじめから継いできたのではない。厳父の寺本安一さん（明治四〇年ごろの生まれ）もマグロ釣はやっていた。話者が小学校一年生の年に終戦をむかえた。その後、高等学校までは地元の串本町で過したが、卒業してから大阪に出て総合食品卸売商（会社）に就職した。以後、二一歳まで都会でサラリーマン生活を続けつつ青春時代を謳歌する。

この間、串本の実家では、三歳年下の弟である勝次さんが父親を助けながら漁業を継続していた。だが、父親は口には出さなかったが、「家に帰ってきて、一緒に働いてもらいたい……」ような様子を伺わせていたので、思いきって串本に戻り、親子三人で家業を続けるようになったのだという。

当時のマグロ漁船は五トンであった。その漁船を八トンに大きくした時は、種子島方面へ三人で出漁したこともあった。以後、五〇年、マグロ漁とともに生きてきた。この間、一時《いっとき》たりとマグロのことが頭の中から離れたことはないという。一得一失の漁業社会の中にあって、事業を継続・発展させるのは容易なことではない。しかし、とにかく、楽しみながら続けた。そして一昨年、古稀を迎えた。

一航海でマグロを六〇本も、七〇本も釣ったこともある。少なくみて、年間平均一〇〇本のマグロを釣りあげたと見積っても、五〇年間で五〇〇〇本だ。話者は、謙遜して、「二～三〇〇〇本は越すかな……」というが、筆者は、その倍に近い、いやそれ以上のマグロを釣りあげた実績があるとみている。

「実力のあるヒトは謙虚なライフ・スタイルの持ち主で、こうしたパーソナリティーはどの分野でも共通しているものだ……」などと思いながら、ご自宅をお暇《いとま》することにした。

お別れする間際に、「座右の銘」について伺うと、サクセス・ストーリーにふさわしく、「すべてのことに全力投球でのぞみ、最後まであきらめない。手抜きをしないで、やるだけのことはやる……。それが悔を残さない人生だと思います……」という言葉と、恵比寿顔の笑みがかえってきた。

「マグロ御殿」の今昔

かつて、マグロの水揚高日本一を誇った神奈川県の三浦三崎で、『鮪漁業の六十年』という本が刊行されたことがある。編著者は地元の郷土史研究家の内海延吉氏。昭和三九年（一九六四年）の刊行なので半世紀近くも前のことだ。

内容は、副題に「奥津政五郎の航跡」とあるように、「一漁夫から身を起し、当時代における日本の鮪漁業界の第一人者となるに至るまでの奮闘努力と、文字通り荒海を征服した波乱万丈の貴重な記録」である。「立志伝」といってよい。

ただ、この本は、個人を顕彰している内容であるとはいえ、それ以上に、編著者も「あとがき」で述べているように、神奈川県三浦三崎の「漁業風土誌と人物誌」を兼ねた物語なので、当時のマグロ漁業や業界に関わるオーラル・ヒストリーとしても貴重である。

たとえば、三浦三崎では、昭和一一年（一九三六年）二月、同町在住者一〇名の共同出資により、鮪漁船「相洋丸」が新造された。当時のマグロ漁船といえば、普通は四〇トンから五〇トン、大きくても一〇〇トン未満の木造船が多い中で、一七七トン、二七〇馬力のこの超大型船が港に浮かんだ時は、町中の話題をさらった。その船の船長・船頭として、この船とともにマグロ業界にデビューしたのが奥津政五郎さんだったのである（一九八頁参照）。

当時の「相洋丸」が、いかに大きな船であったかは、別項「マグロ漁船の近代化」における、同年、宮城県気仙沼で進水した「第一精良丸」（木造船九九トン・昭和一一年三月建造。一九七頁の写真参照）と比較すればわかる。

やがて主人公は、「功成り名遂げ」、新社屋、豪邸「マグロ御殿」の新築、「回顧録」の出版とつづき、サクセス・ストーリーは終る。

一般的に、『立身出世物語』というのは一代記であって、それで幕引きということになる。

井原西鶴が一六八八年に著した『日本永代蔵』にみらる成功物語の中で、題名の通り「永代・とこしえ」に、今日までも継続して、末裔がいるというのは、むしろ異例といえよう。本項で特筆したいのは、「一代」より、やや長いスパンでみたマグロ業界や三浦三崎における人間模様等のうつり変わりについてである。これは、筆者が特に意識してみたいと思っていたわけではなく、普通に暮らしていても、長生きをしていると、みえてしまうのである。

奥津水産株式会社から前掲書が記念出版された昭和三九年当時のマグロ業界は昇り坂であった。同社も最盛期には八艘の大型マグロ遠洋漁船を所有していた。

さらにその後、昭和四三年になると新しい市営の魚市場が建てられ、マグロの年間水揚高が九万五〇〇〇トンにおよび、静岡県の焼津・清水の両港をぬいて、マグロの水揚げ日本一を誇った全盛期が三浦三崎ではじまった。

世界でもまれにみるマグロの消費量の多いわが国で、マグロの水揚げが一番ということは、世界で一番ということなのだ。

ちょうどその頃、地元の中学校を卒業後、東京に移り、神田の衣料品問屋に住み込み就職、四年間の修業ののち、奉公明けで三崎に帰って来た鈴木金太郎さんがいた。「物語」の次の主人公である。金太郎さんは昭和二一年生まれ、まだ成人式を終える前のことだ。

地元にもどってからは、マグロ船をおりた義兄の商うマグロ行商を手伝うようになった。三崎で、仕入れたマグロを軽トラックに積み、横浜・東京方面へ運んで売る商売で、マグロの出前小売業といったところだろうか。

神田で商人の心構えというか、センスを体得してきた経験から、マグロの行商もそこそこ順調で、二一歳で独立し、横須賀市の衣笠栄町商店街に店を借り、マグロ専門の小売店を開業する。この店舗は、独立・開業といっても、わずか一坪半（約五平方メートル）ほどしかない借り店舗。間口は二メートルもない。その中に軽トラックをおし込め、荷台を入口に向け、マグロを並べただけだ。しかし、努力の甲斐あって徐々に商売が軌道に乗りはじめる兆《きざし》はあった。

だがそれは、大商人になることを夢見て、東京で苦労しながら「商人の心構えを体で覚えた」本人にとっては、一里塚でしかなかった。

というのも、三浦三崎から横須賀方面へ向かう、「引橋」（後北条時代にあった三浦道寸の居城〈新井城〉の、自然の地を利用した空壕《からぼり》で、橋を引いて〈はずして〉、敵の進入を防いだ）という近くの道路脇には、見たくなくても見えてしまう「マグロ御殿」と呼ばれる上述した奥津政五郎さんの豪邸があり、羨望の眼をむけない人はいない。というよりは、「マグロ御殿」といえばこの地における景観の一部で、一幅の絵画のように、界隈の人々の心にやきつき、定着しているのだ。御殿の前の県道をマグロを積んだ軽トラックが、商売のために走っても、まったく関係のない景色にすぎないように思える。しかし、軽トラックを運転している金太郎さんにしてみれば、すてておけない景色であったにちがいない。今にしてみれば、そう思ったにちがいないと筆者はみている。

「俺もいつか、マグロで儲け、〈御殿〉を建てたい……」と思えば、どんな苦労も楽しいものに変わり、将来への夢がさらに大きくふくらんだのだと思う。いや、そうにちがいない。

当時の三崎におけるマグロ景気をみていた人々は、マグロで商売をするのは当然のように思っていたのだ。ましてや、大商人を夢見てきた当人にとってみれば、なおさらのことにちがいなかろう。マグロの荷が大きく動けば利益も大きい。そう考えた結果、マグロ仲買人たちの推薦を得て、自分も仲買人の鑑札（許可証）を手に入れることに努めた。それは小売の仕事をはじめてから、一〇年が過ぎた頃だった。

一般に、魚市場といわれる中には、東京の築地市場のようなところもあれば、三崎のような地方の産地市場、横浜のような消費地市場などいろいろある。その市場は仲買（人）とか（魚）問屋のほかに「荷主」とか「荷受」とかよばれる人たちにより、魚（マグロ）の取引がおこなわれている。

三崎は産地市場なので、マグロを満載した船が市場にある岸壁に直接、接岸することができるので、マグロ船の船主が「荷主」だ。そのマグロを、船主（荷主）から依頼され、岸壁に水揚げして市場に運び、荷主からあずかったマグロを、マグロの仲買人に販売する「卸売業者」を「荷受」とよんでいる。

三崎では戦後、神奈川県鰹鮪漁業協同組合が、最初に「荷受」の資格を取得し、「丸生《まるせい》」と称した。その後、昭和二三年になり、三崎魚類株式会社が同じように「荷受」の資格をとり、卸売会社の荷受が誕生した。「丸魚《まるうお》」がそれである。二つの卸売業者（荷受）は、魚市場を使って、マグロを仲買人に販売するのだから、市場手数料として、売上げた代金の中から、二パーセントないし三パーセントといった手数料（使用料）を払わなければならない。三崎の魚市場は以前は町営であった。昭和三〇年一月一日以降、三浦市が誕生し、上述したように昭和四三年に新しい市営の魚市場が設けられたため、使用料は市の歳入となる。

仲買人は「荷受」（卸売業者）からマグロを買い、小売業者に売る。そして最後に消費者が買うという構図が、大まかにマグロをはじめとする鮮魚の流通ルートである。したがって、鈴木金太郎さんの場合、はじめの頃は小売業だけだったが、のちに、仲買人というマグロ業界の流通機構の中で、二つの業種を掌中に収めることができたのである。しかも、その時期は昭和三五年から四五年（一九六〇〜七〇年）代の、三崎が日本一の遠洋マグロ漁業基地として、最も華やかに輝いた時代に重なる。

現在、鈴木水産ではマグロの「柵《さく》」を一日に五〇〇本から六〇〇本ほど売り上げている。年の暮れともなれば、正月用に一二〇〇本ぐらいあつかうことも、まれではない。こうした販売能力があるのは、大手の小売業者をもっていることのほかに、自社販売ができるからだという。

それに、もう一つの強みがある。鈴木水産は自社の冷凍冷蔵工場（施設・設備）を城ヶ島にもっていることである。三〇〇トン収容できる冷凍庫があるため、マグロの値段が安い時、まとめて仕入れておく。冷凍マグロだけでも約二カ月分の七〇トンから八〇トンは在庫として保管できる小売業者でもあるのだ。

したがって、年間をとおして安定した価格で、安定した供給ができるため、業者からも、消費者からも信頼されてきた。

この施設、設備をいちはやくととのえたのも鈴木社長が商売の先をよむ、「先見の明」があったからにほかならない。したがって、他のマグロ業者（仲買人）たちは、客の小売業者から注文がきてからマグロを買いつけるが、そうしない分だけ、安い値段で安定供給できる利点がある。時代の流れに敏感な社長は、この冷凍庫を昭和五四年に建てた。

マグロのばあい、たとえば、本マグロの赤身四〇〇～五〇〇グラムの一柵が一〇〇〇円、中トロ二〇〇〇円、冷凍メバチの大トロは一〇〇グラム八〇〇円を基本的な値段にして、このところ数年間、売り値を変えていない。常に、良質で鮮度のよいマグロを適正価格を維持しながら売る。これが鈴木水産のモットーとするところだ。社長の信念でもある。

こうして、はじめは小さなマグロの小売業者が、仲買人（鮮魚卸問屋）の鑑札を手に入れ、店舗も鎌倉に近い大船店、横須賀中央店と増やし、今日、神奈川・東京を中心に鮮魚店一一店、鮨（寿司）店などの料理店七店舗を経営し、平成一三年には売上高七五億四三〇〇万円と順調である。

ところで、マグロを中心とした鮮魚卸問屋になった鈴木社長だが、これまであまり意識的に「企業目的」だの、「売上げ目標」だのといったものは掲げてこなかった。とにかく、「新鮮でうまいマグロを、良心的な値段で消費者に提供し、喜んでもらうことが一番」。利益は結果として、それについてくると考えてきた。

それに、客の期待を裏切らない商売の心を持ち続けて、良心的な商売をすること、それがすべてだと語る。若い時に修業した衣料品を売る心がまえも、マグロを販売するのも、基本は同じなのだ。商売には高邁《こうまい》な見識や「座右の銘」はいらない。「とにかく、お客様あっての商売。客に感謝の気持を忘れず、恩返しができるように努力できればそれでいい」と。

さすが、一坪半（約五平方メートル）の店からはじめた努力家の社長。控えめに語る人生哲学そのものが「座右の銘」なのだろうと思う。

最近の魚市場は変わったという。マグロ仲買人も「自分で早朝の市場に出張る人は少なくなった」というのである。昔は、マグロ船の積荷を一艘ごと買ってしまう「一船買い」などなかったが、今日では「荷主」と交渉して、船ごとマグロを買ってしまう商事会社が多くなった結果だ。特に大企業がこの業界に参入するようになってからの傾向だ。しかし、鈴木社長は手をぬかない。早朝の魚市場に出向き、自分の眼でマグロを確かめないと買わない。一見、能率的でないように思われがちだが、社長はそうではないと思っている（二二五頁参照）。

現在は、マグロの現物がなくても、マグロを漁獲した漁場や時期で、おおよその品質は見当がつく。マグロ船が操業した海域の航海日誌や、操業記録によるマグロの種類など、各種の記録を取り寄せ、過去におけるデータと比較すれば、マグロ本体を直接みなくても、漁獲したマグロの市場価格（入札価格）は、ある程度判断できる。こうして一艘まるごとマグロを買う「一船買い」がはじまった。

それは大企業であれば、買いつけたマグロを大量に保管しておける大型の冷凍施設等をそなえること

魚市場で，入札を前に「手鉤」でマグロの「しり尾」を選別・吟味する鈴木さん

ができたからでもある。

しかし、データだけでは実際のマグロの身肉の品質の良し悪しは決められない。

漁獲した海域（漁場）の時期、水温などがわかっても、「マグロほど個体差があり、マグロほど、どこで漁獲してもピンからキリまである魚はいない……」と社長はいう。「小魚（アジ、イワシなど）は、漁場や漁獲した季節が同じなら、脂ののりぐあい、身肉や味も同じものだが、マグロはそうはいかないものだ……」ともいう。

さらに、いくら水温の低い漁場で漁獲しても、操業直後のマグロ船上での魚体処理の方法や冷凍手順にミスや手抜きがなかったかどうか、冷凍庫の中での積み荷の状態や、痛みのあるなしなど、すべてを勘案してみる。そうしないと、商品価値として適正な価格がつけられているマグロかどうかわからない。

ようするに、マグロほど、表面的に品質の良し悪しの判断をしにくい商品はないのだ。

社長は、判断がつかない場合が多いからこそ、直接、魚市場に出向いて、自分の眼でたしかめる。そして、自信を持って、質の良い身肉のマグロばかりを選び、消費者に適正価格で提供してきた。決して消費者をごまかすようなことはしない。

昭和三五年以降、しだいに、遠洋マグロ延縄漁船が長期間にわたり操業し、発展をとげた背景には、冷凍技術の開発・向上や、冷凍船によるマグロの急速冷凍（マイナス六〇度）による鮮度維持が可能になったことによる。

それまでの産地（魚）市場では、冷凍したマグロを水揚げすると、海水などをかけて解凍してから入札していたが、冷凍技術が向上してからは、近年、冷凍選別といって、冷凍されたままの状態であつかわれる。したがって、マグロ専門の仲買人は、入札を前に、専用の小さなナイフや「手鉤」を持って、目当てのマグロを選別、吟味する。

魚市場の「たたき」に並ぶマグロはあらかじめ「しり尾」の部分だけを切りおとし、そこだけ解凍してあるので、仲買人は身肉の脂の乗り具合や色のよさを観察したり、ナイフで身肉をそぎ、口にふくんでとかしたり、カギを用いて刺したりして品質の良し悪しを判断する。

こうした仕事は、長年にわたり経験をつんだ仲買人でもむずかしいが、社長は、なみはずれた品質判断の第六感のようなものを持っている。これは生まれつきそなわった天賦自然のようなものだ。先祖から伝わったDNAのようなもので、これだけは、東京で習得したものとは別のものである。

したがって、すべて自己流の直感的な判断でマグロを選別する。自分自身でそうしないと、「三浦三崎直送のマグロが泣く……」ことになってしまう。

生まれ育った三崎の本物のマグロの味を消費者に届け、喜んでもらう。そのために自身でマグロを選ぶ。これは大いに郷土の宣伝にもなり、恩返しにもなる。こうした、心のスタンスを持ちつづけてきたことが社会的にも高く評価され、三浦市から表彰されたことがある。

上述したように立志伝は、どこの業界にも、必ずといってよいほど二つや三つはある。だが、ここでとりあげた「立志伝」が他と異なるのは、明確な目的、すなわち、「マグロにこだわり、マグロに賭けたこと」であろう。その象徴的ともいえるサクセス・ストーリーのエポックな出来事は、「あの、若い頃から景色として観つづけてきた〈マグロ御殿〉の取得だったといってよい。

奥津政五郎さんと同じように、マグロ商売を無一文からはじめた鈴木社長にとって、当然のことながらマグロ御殿は羨望の的であり、商売の目標であった。

かつて「マグロ御殿」とよばれた「豊魚亭」．裏庭は和風庭園となっている．

その「マグロ御殿」が売りに出されたとなれば、だまってみすごすわけにはいかない。本人自身は語らないが、人一倍、「マグロ御殿」に思い込みが強いのは当然のはずである。どんな企業努力をしてでも手中におさめなければと思ったにちがいなかろう。

「御殿」は家主が他界後、しばらくの間、遺族の方々が住んでいたが、マグロで築きあげた富と栄誉は一代で終り、かつての三浦三崎の繁栄と同様、風と共に去り、景観としての建物だけが残ったのである。

このままでは、鈴木社長が少年時代から憧れ、目標にしてきた景色が消える運命にあるのは目にみえている。

「なんとか入手し、できるだけ屋敷をそのまま保存し、あわせて活用できないものか……。五十年、百年すれば立派な文化財だ」。

その結果、思いついたのが、「三崎のマグロ御殿を、マグロを目玉にすえた日本料理店にしよう……」というアイディアであった。名前も、マグロを軸とした魚食の殿堂にふさわしく、「豊魚亭」と名づけた。

こうして、鮮魚部門・飲食部門の両輪がまた大きくまわりはじめ、あわせて、若い頃に軽トラックを運転して門前の県道を走りぬけた記憶がよみがえったにちがいない。

「マグロ御殿」（豊魚亭）を傘下におさめたことについて本人は、「たまたま紹介されたので入手しただけ……」と、あくまでも控え目にいい、気負いがない。しかし、青春時代から仰ぎ拝した「マグロ御殿」を取得したときは、万感こもごも到るものがあったにちがいなかろう。そして、その内面に秘めた意志にはかなり強固なものがあったように感じられてならない。

鈴木社長の従兄弟に貝瀬利一薬学博士がいる。彼も城ヶ島に関わりが深い。島で採取される海藻に含まれる砒素の研究で名を成した東京薬科大学の教授だ。

この二人と、豊魚亭で二度あったことがある。最初は貝瀬博士の学位取得の祝いの会であった。二人をみていると、これまで歩んだ人生の道程はもとより、性格も趣味もまったくちがうことに気づく。鈴木社長は、常に控え目が好きで、自分を売り込むようなことは、まったくしない。今回の取材に対しても、危く逃げられるところであった。それでいて、なにごとにも積極的にとりくみ、人生を楽しんでいる。忠実《まめ》である。趣味はスポーツ系だ。

他方、貝瀬博士は、研究者タイプの典型ともいえるような性格で、自己主張型である。粋で鯔背《いなせ》な容姿・気風をかねそなえている。趣味は芸術系で、自分でもキリスト教会のパイプオルガンなどを弾く。

二人に共通しているところといえば、努力家だが、人にはあまり楽屋裏をみせない。それはプロに徹していることの証《あか》しだと筆者は思う。あわせて、道はちがっても、それぞれが人生を成功させたといってよい。

エピローグ

世界各国をみわたしても、日本人ほどマグロが好きで、しかも、それを刺身で食べるのが大好きだという国民はいないと思う。

それは、四囲環海という自然的・地理的条件の恩恵をうけた魚食民の伝統的食文化ということ以上に、さらなる深層で、日本人と海とが結びついているように思えてならない。

マグロはもとより、魚貝藻類の生食は、米をはじめとする穀物を主食とし、醤油（塩）をベースとする調味料や山葵《わさび》、生姜《しょうが》などの嗜好品、それにあわせて刺身（活造り）に添える海藻（草）や野菜など四季折々の各種の妻が日本人の美意識と結びつき、この方面の魚食文化を伝統的に育てあげてきたといってよかろう。

鮨（寿司）屋でも、マグロの赤身や大トロ、中トロ、ネギトロ巻などのマグロ系食材は注文が多く、約三〇パーセントの客がマグロに集中しているという。特に、「江戸前」の看板や暖簾を掲げる店ではマグロのネタ（種）がなければはじまらないし、最近では、マグロの鮨種しか置かないとか、近海モノのマグロしかあつかわないというマグロ専門の店すらあると聞く。

それにひきかえ、海外の鮨屋では、客の注文がサケ（サーモン）に集中しているといわれる。その結果、注文でマグロのしめる割合は約一〇パーセント程度にとどまっていると聞いたことがある。

ところで、このように日本人の好きなマグロの資源に対して、近年、国際的な漁獲制限が次々に打ち出されているほか、さまざまな面での締めつけが強くなってきている。こうしないと、マグロ資源は無限にあるわけではないので、近い将来、枯渇するであろうことは、以前から指摘されてはきたが、いざ、現実に直面した問題となると予想以上に深刻な事態である。

現在、世界にはマグロ資源を管理する主な国際漁業管理機関は、次の五つがある。
(1)「みなみまぐろ保存委員会」(CCSBT)
(2)「大西洋まぐろ類保存国際委員会」(ICCAT)
(3)「中西部太平洋まぐろ類委員会」(WCPFC)
(4)「全米熱帯まぐろ類委員会」(IATTC)
(5)「インド洋マグロ類委員会」(IOTC)
これら五つの委員会が、それぞれ会議を開催し、マグロに関する、さまざまな話しあいや、とりきめをおこなっている。

二〇〇六年には、「みなみまぐろ保存委員会」が開催した会議で(二七四頁「マグロの漁獲制限・輸出の禁止」参照)、ミナミマグロの漁獲枠を、それまでの二〇パーセント減にすることを決めた。この会議の中で、日本は前年までの約六〇〇〇トンの漁獲量に対して、三〇〇〇トンと半減させられたのである。「ミナミマグロ」は別名「インドマグロ」と呼ばれ、トロの多い高級品で、特に刺身として人気が高いため、わが国にとっては大きな痛手となったが、資源保護のためとあれば、これもしかたがない。

そして、二〇〇八年には、「大西洋まぐろ類保存国際委員会」が、世界のクロマグロの六〇パーセントを供給してきたといわれる東大西洋や地中海における漁獲枠を、三年で三〇パーセント削減することで合意したことも上述の通りである。

マグロ類（二三五頁「マグロ一族の系譜」参照）の資源減少は、ミナミマグロ（インドマグロ）やクロマグロ（本マグロ）などの値の高い、高級マグロだけにとどまらない。すべてのマグロ類が乱獲によって減少していることが指摘されている。

これまでのところ、比較的安価なメバチマグロやキハダマグロも資源の減少が議題の中心になっている。こうしたことをうけて、「中西部太平洋まぐろ類委員会」は二〇〇八年に、メバチマグロの漁獲を二〇〇九年から三年間で三〇パーセント削減することを決めた。

資源回復に賛成するからには、同意するしかないというのが日本の立場であるが、メバチマグロなどを原料に、輸出用のマグロの缶詰を多く生産してきた経過からすると、これらのマグロ類の漁獲制限もかなり深刻であることはたしかだ。

このように、国際的にマグロの漁獲枠削減が決まり、国際機関が相次いで、それを打ち出す現況にあっては、将来は天然のマグロ類だけにたより、あてにするわけにもいかない。今後は、マグロ類も「蓄養殖」にもっと力を入れる必要があることを痛感する。

さいわい、わが国でも、このところ年を追うごとにマグロに関する完全養殖の研究が進み、蓄養や養殖の事業化も活発になりつつある。資源保護で、世界的にマグロの漁獲枠が制限（規制）される中で、マグロの安定供給を続けるには、こうした方法しかないとして、将来をみすえ、多くの大手企業が参入しはじめている。

また、文部科学省もこの方面の基盤研究を支援する体制をととのえ、近畿大学二一世紀COEプログラムにおける「クロマグロ等の魚類養殖産業支援研究拠点」の研究成果に期待をよせている。

こうした時代の潮流の中で、長崎県は二〇〇八年に「マグロ養殖振興プラン」を発表した。しかし、現在の段階では、まだ、養殖といっても、蓄養（天然の幼魚を捕え、イケスに入れ、数年かけて育てて出荷する方法）でしかない。

長崎県対馬市美津島町（尾崎地区）のように、クロマグロ（本マグロ）の幼魚であるメジ（メジマグロ）ともよばれるヨコワが対馬暖流に乗って南西方面から来るところでは幼魚を入手しやすい利点があるうえ、リアス式海岸の浅茅湾《あそう》一帯は波静かで、水温・水質にも恵まれているため、直径約二〇メートル（深さもほぼ同じ）のイケスを管理する条件は良好だというが、どこの地域（海域）でも同じことが可能だというわけではなない。

だが、マグロの養殖も今後は期待できるのではないかと思われる。すでに、奄美大島産や高知県産などの蓄養マグロが流通していることからして、近い将来、養殖マグロの出荷量も増えることはまちがいない（九三頁の写真参照）。

近畿大学では昭和四五年（一九七〇年）頃から、和歌山県東牟婁郡串本町にある同大学の水産研究所大島実験場で、近くの沿岸に設置されている小型定置網に入るヨコワを捕獲し、これを集めて蓄養することに努めてきた。そして、その延長線上に「マグロの完全養殖」と「企業化」に向けての夢があった。

その中心になった研究者で、あわせて現場を指導したのが近畿大学水産研究所の熊井英水教授だとい

近畿大学（浦上）水産研究所

うことを浦神にある和歌山東漁業協同組合の浦神支所の理事である青山登さんから伺った。

そして、クロマグロの「完全養殖」は三二年たって結実し、夢は叶えられた。ようするに天然のヨコワを蓄養して親魚に育て、受精卵をとり出し、人工孵化仔魚を飼育し、稚魚・幼魚から親魚に育てるまでを人工的におこなうことに成功したのである。養殖用の生簀は直系約三〇メートル、深さは約一〇メートル。餌はイワシ、イカナゴ、マサ

「浦上」の生簀を見廻る青山（右），寺本（左）両氏

近畿大学水産研究所は浦神港の岸壁にそって建てられている（船上より）

バ、サンマなどだという。

串本漁業協同組合の理事をしておられる寺本正勝さんにご案内していただいて伺った近畿大学水産研究所浦神実験場には、同大学の水産養殖種苗センターも併設されていた。

ところで、現在は大橋で結ばれた串本の大島だが、橋の上から遠望すると、数多くの養殖場が広がって見える。主にタイやハマチの養殖生簀である。大島側には大企業がマグロの本格的な養殖場を計画しており、その準備も順調に進み、地元の漁業協同組合との細部にわたっての交渉もはじまっていると伺った。近い将来、本格的なマグロの養殖事業が展開するであろう。

串本の「大島」は、「串本節」の民謡で知られているため、説明の必要はないにしても、本州最南端の「潮ノ岬」に近い「浦神」といっても知る人は少ない。名古屋駅発の特急「南紀」は、紀伊勝浦が終点だが、そこから各駅停車に乗り換えて、串本駅へ行く手前の車窓には、美しく、深いリアス式海岸の景色が展開する。その入江

クロマグロ 陸でとれました

高級魚のクロマグロを陸上の水槽で養殖する——。そんな技術の開発を進める東海大などの研究グループが7日、静岡市の同大清水キャンパスで水揚げの様子を公開した＝写真、安冨良弘撮影。いけすで行う通常のクロマグロの養殖に比べて、エサの残りやふんで海を汚さずにすむ利点があるという。

研究グループは2006年、直径5㍍、深さ1㍍の円形の水槽4基で実験を始めた。体長20㌢の幼魚をこれまでに約600匹飼育し、データを集めた。この日水揚げしたのは最も大きく成長した個体で、約2年で体長約77㌢、体重約11㌔になった。飼育には海岸近くの地層からくみ上げた「地下海水」を使う。水温が一年中、21度前後と安定し、沿岸の海水に比べて細菌が少ない。海へ流す排水はフィルターで浄化し、環境への負荷が少ないという。（山本智之）

マグロの水槽飼育を報じる記事（『朝日新聞』平成22年・2010年7月7日）

の奥深い場所の一つに浦神駅があり、近畿大学の水産養殖種苗センターの施設の一部は車窓のすぐ下に見える。

　このたびの取材・調査旅行で、この近畿大学水産研究所がある和歌山東漁業協同組合の浦神支所にお邪魔し、理事の青山登さんから、タイをはじめ、各種の養殖漁場の生簀を船で案内していただいた。その時の感想として、今後、「マグロに関する食文化はもとより、魚食文化に対し、消費者に与える影響も大きく変わっていくであろう」と思った。それは、「漁業」という枠組ではなく、「食品（材）生産・製造業」を思わせ、感じさせるものであった。

　今後は特に大手業者が、この業界に相次いで参入するであろうし、また、そうすることによって、天然資源のみにたよってきた日本をはじめとする各国のマグロ業界の考え方も、消費者のマグロに対する意識も変わり、新しい、マグロと生産者、マグロと消費者の関係が生まれ、育つことが期待できると思われた。

　また、静岡県の清水市にある東海大学のキャンパスでは、五年ほど前の二〇〇五年頃からマグロの完全養殖（卵から育てるマグロ）の飼育が続けられている。これらのマグロは試験的な養殖だとはいえ、海を知らない。今日、トラフグが温泉（水）で育ち、海を知らないフグが、商品として出荷されているのと同じように、「海を知らないマグロ」が食卓にのぼる日も、そう遠い日のことではないであろう。モノとヒトとの関わりも、大きく変わりつつある。

あわせて、最近の蓄養マグロは、餌のあたえ方で、身肉に脂肪分を多くしたり、少なくしたり調整し、消費者のニーズにあわせることまでおこなわれているという。これまた近い将来、肉牛の飼育中にビールを飲ませたりするのと同じように、より美味なるマグロの身肉をつくりあげるために、さまざまな飼料の工夫がなされるにちがいない。

マグロの本（引用・参考文献）

暁《あかつき》鐘成《かねなり》『西国三十三所名所図会』八巻十冊　嘉永元年（一八四八年）『日本名勝風俗図会』18　諸国の巻Ⅲ……角川書店　一九八〇年

秋本吉郎校注『風土記』（『出雲国風土記』）……日本古典文学大系2　岩波書店　一九五八年

安達裕之『日本の船』和船編……船の科学館　一九九八年

伊藤純郎『三浜漁民生活誌――大洗地方の近代史』……崙書房　一九九〇年

岩井　保・中村　泉・松原喜代松「マグロ類の分類学研究」『京都大学みさき臨海研究所特別報告』第二集……一九六五年

上田武司『魚河岸マグロ経済学』集英社新書　二〇〇三年

魚住雄二『マグロは絶滅危惧種か』……成山堂書店　二〇〇三年

内海延吉『三崎町史』上巻　明治大正編……三崎町史編集委員会　一九五七年

内海延吉『海鳥のなげき』……いさな書房　一九六〇年

内海延吉編『鮪漁業の六十年――奥津政五郎の航跡』……奥津水産　非売品　一九六四年

海老沢志朗『かつお・まぐろと日本人』……成山堂書店　一九九六年

ＯＰＲＴニュースレター（*Organization for the Promotion of Responsible Tuna Fisheries, No. 46*）……責任あるまぐろ漁業推進機構　二〇一一年二月

大森　徹『まぐろと共に四半世紀』……成山堂書店　一九八八年

大森　徹『マグロ随談』……成山堂書店　一九九三年

小野征一郎編『マグロのフードシステム』……農林統計協会　二〇〇六年

鹿児島県企画部統計課『鹿児島県の漁業』（二〇〇三年漁業センサス）……鹿児島県　二〇〇四年

神奈川県『吾等が神奈川』……神奈川県　一九二八年

神奈川県教育委員会『東京外湾漁撈習俗調査報告書』
……神奈川県教育委員会　一九六九年
神奈川県教育委員会『相模湾漁撈習俗調査報告書』
……神奈川県教育委員会　一九七〇年
神奈川県二宮町『二宮町の漁業のあらまし』
……二宮町　発行年不明
金田禎之『日本漁具・漁法図説』
……成山堂書店　一九七七年
神野善治「漁村の絵馬ノート（静岡県東部を中心に）」「絵馬にみる日本常民生活史の研究」（岩井宏實編『科学研究費報告書』所収）……一九八四年
蒲《かも》原《はら》稔《とし》治《じ》（作画・石津博典）『原色日本魚類図鑑』
……保育社　一九五五年
川名　登『河岸（かし）』ものと人間の文化史139
……法政大学出版局　二〇〇七年
川名　登編『房総と江戸湾』街道の日本史19
……吉川弘文館　二〇〇三年
萱野　茂『アイヌ語辞典』……三省堂　一九九六年
喜多川守貞《もりさだ》『守貞謾稿』（『江戸風俗史』とも）天保八年（一八三七年）〜嘉永六年（一八五三年）
……朝倉治彦他編　東京堂出版　一九九二年
北見俊夫「海上の信仰」『日本民俗学』第七〇号
……日本民俗学会　一九七〇年

北見俊夫「海と日本文化」『太平洋学会誌』第三号
……太平洋学会　一九七九年
木村草也『三崎志』宝暦六年（一七五六年）（内海延吉『三崎郷土史考』所収）
……三崎郷土史考刊行後援会　一九五四年
木村孔恭『日本山海名産図会』内閣文庫蔵　全五巻（巻之三）寛政一一年（一七九九年）版
千葉徳爾註解……社会思想社　一九七〇年
木村　博「風に関する伝承と呪法」『日本民俗学』第一一七号……日本民俗学会　一九七八年
清光照夫『漁業の歴史』日本歴史新書
……至文堂　一九五七年
楠本政助『矢本町史』第一巻　先史…矢本町　一九七三年
倉場富三郎編纂『日本西部及び南部魚類図譜』（『グラバー図譜』）全五巻…長崎大学水産学部　一九七三〜七六年
倉場富三郎編／長崎大学水産学部監修
『グラバー魚譜二〇〇選』……長崎文献社　二〇〇五年
クレーイ、コーリン・M『アルカイック期および古典期のギリシア貨幣』（訳書なし。原題 Kraay, Colin M., *Archaic and Classical Grrk Coins*, London, 1976）
軍司貞則『空飛ぶマグロ——海のダイヤを追え』
……講談社　一九九一年
軍司貞則『マグロ争奪戦の舞台裏』

……ちくま文庫　二〇〇九年
幸田成友『近世風俗志』写本　寛政〜天保・一七八九〜一八四三年　活字本「類聚」　一九二八年
河野　博・茂木正人編『マグロのすべて』食材魚貝大百科別巻一……平凡社　二〇〇七年
小西四郎・田辺　悟構成『モースの見た日本』モース・コレクション日本民具編……小学館　一九八八年
小松正之・遠藤　久『国際マグロ裁判』
……岩波新書　二〇〇二年
小山亀蔵『和船の海』……唐桑民友新聞社　一九七三年
斎藤健次『俺たちのマグロ』……小学館　二〇〇五年
斎藤昭二『マグロの遊泳層と延縄漁法』
……成山堂書店　一九九二年
坂本太郎・家永三郎・井上光貞・大野晋校注『日本書紀』上・下　日本古典文学大系67・68
……岩波書店　上巻・一九六七年　下巻・一九六五年
桜田勝徳『海の世界——海と日本人』通巻一二四号
……一九六五年
桜田勝徳『海の宗教』……淡交社　一九七〇年
桜田勝徳『日本の民具』第三巻　山・漁村（澁澤敬三先生追悼記念出版）……慶友社　一九六六年
佐竹昭広・山田英雄・工藤力男・大谷雅夫・山崎福之校注『萬葉集』新日本古典文学大系2・4
……岩波書店　二〇〇〇・〇三年
塩野米松『にっぽんの漁師』……新潮社　二〇〇一年
『神鳳鈔《じんぽうしょう》』延文〜応安（一三五六〜七〇年）成立
……「群書類従」（神祇にあり）
静岡縣漁業組合取締所編『静岡縣水産誌』
……静岡縣漁業組合取締所　一八九四年
……同復刻版　静岡県図書館協会　一九八四年
静岡新聞社編『ルポ　マグロを追う』
……静岡新聞社　二〇〇〇年
澁澤敬三『日本釣魚《ちょうぎょ》技術史小考』　角川書店　一九六二年
水産新潮社『かつお・まぐろ年鑑』……一九七三年
「水産調査報告」第十一巻　第一冊　大綱・大敷網・台網（『明治前　日本漁業技術史』所収）
全日本水産写真資料協会『日本の水産　鮪』
……全日本水産写真資料協会　一九七五年
太平洋学会編『太平洋諸島百科事典』原書房　一九八九年
高市志友『紀伊国名所図会』文化九年（一八一二年）
宝井善次郎『鮪屋繁盛記——江戸から続く魚河岸家業』
……主婦の友社　一九九一年
田口一夫『黒マグロはローマ人のグルメ』
……成山堂書店　二〇〇四年
武井周作（櫟涯）『魚鑑』全二巻　東都海褸蔵板　天保二年（一八三一年）

平野満解説『魚鑑』生活の古典双書18 ……八坂書房　一九七八年
竹田　旦《あきら》『離島の民俗』民俗民芸双書 ……岩崎美術社　一九六八年
武田祐吉譯註『古事記』……角川文庫　一九五六年
田仲のよ『磯笛のむらから――房総海女のくらしの民俗誌』……現代書館　一九八五年
田辺　悟『相州の海士――三浦半島を中心に』神奈川県民俗シリーズ6……神奈川県教育委員会　一九六九年
田辺　悟『城ヶ島漁撈習俗調査報告書』……神奈川県三浦市教育委員会　一九七一年
田辺　悟「紺碧の海の漁師たち――外房州のくらし」（井上靖・他監修『文学の旅』4関東〈群馬・栃木・茨城・千葉〉所収）……千趣会　一九七二年
田辺　悟「相州漁村民俗誌4――沖言葉と海上禁忌」『郷土の研究』第六号 ……三浦半島郷土教育研究会　一九七三年
田辺　悟「漁船の総合的研究（後）――三浦半島における民俗資料としての漁船を中心に」『横須賀市博物館研究報告』〈人文科学〉第一八号 ……横須賀市博物館　一九七五年
田辺　悟『相州の鰹漁』神奈川県民俗シリーズ12 ……神奈川県教育委員会　一九七五年
田辺　悟「釣鈎の地域差研究――民具研究の一方法として」（日本民具学会編『海と民具』所収） ……雄山閣　一九八七年
田辺　悟「相州の鮪漁と習俗（前）」『横須賀市博物館研究報告』（人文科学）第三五号 ……横須賀市人文博物館　一九九〇年
田辺　悟「相州の鮪漁と習俗（後）」『横須賀市博物館研究報告』（人文科学）第三六号 ……横須賀市人文博物館　一九九一年
田辺　悟『海浜生活の歴史と民俗』考古民俗叢書 ……慶友社　二〇〇五年
田辺　悟「須賀利浦の歴史と民俗」（研究報告『日本における漁業・漁民・漁村の総合的研究』所収） ……青山学院大学　二〇一〇年
田辺　悟『マグロの文化誌』……慶友社　二〇一〇年
田辺　悟『イルカ（海豚）』ものと人間の文化史155 ……法政大学出版局　二〇一一年
田村善次郎「比較民具学の視点」（岩井宏実『民具研究ハンドブック』所収）……雄山閣　一九八五年
田山準一『サシミまぐろ』 ……日本セルフサービス協会　一九七九年
田山準一『マグロの話――漁場から食卓まで』 ……共立出版　一九八一年

田山準一『続・マグロの話』……共立出版　一九八二年
田山準一『いさば——マグロに憑かれた男たち』……主婦の友社　一九八七年
田山準一『三崎マグロ風土記——みなとまち五十年』……アーツアンドクラフツ　一九九九年
茅ヶ崎市文化資料館『柳島生活誌』史料叢書（五）……茅ヶ崎市教育委員会　一九七九年
辻井善彌『三浦半島の生活史』……横須賀書籍出版　一九七五年
辻井善彌「山本松蔵翁漁業聞書」（『郷土の研究』第一〇号・終巻）……三浦半島郷土教育研究会　一九八五年
土屋秀四郎『伊勢吉漁師聞書——鎌倉腰越の民俗』神奈川県民俗シリーズ1……神奈川県教育委員会　一九六一年
寺島良安『和漢三才図会』正徳二年（一七一二年）
和漢三才図会刊行委員会編集『和漢三才図会』……東京美術　一九七〇年
東京水産大学第七回公開講座編集委員会編『マグロ——その生産から消費まで』……成山堂書店　一九八九年
『東遊記』『新撰北海道史』（第二巻・三四八頁所引）より の引用『明治前　日本漁業技術史』三六三頁より
豊橋市二川本陣資料館『東海道五十三次宿場展図録IX——二川・吉田』……同資料館　二〇〇一年
長崎県『明治十五年作成五島列島漁業図解』（原本は『漁業誌料図解（南松浦郡）』長崎県立美術博物館所蔵）復刻版　長崎県漁業史研究会　解説・立平進……長崎出版文化協会　一九九二年
中田四朗「奈屋浦における鮪大漁記録から」（海の博物館年報1『海と人間』所収）……鳥羽市　一九七三年
中野秀樹・岡雅一『マグロのふしぎがわかる本』水産総合研究センター叢書……築地書館　二〇一〇年
中村　泉・岩井　保・松原喜代松「カジキ類の分類学的研究」『京都大学みさき臨海研究所特別報告』第四集……一九六八年
中村惕斎編『訓蒙図彙』寛文六年（一六六六年）山形屋刊
中村惕斎編（下河辺拾水画）『訓蒙図彙大成』十巻　寛政元年（一七八九年）
仁井田好古『紀伊続風土記』天保一〇年（一八三九年）
日本学士院『明治前　日本漁業技術史』……日本学術振興会　一九五九年
同書所収「第二回水産博覧会審査報告」第一巻・第一冊
日本鰹鮪漁業協同組連合会『鮪漁業』縮刷版　第一号～第八四号……日本鰹鮪漁業者協会　一九六四年
日本かつお・まぐろ漁業信用基金協会創立三十周年記念誌『かつお・まぐろ漁業の発展と金融・保証』……同協会　一九八五年
農商務省水産局編纂『日本水産補採誌』

……………農商務省水産局　水産社　一九一三年
……田辺悟解説　同復刻版　岩崎美術社　一九八三年
農商務省水産局編纂『日本水産製品誌』
…………………農商務省水産局　一九一三年
……田辺悟解説　同復刻版　岩崎美術社　一九八三年
羽原又吉『日本漁業経済史』中巻二「旧幕封建期における江戸湾漁業と維新後の発展」……岩波書店　一九五四年
馬場孟夫『鮪の研究』日本缶詰協会　非売品　一九五二年
檜山義夫・安田富士雄編『日本水産魚譜』（原画・日本水産中央研究所蔵）………内田老鶴圃新社　一九六一年
平石国男・二橋瑛夫『世界コイン図鑑』
…………………日本専門図書出版　二〇〇二年
平瀬撤斎編『日本山海名物図会』内閣文庫蔵　五巻　宝暦四年（一七五四年）版
…………千葉徳爾註解　社会思想社　一九七〇年
平塚市博物管館『平塚市須賀の民俗』平塚市博物館資料（一七）…………………平塚市博物館　一九七九年
福田八郎『相模湾民俗史』漁民生活（二）
……………謄写印刷　自費出版　一九六八年
船の科学館所蔵本『船鑑』（巻子本）享和二年（一八〇二年）
フランケ、ペーター・R & ヒルマー、マックス『ギリシアの鋳貨』（訳書なし。原題 Franke, Peter R. und Hirmer, Max, *Die griechische Münze*, München, 1964）
掘　武昭『マグロと日本人』
…………日本放送出版協会　一九九二年
掘　武昭『サシミ文化が世界を動かす』
…………新潮選書　二〇〇一年
掘　武昭『世界マグロ摩擦』………新潮文庫　二〇〇三年
マグロ缶詰史編集委員会『まぐろ缶詰史』
……………日本鮪缶詰輸出水産組合　一九八二年
牧田茂『海の民俗学』「記北須賀利節」民俗・民芸双書
…………岩崎書店　一九五四年
増田正一編『かつお・まぐろ総覧』
……………日本鰹鮪漁業協同組合連合会　一九六三年
松岡静雄『ミクロネシア民族誌』…岩波書店　一九四三年
三重県『三重県水産図解』（原本の外題は『三重県漁業図解』）明治一六年（一八八三年）
復刻版　東海水産科学協会・海の博物館編
……………光出版　一九八四年
松浦静山『甲子《かっし》夜話』
中村幸彦・中野三敏校訂　東洋文庫
……………平凡社　一九七七年
間宮美智子『江の島民俗調査報告書』民俗文化（六）
……………藤沢市教育研究所　一九七〇年
三浦浄心『慶長見聞集』慶長元年（一五九六年）

復刻版『日本庶民生活資料集成』8所収
……………………………三一書房　一九六九年
三崎水産物協同組合企画委員会編『三崎水産物協同組合沿革史』（沿革）
……　三崎魚類（株）・三崎水産物協同組合　一九五九年
三谷一馬『江戸商売図絵』より　喜多川歌麿画『絵本江戸爵《さかずき》』天明六年（一七八六年）……中公文庫　一九九五年
三井文庫編『近世後期における主要物価の動態』
……………………東京大学出版会　一九八九年
美津島《みつしま》の自然と文化を守る会編「対馬の村々の海豚捕り記」（『美津島の自然と文化』三集）…………一九八七年
（谷川健一編『鯨・イルカの民俗』所収）
……………………………三一書房　一九九七年
源順撰『倭名類聚鈔』巻第十九　国立国会図書館蔵
中田祝夫編『倭名類聚抄』元和三年古活字版
……………………勉誠社文庫23　一九七八年
宮城雄太郎『日本漁民伝』全三巻
……………………………いさな書房　一九六四年
宮崎一老『漁業ものがたり――海につながる生活』
……………………法政大学出版局　一九五八年
村山長紀『相模灘海魚部』（彦根城博物館蔵「井伊家文書史料」喜永元年（一八四八年）
八木庸夫『カツオ・マグロ漁業の展開過程』（三浦市図書館所蔵）……………発行所不詳　一九五六年
矢野憲一『魚の民俗』…………雄山閣　一九八一年
山崎美成（北峰）編（一光斉画）『江戸名所図絵』（『江戸名所図会』とも）弘化二年（一八四五年）　編集序　弘化三年（一八四六年）　版元漆山又四郎
山本光正「近世房総の街道」（川名登編『街道の日本史』19所収）………………吉川弘文館　二〇〇三年
渡辺栄一『江戸前の魚』…………草思社　一九八四年

あとがき

筆者が小学校（当時は国民学校といった）の低学年頃には、まだ、「軍人」という職業があった。それゆえ、子供心にも、将来は立派な「軍人」になり、「お国のために尽くしたい……」と思っていたものである。

当時は、大方の子供たちがそのように思っている時勢だったように思う。

「海軍の軍人になりたい……」と志向したのは、享年四三歳の若さで他界した厳父が、生前、戦艦の「山城」や「金剛」に乗組んでいたのち、横須賀にあった海軍水雷学校の砲術教官の任にあたっていたことなど、大きく影響していたにちがいないと、いまになって思う。

あわせて、髭をたくわえ、軍服姿の「カッコいい」遺影が、仏間に飾られていたためだろうか……。

「お国のために尽くせ……」とは慈母の言葉だつた。

しかし、敗戦により、世の中はすっかり変わってしまった。

歳月が流れたある日、父親がわりのように面倒をみてくれた兄貴から、「お前は将来、なににになりたいんだ……」と聞かれたので、迷わず「旅行家になりたい……」といったところ、

「そんなものは仕事とはいえん。職業というのは、自分でメシが食べられるだけでなく、家族を養うことが大切だ……。〈虎は死して皮を留め、人は死して名を残す〉というが、役者や芸人など、名を残しても家計が安定しないようなものを選んではいかん……」といわれた。それに、清貧にあまんじるのは美徳だとも。

そのため、将来のことで、いろいろ考えていた頃、『螢雪時代』という雑誌にめぐりあった。そのことを兄貴に話すと、喜んで、長期購読の手続きをしてくれたのは嬉しかった。

その誌面には毎月、各界の代表ともいえる〈功なり名遂げた〉人々が、たしか、「私の歩んだ道」というテーマで掲載されていたことから、筆者もいろいろな分野の職業に興味をいだいた。

その中に「旅行家」はいなかったが、「職業と旅行」は切りはなすにしても、「旅」にたいする捨てがたい思いが残り、その後も、つきまとった。

その結果、「教師になれば、夏休みもあるし、好きな旅もできるのではないか……」という思いを強くした。特に地理や社会科の教師ならばフィールドワークは仕事のうちだとも……。

当時はまだ、世の中がゆったりしていたので、そんな考えも許されていた。あわせて、自分のライフスタイルとして、社会の景気や流行、変化に左右されない、社会的通念としての価値観が維持できる生活をするには、教師という職業が最もよさそうに思えたのである。

そう考えたのには、地理学の教師をしていた叔父の暮らしぶりを、身近にみていた影響もあると思う。

自分で希望し、努力した甲斐あって、三浦市の三崎中学校に社会科の教師として赴任できたのは昭和三六年であった。

その頃の三崎は、マグロ遠洋漁業全盛ともいえる時代で、街は活気に満ちていた。マグロ船は世界中の海で操業しており、毎日のように出航する、遠洋マグロ船のスピーカーから、ボリュームたっぷりのマーチが流れ、雄々しいリズムが海風にのって、高台にある学舎まで聴こえてくる盛況ぶりであった。筆者は、そのような時代のマグロの街に就職したのである。

後に、三浦市長を歴任された畏友の野上義一氏は、マグロ船が出航するたびに「航海の安全と大漁満足」を祈念して岸壁に立ち、見送った。その数は在任中五〇〇回以上にのぼり、野上氏は「岸壁の市長」と呼ばれるほどであった。

中学校に着任後、数カ月もたたないうちに、修学旅行の生徒たちを引率し、関西方面へ出かけることになったある日のこと、先輩教師の一人から、

「旅行中、奈良の若草山近くで昼食をつかうことになっている……。その後、生徒たちには若干の自由時間があり、山に登って遊んでいるので、その間をみて、そばにある〈三條小鍛冶宗近〉という伝統ある刀鍛冶の店舗に出かけ、上等な刺身包丁を土産に買い求めてくるといい……」というアドバイスを受けた。

はじめは、刺身包丁を買う目的も、意味合いも、はっきりしなかったのだが、よく聴いてみると、「マグロの街三崎の生徒たちには、半年や一年以上も遠洋航海に出ている父親も多く、帰港すれば、

必ずといっていいほど〈先生さま〉に挨拶にみえる。その時の手土産は〈マグロのブロック〉と、相場は決まっている」のだと……。

したがって、名門の刀鍛冶が打った、立派な刺身包丁が手元にあれば、大きなマグロのドテをさばくのに便利であるからだ……。

この機会に、準備しておいてはどうかということであった。

有難いアドバイスを受けた筆者は、安月給の新前教師に不相応な刃渡り四〇センチもある刺身包丁を、迷わず買い求めて帰ったのである。

先輩のいったことはホントの話で、ある年の学校行事（運動会）には、反省会用にと、マグロを一本、いただいたこともあった。


ところがその後、南太平洋上でおこなわれた「水爆実験」の影響を経て、マグロ漁業に翳りがではじめ、自慢の刺身包丁が出る幕も減り、すっかり錆びついてしまった。が、すでに半世紀を経過しているのに、現物は健在である。


また当時、マグロの水揚げ日本一を誇った三浦市に、日本初の「マグロの博物館」を建設しようという計画もあった。

しかし、昭和五〇年代になり、わが国をとりまく社会的・経済的情勢は大きく変化し、経済成長もみこまれない状況になってしまった。それゆえ、「マグロの博物館」の誕生は、今日まで実現していない。

それればかりか、博物館の建設計画を立案・実施しようとした元市長をはじめ、多くの面々が「この世」から「あの世」へと住みかえられてしまった。世代交代により、筆者らが、若い頃から仲間たちと、完成に篤い想いを寄せてきた「マグロの博物館」建設計画も、頓挫してしまった。

したがって、拙著をもって「紙上・マグロの博物館」の代替としてもらわなければならない。そんな訳で、本書を博物館の紙上版として、読者諸賢にうけとめていただければ、光栄の至りで、嬉しく思う。

この度は『鮪』について著したが、主題にかかわらず「文化」という言葉の「原義・語源」には、「耕作する」という意味にあわせて、「蓄積する」という内容も含まれている。それは、人間《ヒト》が学習したり、努力することにより、親から子へ、子から孫へ、教え伝えられる教育的な要素が蓄積され、知識や技術伝承など、有形・無形のモノが伝えられ、あわせて新しい文化が生まれ、醸成されていくことをも意味しているといえよう。

したがって、この「マグロ」に関わる拙著が捨て石であっても、他日、礎石となり、さらにこの方面の研究成果等にもとづく知識はもとより、技術・技能を含めた多くの蓄積された「文化誌」が「文化史」として継承され、高められ、次の段階（時代・世代）の知的生産力を増し、未来への伝承があらんことを願わずにはいられない。筆者は「文化史学」にこそ、現代、人間《ヒト》のおかれている危機的な曲がり角を救うために求められている最も必要な哲学が根底にあり、そのことによって有用な学問になりうるものだと考えている。

最後に、本書を執筆するにあたり、三浦市の皆様をはじめ、大勢の方々に取材などで、ご協力をたまわった。

とりわけ、畠山啓次・幸子夫妻、鈴木金太郎、鈴木　淳、森田常夫、及川竹男、寺本正勝、青山　登、松浦　勉、故・鈴木又次の各氏に、また、写真撮影などでは河野えり子氏に、着想・執筆の妙薬を小滝敏之氏に、編集・出版にあたっては前法政大学出版局編集代表の秋田公士氏にそれぞれご高配を賜った。

末筆ながら、あらためてお礼を申し上げたい。

平成二四年一月二九日

「東海荘」にて

田　辺　　悟

著者略歴

田辺　悟（たなべ さとる）

1936年神奈川県横須賀市生まれ．法政大学社会学部卒業．海村民俗学，民具学専攻．横須賀市自然博物館・人文博物館両館長，千葉経済大学教授を経て，現在，三浦市文化財保護委員会会長など．文学博士．日本民具学会会長，文化庁文化審議会専門委員などを歴任．2008年旭日小綬章受章．著書：『海女』『網』『人魚』『イルカ』（ものと人間の文化史・法政大学出版局），『日本蜑人（あま）伝統の研究』（法政大学出版局・第29回柳田国男賞受賞），『近世日本蜑人伝統の研究』『伊豆相模の民具』『海浜生活の歴史と民俗』（慶友社），『潮騒の島――神島民俗誌』（光書房），『母系の島々』（太平洋学会），『城ヶ島漁村の教育社会学的研究』（平凡社・第2回下中教育奨励賞受賞），『現代博物館論』（暁印書館・昭和61年度日本博物館協会東海地区業績賞受賞），ほか．

ものと人間の文化史　158・鮪（まぐろ）

2012年4月20日　初版第1刷発行

発行所 財団法人 法政大学出版局
〒102-0073 東京都千代田区九段北3-2-7
電話03（5214）5540 振替00160-6-95814
組版：秋田印刷工房　印刷：平文社　製本：誠製本

ISBN978-4-588-21581-0

Printed in Japan

ものと人間の文化史　★第9回梓会出版文化賞受賞

人間が〈もの〉とのかかわりを通じて営々と築いてきた暮らしの足跡を具体的に辿りつつ文化・文明の基礎を問いなおす。手づくりの〈もの〉の記憶が失われ、〈もの〉離れが進行する危機の時代におくる豊穣な百科叢書。

1 船　須藤利一編

海国日本では古来、漁業・水運・交易はもとより、大陸文化も船によって運ばれた。本書は造船技術、航海の模様の推移を中心に、漂流、船霊信仰、伝説の数々を語る。四六判368頁　'68

2 狩猟　直良信夫

人類の歴史は狩猟から始まった。本書は、わが国の遺跡に出土する獣骨、猟具の実証的考察をおこないながら、狩猟をつうじて発展した人間の知恵と生活の軌跡を辿る。四六判272頁　'68

3 からくり　立川昭二

〈からくり〉は自動機械であり、驚嘆すべき庶民の技術的創意がこめられている。本書は、日本と西洋のからくりを発掘・復元・遍歴し、埋もれた技術の水脈をさぐる。四六判410頁　'69

4 化粧　久下司

美を求める人間の心が生みだした化粧―その手法と道具に語らせた人間の欲望と本性、そして社会関係。歴史を遡り、全国を踏査して書かれた比類ない美と醜の文化史。四六判368頁　'70

5 番匠　大河直躬

番匠はわが国中世の建築工匠。地方・在地を舞台に開花した彼らの造型・装飾・工法等の諸技術、さらに信仰と生活等、職人以前の独自で多彩な工匠的世界を描き出す。四六判288頁　'71

6 結び　額田巌

〈結び〉の発達は人間の叡知の結晶である。本書はその諸形態および技法を作業・装飾・象徴の三つの系譜に辿り、〈結び〉のすべてを民俗学的・人類学的に考察する。四六判264頁　'72

7 塩　平島裕正

人類史に貴重な役割を果たしてきた塩をめぐって、発見から伝承・製造技術の発展過程にいたる総体を歴史的に描き出すとともに、その多彩な効用と味覚の秘密を解く。四六判272頁　'73

8 はきもの　潮田鉄雄

田下駄・かんじき・わらじなど、日本人の生活の礎となってきた伝統的はきものの成り立ちと変遷を、二〇年余の実地調査と細密な観察・描写によって辿る庶民生活史　四六判280頁　'73

9 城　井上宗和

古代城塞・城柵から近世代名の居城として集大成されるまでの日本の城の変遷を辿り、文化の各領野で果たしてきたその役割を再検討。あわせて世界城郭史に位置づける。四六判310頁　'73

10 竹　室井綽

食生活、建築、民芸、造園、信仰等々にわたって、竹と人間との交流史は驚くほど深く永い。その多岐にわたる発展の過程を個々に辿り、竹の特異な性格を浮彫にする。四六判324頁　'73

11 海藻　宮下章

古来日本人にとって生活必需品とされてきた海藻をめぐって、その採取・加工法の変遷、商品としての流通史および神事・祭事での役割に至るまでを歴史的に考証する。四六判330頁　'74

12 絵馬 岩井宏實

古くは祭礼における神への献馬にはじまり、民間信仰と絵画のみごとな結晶として民衆の手で描かれ祀り伝えられてきた各地の絵馬を豊富な写真と史料によってたどる。四六判３０２頁 '74

13 機械 吉田光邦

畜力・水力・風力などの自然のエネルギーを利用し、幾多の改良を経て形成された初期の機械の歩みを検証し、日本文化の形成における科学・技術の役割を再検討する。四六判２４２頁 '74

14 狩猟伝承 千葉徳爾

狩猟には古来、感謝と慰霊の祭祀がともない、人獣交渉の豊かで意味深い歴史があった。狩猟用具、巻物、儀式具、またけものたちの生態を通して語る狩猟文化の世界。四六判３４６頁 '75

15 石垣 田淵実夫

採石から運搬、加工、石積みに至るまで、石垣の造成をめぐって積み重ねられてきた石工たちの苦闘の足跡を掘り起こし、その独自な技術の形成過程と伝承を集成する。四六判２２４頁 '75

16 松 高嶋雄三郎

日本人の精神史に深く根をおろした松の伝承に光を当て、食用、薬用等の実用の松、祭祀・観賞用の松、さらに文学・芸能・美術に表現された松のシンボリズムを説く。四六判３４２頁 '75

17 釣針 直良信夫

人と魚との出会いから現在に至るまで、釣針がたどった一万有余年の変遷を、世界各地の遺跡出土物を通して実証しつつ、漁撈によって生きた人々の生活と文化を探る。四六判２７８頁 '76

18 鋸 吉川金次

鋸鍛冶の家に生まれ、鋸の研究を生涯の課題とする著者が、出土遺品や文献・絵画により各時代の鋸を復元・実験し、庶民の手仕事にみられる驚くべき合理性を実証する。四六判３６０頁 '76

19 農具 飯沼二郎／堀尾尚志

鍬と犂の交代・進化の歩みとして発達したわが国農耕文化の発展経過を世界史的視野において再検討しつつ、無名の農民たちによる驚くべき創意のかずかずを記録する。四六判２２０頁 '76

20 包み 額田巖

結びとともに文化の起源にかかわる〈包み〉の系譜を人類史的視野において捉え、衣・食・住をはじめ社会・経済史、信仰、祭事などにおけるその実際と役割とを描く。四六判３５４頁 '77

21 蓮 阪本祐二

仏教における蓮の象徴的位置の成立と深化、美術・文芸等に見る人間とのかかわりを歴史的に考察。また大賀蓮はじめ多様な品種とその来歴を紹介しつつその美を語る。四六判３０６頁 '77

22 ものさし 小泉袈裟勝

ものをつくる人間にとって最も基本的な道具であり、数千年にわたって社会生活を律してきたその変遷を実証的に追求し、歴史の中で果たしてきた役割を浮彫りにする。四六判３１４頁 '77

23-I 将棋I 増川宏一

その起源を古代インドに、我国への伝播の道すじを海のシルクロードに探り、また伝来後一千年におよぶ日本将棋の変化と発展を盤、駒、ルール等にわたって跡づける。四六判２８０頁 '77

23-Ⅱ 将棋Ⅱ 増川宏一

わが国伝来後の普及と変遷を貴族や武家・豪商の日記等に博捜し、遊戯者の歴史をあとづけると共に、中国伝来説の誤りを正し、将棋宗家の位置と役割を明らかにする。四六判346頁 '85

24 湿原祭祀 第2版 金井典美

古代日本の自然環境に着目し、各地の湿原聖地を稲作社会との関連において捉え直して古代国家成立の背景を浮彫にしつつ、水と植物にまつわる日本人の宇宙観を探る。四六判410頁 '77

25 臼 三輪茂雄

臼が人類の生活文化の中で果たしてきた役割を、各地に遺る貴重な民俗資料・伝承と実地調査にもとづいて解明。失われゆく道具のなかに、未来の生活文化の姿を探る。四六判412頁 '78

26 河原巻物 盛田嘉徳

中世末期以来の被差別部落民が生きる権利を守るために偽作し護り伝えてきた河原巻物を全国にわたって踏査し、そこに秘められた最底辺の人びとの叫びに耳を傾ける。四六判226頁 '78

27 香料 日本のにおい 山田憲太郎

焼香供養の香から趣味としての薫物へ、さらに沈香木を焚く香道へと変遷した日本の「匂い」の歴史を豊富な史料に基づいて辿り、我国風俗史の知られざる側面を描く。四六判370頁 '78

28 神像 神々の心と形 景山春樹

神仏習合によって変貌しつつも、常にその原型＝自然を保持してきた日本の神々の造型を図像学的方法によって捉え直し、その多彩な形象に日本人の精神構造をさぐる。四六判342頁 '78

29 盤上遊戯 増川宏一

祭具・占具としての発生を『死者の書』をはじめとする古代の文献にさぐり、形状・遊戯法を分類しつつその〈進化〉の過程を考察。〈遊戯者たちの歴史〉をも跡づける。四六判326頁 '78

30 筆 田淵実夫

筆の里・熊野に筆づくりの現場を訪ねて、筆匠たちの境涯と製筆の由来を克明に記録しつつ、筆の発生と変遷、種類、製筆法、さらには筆塚、筆供養にまで説きおよぶ。四六判204頁 '78

31 ろくろ 橋本鉄男

日本の山野を漂移しつづけ、高度の技術文化と幾多の伝説とをもたらした特異な旅職集団＝木地屋の生態を、その呼称、地名、伝承、文書等をもとに生き生きと描く。四六判460頁 '79

32 蛇 吉野裕子

日本古代信仰の根幹をなす蛇巫をめぐって、祭事におけるさまざまな蛇の「もどき」や各種の蛇の造型・伝承に鋭い考証を加え、忘れられたその呪性を大胆に暴き出す。四六判250頁 '79

33 鋏（はさみ） 岡本誠之

梃子の原理の発見から鋏の誕生に至る過程を推理し、日本鋏の特異な歴史的位置を明らかにするとともに、刀鍛冶等から転進した鋏職人たちの創意と苦闘の跡をたどる。四六判396頁 '79

34 猿 廣瀬鎮

嫌悪と愛玩、軽蔑と畏敬の交錯する日本人とサルとの関わりあいの歴史を、狩猟伝承や祭祀・風習、美術・工芸や芸能のなかに探り、日本人の動物観を浮彫りにする。四六判292頁 '79

35 鮫　矢野憲一

神話の時代から今日まで、津々浦々につたわるサメの伝承とサメをめぐる海の民俗を集成し、神饌、食用、薬用等に活用されてきたサメと人間のかかわりの変遷を描く。四六判292頁 '79

36 枡　小泉袈裟勝

米の経済の枢要をなす器として千年余にわたり日本人の生活の中に生きてきた枡の変遷をたどり、記録・伝承をもとにこの独特な計量器が果たした役割を再検討する。四六判322頁 '80

37 経木　田中信清

食品の包装材料として近年まで身近に存在した経木の起源を、こけら経や塔婆、木簡、屋根板等に遡って明らかにし、その製造・流通に携った人々の労苦の足跡を辿る。四六判288頁 '80

38 色　染と色彩　前田雨城

わが国古代の染色技術の復元と文献解読をもとに日本色彩史を体系づけ、赤・白・青・黒等におけるわが国独自の色彩感覚を探りつつ日本文化における色の構造を解明。四六判320頁 '80

39 狐　陰陽五行と稲荷信仰　吉野裕子

その伝承と文献を渉猟しつつ、中国古代哲学＝陰陽五行の原理の応用という独自の視点から、謎とされてきた稲荷信仰と狐との密接な結びつきを明快に解き明かす。四六判232頁 '80

40-Ⅰ 賭博Ⅰ　増川宏一

時代、地域、階層を超えて連綿と行なわれてきた賭博。——その起源を古代の神判、スポーツ、遊戯等の中に探り、抑圧と許容の歴史を物語る。全Ⅲ分冊の〈総説篇〉。四六判298頁 '80

40-Ⅱ 賭博Ⅱ　増川宏一

古代インド文学の世界からラスベガスまで、賭博の形態・用具・方法の時代的特質を明らかにし、夥しい禁令に賭博の不滅のエネルギーを見る。全Ⅲ分冊の〈外国篇〉。四六判456頁 '82

40-Ⅲ 賭博Ⅲ　増川宏一

聞香、闘茶、笠附等、わが国独特の賭博を中心にその具体例を網羅し、方法の変遷に賭博の時代性を探りつつ禁令の改廃に時代の賭博観を追う。全Ⅲ分冊の〈日本篇〉。四六判388頁 '83

41-Ⅰ 地方仏Ⅰ　むしゃこうじ・みのる

古代から中世にかけて全国各地で作られた無銘の仏像を訪ね、素朴で多様なノミの跡に民衆の祈りと地域の願望を探る。宗教の伝播、文化の創造を考える異色の紀行。四六判256頁 '80

41-Ⅱ 地方仏Ⅱ　むしゃこうじ・みのる

紀州や飛騨を中心に草の根の仏たちを訪ねて、その相好と像容の魅力を探り、技法を比較考証して仏像彫刻史に位置づけつつ、中世地域社会の形成と信仰の実態に迫る。四六判260頁 '97

42 南部絵暦　岡田芳朗

田山・盛岡地方で「盲暦」として古くから親しまれてきた独得の絵解き暦を詳しく紹介しつつその全体像を復元する。その無類の生活暦は、南部農民の哀歓をつたえる。四六判288頁 '80

43 野菜　在来品種の系譜　青葉高

蕪、大根、茄子等の日本在来野菜をめぐって、その渡来・伝播経路、品種分布と栽培のいきさつを各地の伝承や古記録をもとに辿り、畑作文化の源流とその風土を描く。四六判368頁 '81

44 つぶて　中沢厚

弥生投弾、古代・中世の石戦と印地の様相、投石具の発達を展望しつつ、願かけの小石、正月つぶて、石こづみ等の習俗を辿り、石塊に託した民衆の願いや怒りを探る。四六判３３８頁　'81

45 壁　山田幸一

弥生時代から明治期に至るわが国の壁の変遷を壁塗＝左官工事の側面から辿り直し、その技術的復元・考証を通じて建築史・文化史における壁の役割を浮き彫りにする。四六判２９６頁　'81

46 簞笥（たんす）　小泉和子

近世における簞笥の出現＝箱から抽斗への転換に着目し、以降近現代に至るその変遷を社会・経済・技術の側面からあとづける。著者自身による簞笥製作の記録を付す。四六判３７８頁　'82

47 木の実　松山利夫

山村の重要な食糧資源であった木の実をめぐる各地の記録・伝承を集成し、その採集・加工における幾多の試みを実地に検証しつつ、稲作農耕以前の食生活文化を復元。四六判３８４頁　'82

48 秤（はかり）　小泉袈裟勝

秤の起源を東西に探るとともに、わが国律令制下における中国制度の導入、近世商品経済の発展に伴う秤座の出現、明治期近代化政策による洋式秤受容等の経緯を描く。四六判３２６頁　'82

49 鶏（にわとり）　山口健児

神話・伝説をはじめ遠い歴史の中の鶏を古今東西の伝承・文献に探り、特に我国の信仰・絵画・文学等に遺された鶏の足跡を追って、鶏をめぐる民俗の記憶を蘇らせる。四六判３４６頁　'83

50 燈用植物　深津正

人類が燈火を得るために用いてきた多種多様な植物との出会いと個個の植物の来歴、特性及びはたらきを詳しく検証しつつ「あかり」の原点を問いなおす異色の植物誌。四六判４４２頁　'83

51 斧・鑿・鉋（おの・のみ・かんな）　吉川金次

古墳出土品や文献・絵画をもとに、古代から現代までの斧・鑿・鉋を復元・実験し、労働体験によって生まれた民衆の知恵と道具の変遷を蘇らせる異色の日本木工具史。四六判３０４頁　'84

52 垣根　額田巌

大和・山辺の道に神々と垣との関わりを探り、各地に垣の伝承を訪ねて、寺院の垣、民家の垣、露地の垣など、風土と生活に培われた生垣の独特のはたらきと美を描く。四六判２３４頁　'84

53-Ⅰ 森林Ⅰ　四手井綱英

森林生態学の立場から、森林のなりたちとその生活史を辿りつつ、産業の発展と消費社会の拡大により刻々と変貌する森林の現状を語り、未来への再生のみちをさぐる。四六判３０６頁　'85

53-Ⅱ 森林Ⅱ　四手井綱英

森林と人間との多様なかかわりを包括的に語り、人と自然が共生するための森や里山をいかにして創出するか、森林再生への具体的な方策を提示する21世紀への提言。四六判３０８頁　'98

53-Ⅲ 森林Ⅲ　四手井綱英

地球規模で進行しつつある森林破壊の現状を実地に踏査し、森と人が共存する日本人の伝統的自然観を未来へ伝えるために、いま何が必要なのかを具体的に提言する。四六判３０４頁　'00

54 **海老**（えび） 酒向昇

人類との出会いからエビの科学、漁法、さらには調理法を語り、めでたい姿態と色彩にまつわる多彩なエビの民俗を、地名や人名、詩歌・文学、絵画や芸能の中に探る。四六判４２８頁 '85

55-Ⅰ **藁**（わら）Ⅰ 宮崎清

稲作農耕とともに二千年余の歴史をもち、日本人の全生活領域に生きてきた藁の文化を日本文化の原型として捉え、風土に根ざしたそのゆたかな遺産を詳細に検討する。四六判４００頁 '85

55-Ⅱ **藁**（わら）Ⅱ 宮崎清

床・畳から壁・屋根にいたる住居における藁の製作・使用のメカニズムを明らかにし、日本人の生活空間における藁の役割を見なおすとともに、藁の文化の復権を説く。四六判４００頁 '85

56 **鮎** 松井魁

清楚な姿態と独特な味覚によって、日本人の目と舌を魅了しつづけてきたアユ――その形態と分布、生態、漁法等を詳述し、古今のアユ料理や文芸にみるアユにおよぶ。四六判２９６頁 '86

57 **ひも** 額田巌

物と物、人と物とを結びつける不思議な力を秘めた「ひも」の謎を追って、民俗学的視点から多角的なアプローチを試みる。『結び』、『包み』につづく三部作の完結篇。四六判２５０頁 '86

58 **石垣普請** 北垣聰一郎

近世石垣の技術者集団「穴太」の足跡を辿り、各地城郭の石垣遺構の実地調査と資料・文献をもとに石垣普請の歴史的系譜を復元しつつ石工たちの技術伝承を集成する。四六判４３８頁 '87

59 **碁** 増川宏一

その起源を古代の盤上遊戯に探ると共に、定着以来二千年の歴史を時代の状況や遊び手の社会環境との関わりにおいて跡づける。逸話や伝説を排して綴る初の囲碁全史。四六判３６６頁 '87

60 **日和山**（ひよりやま） 南波松太郎

千石船の時代、航海の安全のために観天望気した日和山――多くは忘れられ、あるいは失われた船舶・航海史の貴重な遺跡を追って、全国津々浦々におよんだ調査紀行。四六判３８２頁 '88

61 **篩**（ふるい） 三輪茂雄

臼とともに人類の生産活動に不可欠な道具であった篩、箕(み)、笊(ざる)の多彩な変遷を豊富な図解入りでたどり、現代技術の先端に再生するまでの歩みをえがく。四六判３３４頁 '89

62 **鮑**（あわび） 矢野憲一

縄文時代以来、貝肉の美味と貝殻の美しさによって日本人を魅了し続けてきたアワビ――その生態と養殖、神饌としての歴史、漁法、螺鈿の技法からアワビ料理に及ぶ。四六判３４４頁 '89

63 **絵師** むしゃこうじ・みのる

日本古代の渡来画工から江戸前期の菱川師宣まで、時代の代表的絵師の列伝で辿る絵画制作の文化史。前近代社会における絵画の意味や芸術創造の社会的条件を考える。四六判２３０頁 '90

64 **蛙**（かえる） 碓井益雄

動物学の立場からその特異な生態を描き出すとともに、和漢洋の文献資料を駆使して故事・習俗・神事・民話・文芸・美術工芸にわたる蛙の多彩な活躍ぶりを活写する。四六判３８２頁 '89

65-Ⅰ 藍（あい）Ⅰ 風土が生んだ色 竹内淳子

全国各地の〈藍の里〉を訪ねて、藍栽培から染色・加工のすべてにわたり、藍とともに生きた人々の伝承を克明に描き、風土と人間が生んだ〈日本の色〉の秘密を探る。四六判416頁 '91

65-Ⅱ 藍（あい）Ⅱ 暮らしが育てた色 竹内淳子

日本の風土に生まれ、伝統に育てられた藍が、今なお暮らしの中で生き生きと活躍しているさまを、手わざに生きる人々との出会いを通じて描く。藍の里紀行の続篇。四六判406頁 '99

66 橋 小山田了三

丸木橋・舟橋・吊橋から板橋・アーチ型石橋まで、人々に親しまれてきた各地の橋を訪ねて、その来歴と築橋の技術伝承を辿り、土木文化の伝播・交流の足跡をえがく。四六判312頁 '91

67 箱 宮内悊

日本の伝統的な箱（櫃）と西欧のチェストを比較文化史の視点から考察し、居住・収納・運搬・装飾の各分野における箱の重要な役割とその多彩な文化を浮彫りにする。四六判390頁 '91

68-Ⅰ 絹Ⅰ 伊藤智夫

養蚕の起源を神話や説話に探り、伝来の時期とルートを跡づけ、記紀・万葉の時代から近世に至るまで、それぞれの時代・社会・階層が生み出した絹の文化を描き出す。四六判304頁 '92

68-Ⅱ 絹Ⅱ 伊藤智夫

生糸と絹織物の生産と輸出が、わが国の近代化にはたした役割を描くと共に、養蚕の道具、信仰や庶民生活にわたる養蚕と絹の民俗、さらには蚕の種類と生態におよぶ。四六判294頁 '92

69 鯛（たい） 鈴木克美

古来「魚の王」とされてきた鯛をめぐって、その生態・味覚から漁法、祭り、工芸、文芸にわたる多彩な伝承文化を語りつつ、鯛と日本人とのかかわりの原点をさぐる。四六判418頁 '92

70 さいころ 増川宏一

古代神話の世界から近現代の博徒の動向まで、さいころの役割を各時代・社会に位置づけ、木の実や貝殻のさいころから投げ棒型や立方体のさいころへの変遷をたどる。四六判374頁 '92

71 木炭 樋口清之

炭の起源から炭焼、流通、経済、文化にわたる木炭の歩みを歴史・考古・民俗の知見を総合して描き出し、独自で多彩な文化を育んできた木炭の尽きせぬ魅力を語る。四六判296頁 '93

72 鍋・釜（なべ・かま） 朝岡康二

日本をはじめ韓国、中国、インドネシアなど東アジアの各地を歩きながら鍋・釜の製作と使用の現場に立ち会い、調理をめぐる庶民生活の変遷とその交流の足跡を探る。四六判326頁 '93

73 海女（あま） 田辺悟

その漁の実際と社会組織、風習、信仰、民具などを克明に描くとともに海女の起源・分布・交流を探り、わが国漁撈文化の古層としての海女の生活と文化をあとづける。四六判294頁 '93

74 蛸（たこ） 刀禰勇太郎

蛸をめぐる信仰や多彩な民間伝承を紹介するとともに、その生態・分布・捕獲法・繁殖と保護・調理法などを集成し、日本人と蛸との知られざるかかわりの歴史を探る。四六判370頁 '94

75 **曲物**（まげもの） 岩井宏實

桶・樽出現以前から伝承され、古来最も簡便・重宝な木製容器として愛用された曲物の加工技術と機能・利用形態の変遷をさぐり、手づくりの「木の文化」を見なおす。四六判３１８頁 '94

76-Ⅰ **和船Ⅰ** 石井謙治

江戸時代の海運を担った千石船（弁才船）について、その構造と技術、帆走性能を綿密に調査し、通説の誤りを正すとともに、海難と信仰、船絵馬等の考察にもおよぶ。四六判４３６頁 '95

76-Ⅱ **和船Ⅱ** 石井謙治

造船史から見た著名な船を紹介し、遣唐使船や遣欧使節船、幕末の洋式船における外国技術の導入について論じつつ、船の名称と船型を海船・川船にわたって解説する。四六判３１６頁 '95

77-Ⅰ **反射炉Ⅰ** 金子功

日本初の佐賀鍋島藩の反射炉と精練方＝理化学研究所、島津藩の反射炉と集成館＝近代工場群を軸に、日本の産業革命の時代における人と技術を現地に訪ねて発掘する。四六判２４４頁 '95

77-Ⅱ **反射炉Ⅱ** 金子功

伊豆韮山の反射炉をはじめ、全国各地の反射炉建設にかかわった有名無名の人々の足跡をたどり、開国か攘夷かに揺れる幕末の政治と社会の悲喜劇をも生き生きと描く。四六判２２６頁 '95

78-Ⅰ **草木布Ⅰ**（そうもくふ） 竹内淳子

風土に育まれた布を求めて全国各地を歩き、木綿普及以前に山野の草木を利用して豊かな衣生活文化を築き上げてきた庶民の知られざる知恵のかずかずを実地にさぐる。四六判２８２頁 '95

78-Ⅱ **草木布Ⅱ**（そうもくふ） 竹内淳子

アサ、クズ、シナ、コウゾ、カラムシ、フジなどの草木の繊維から、どのようにして糸を採り、布を織っていたのか——聞書きをもとに忘れられた技術と文化を発掘する。四六判２８２頁 '95

79-Ⅰ **すごろくⅠ** 増川宏一

古代エジプトのセネト、ヨーロッパのバクギャモン、中近東のナルド、中国の双陸などの系譜に日本の盤雙六を位置づけ、遊戯・賭博としてのその数奇なる運命を辿る。四六判３１２頁 '95

79-Ⅱ **すごろくⅡ** 増川宏一

ヨーロッパの鵞鳥のゲームから日本中世の浄土双六、近世の華麗な絵双六、さらには近現代の少年誌の附録まで、絵双六の変遷を追って時代の社会・文化を読みとる。四六判３９０頁 '95

80 **パン** 安達巖

古代オリエントに起ったパン食文化が中国・朝鮮を経て弥生時代の日本に伝えられたことを史料と伝承をもとに解明し、わが国パン食文化二〇〇〇年の足跡を描き出す。四六判２６０頁 '96

81 **枕**（まくら） 矢野憲一

神さまの枕・大嘗祭の枕から枕絵の世界まで、人生の三分の一を共に過す枕をめぐって、その材質の変遷を辿り、伝説と怪談、俗信と民俗、エピソードを興味深く語る。四六判２５２頁 '96

82-Ⅰ **桶・樽Ⅰ**（おけ・たる） 石村真一

日本、中国、朝鮮、ヨーロッパにわたる厖大な資料を集成してその豊かな文化の系譜を探り、東西の木工技術史を比較しつつ世界史的視野から桶・樽の文化を描き出す。四六判３８８頁 '97

82-Ⅱ **桶・樽**（おけ・たる）**Ⅱ**　石村真一

多数の調査資料と絵画・民俗資料をもとにその製作技術を復元し、東西の木工技術を比較考証しつつ、技術文化史の視点から桶・樽製作の実態とその変遷を跡づける。　四六判372頁　'97

82-Ⅲ **桶・樽**（おけ・たる）**Ⅲ**　石村真一

樹木と人間とのかかわり、製作者と消費者とのかかわりを通じて桶樽と生活文化の変遷を考察し、木材資源の有効利用という視点から桶樽の文化史的役割を浮彫にする。　四六判352頁　'97

83-Ⅰ **貝Ⅰ**　白井祥平

世界各地の現地調査と文献資料を駆使して、古来至高の財宝とされてきた宝貝のルーツとその変遷を探り、貝と人間とのかかわりの歴史を「貝貨」の文化史として描く。　四六判386頁　'97

83-Ⅱ **貝Ⅱ**　白井祥平

サザエ、アワビ、イモガイなど古来人類とかかわりの深い貝をめぐって、その生態・分布・地方名、装身具や貝貨としての利用法などを豊富なエピソードを交えて語る。　四六判328頁　'97

83-Ⅲ **貝Ⅲ**　白井祥平

シンジュガイ、ハマグリ、アカガイ、シャコガイなどをめぐって世界各地の民族誌を渉猟し、それらが人類文化に残した足跡を辿る。参考文献一覧／総索引を付す。　四六判392頁　'97

84 **松茸**（まつたけ）　有岡利幸

秋の味覚として古来珍重されてきた松茸の由来を求めて、稲作文化と里山（松林）の生態系から説きおこし、日本人の伝統的生活文化の中に松茸流行の秘密をさぐる。　四六判296頁　'97

85 **野鍛冶**（のかじ）　朝岡康二

鉄製農具の製作・修理・再生を担ってきた農鍛冶の歴史的役割を探り、近代化の大波の中で変貌する職人技術の実態をアジア各地のフィールドワークを通して描き出す。　四六判280頁　'98

86 **稲**　品種改良の系譜　菅　洋

作物としての稲の誕生、稲の渡来と伝播の経緯から説きおこし、明治以降主として庄内地方の民間育種家の手によって飛躍的発展をとげたわが国品種改良の歩みを描く。　四六判332頁　'98

87 **橘**（たちばな）　吉武利文

永遠のかぐわしい果実として日本の神話・伝説に特別の位置を占めて語り継がれてきた橘をめぐって、その育まれた風土とかずかずの伝承の中に日本文化の特質を探る。　四六判286頁　'98

88 **杖**（つえ）　矢野憲一

神の依代としての杖や仏教の錫杖に杖と信仰とのかかわりを探り、人類が突きつつ歩んだその歴史と民俗を興味ぶかく語る。多彩な材質と用途を網羅した杖の博物誌。　四六判314頁　'98

89 **もち**（糯・餅）　渡部忠世／深澤小百合

モチイネの栽培・育種から食品加工、民俗、儀礼にわたってそのルーツと伝承の足跡をたどり、アジア稲作文化という広範な視野からこの特異な食文化の謎を解明する。　四六判330頁　'98

90 **さつまいも**　坂井健吉

その栽培の起源と伝播経路を跡づけるとともに、わが国伝来後四百年の経緯を詳細にたどり、世界に冠たる育種と栽培・利用法を築いた人々の知られざる足跡をえがく。　四六判328頁　'99

91 珊瑚（さんご）　鈴木克美

海岸の自然保護に重要な役割を果たす岩石サンゴから宝飾品として知られる宝石サンゴまで、人間生活と深くかかわってきたサンゴの多彩な姿を人類文化史として描く。四六判370頁 '99

92-Ⅰ 梅Ⅰ　有岡利幸

万葉集、源氏物語、五山文学などの古典や天神信仰に表れた梅の足跡を克明に辿りつつ日本人の精神史に刻印された梅を浮彫にし、梅と日本人の二〇〇〇年史を描く。四六判274頁 '99

92-Ⅱ 梅Ⅱ　有岡利幸

その植生と栽培、伝承、梅の名所や鑑賞法の変遷から戦前の国定教科書に表れた梅まで、梅と日本人との多彩なかかわりを探り、桜との対比において梅の文化史を描く。四六判338頁 '99

93 木綿口伝（もめんくでん）第2版　福井貞子

老女たちからの聞書を経糸とし、厖大な遺品・資料を緯糸として、母から娘へと幾代にも伝えられた手づくりの木綿文化を掘り起し、近代の木綿の盛衰を描く。増補版　四六判336頁 '00

94 合せもの　増川宏一

「合せる」には古来、一致させるの他に、競う、闘う、比べる等の意味があった。貝合せや絵合せ等の遊戯・賭博を中心に、広範な人間の営みを「合せる」行為に辿る。四六判300頁 '00

95 野良着（のらぎ）　福井貞子

明治初期から昭和四〇年までの野良着を収集・分類・整理し、それらの用途と年代、形態、材質、重量、呼称などを精査して、働く庶民の創意にみちた生活史を描く。四六判292頁 '00

96 食具（しょくぐ）　山内昶

東西の食文化に関する資料を渉猟し、食法の違いを人間の自然に対するかかわり方の違いとして捉えつつ、食具を人間と自然をつなぐ基本的な媒介物として位置づける。四六判292頁 '00

97 鰹節（かつおぶし）　宮下章

黒潮からの贈り物・カツオの漁法から鰹節の製法や食法、商品としての流通までを歴史的に展望するとともに、沖縄やモルジブ諸島の調査をもとにそのルーツを探る。四六判382頁 '00

98 丸木舟（まるきぶね）　出口晶子

先史時代から現代の高度文明社会まで、もっとも長期にわたり使われてきた刳り舟に焦点を当て、その技術伝承を辿りつつ、森や水辺の文化の広がりと動態をえがく。四六判324頁 '01

99 梅干（うめぼし）　有岡利幸

日本人の食生活に不可欠の自然食品・梅干をつくりだした先人たちの知恵に学ぶとともに、健康増進に驚くべき薬効を発揮する、その知られざるパワーの秘密を探る。四六判300頁 '01

100 瓦（かわら）　森郁夫

仏教文化と共に中国・朝鮮から伝来し、一四〇〇年にわたり日本の建築を飾ってきた瓦をめぐって、発掘資料をもとにその製造技術、形態、文様などの変遷をたどる。四六判320頁 '01

101 植物民俗　長澤武

衣食住から子供の遊びまで、幾世代にも伝承された植物をめぐる暮らしの知恵を克明に記録し、高度経済成長期以前の農山村の豊かな生活文化を愛惜をこめて描き出す。四六判348頁 '01

102 **箸**（はし）　向井由紀子／橋本慶子

そのルーツを中国、朝鮮半島に探るとともに、日本人の食生活に不可欠の食具となり、日本文化のシンボルとされるまでに洗練された箸の文化の変遷を総合的に描く。　四六判３３４頁　'01

103 **採集**　ブナ林の恵み　赤羽正春

縄文時代から今日に至る採集・狩猟民の暮らしを復元し、動物の生態系と採集生活の関連を明らかにしつつ、民俗学と考古学の両面から山に生かされた人々の姿を描く。　四六判２９８頁　'01

104 **下駄**　神のはきもの　秋田裕毅

古墳や井戸等から出土する下駄に着目し、下駄が地上と地下の他界を結ぶ聖なるはきものであったという大胆な仮説を提出、日本の神々の忘れられた側面を浮彫にする。　四六判３０４頁　'02

105 **絣**（かすり）　福井貞子

膨大な絣遺品を収集・分類し、絣産地を実地に調査して絣の技法と文様の変遷を地域別・時代別に跡づけ、明治・大正・昭和の手づくりの染織文化の盛衰を描き出す。　四六判３１０頁　'02

106 **網**（あみ）　田辺悟

漁網を中心に、網に関する基本資料を網羅して網の変遷と網をめぐる民俗を体系的に描き出し、網の文化を集成する。「網に関する小事典」「網のある博物館」を付す。　四六判３１６頁　'02

107 **蜘蛛**（くも）　斎藤慎一郎

「土蜘蛛」の呼称で畏怖される一方「クモ合戦」など子供の遊びとしても親しまれてきたクモと人間との長い交渉の歴史をその深層に遡って追究した異色のクモ文化論。　四六判３２０頁　'02

108 **襖**（ふすま）　むしゃこうじ・みのる

襖の起源と変遷を建築史・絵画史の中に探りつつその用と美を浮彫にし、衝立・障子・屛風等と共に日本建築の空間構成に不可欠の建具となるまでの経緯を描き出す。　四六判２７０頁　'02

109 **漁撈伝承**（ぎょろうでんしょう）　川島秀一

漁師たちからの聞き書きをもとに、寄り物、船霊、大漁旗など、漁撈にまつわる〈もの〉の伝承を集成し、海の道によって運ばれた習俗や信仰の民俗地図を描き出す。　四六判３３４頁　'03

110 **チェス**　増川宏一

世界中に数億人の愛好者を持つチェスの起源と文化を、欧米における膨大な研究の蓄積を渉猟しつつ探り、日本への伝来の経緯から美術工芸品としてのチェスにおよぶ。　四六判２９８頁　'03

111 **海苔**（のり）　宮下章

海苔の歴史は厳しい自然とのたたかいの歴史だった——採取から養殖、加工、流通、消費に至る先人たちの苦難の歩みを史料と実地調査によって浮彫にする食物文化史。　四六判１７２頁　'03

112 **屋根**　檜皮葺と柿葺　原田多加司

屋根葺師一〇代の著者が、自らの体験と職人の本懐を語り、連綿として受け継がれてきた伝統の手わざを体系的にたどりつつ伝統技術の保存と継承の必要性を訴える。　四六判３４０頁　'03

113 **水族館**　鈴木克美

初期水族館の歩みを創始者たちの足跡を通して辿りなおし、水族館をめぐる社会の発展と風俗の変遷を描き出すとともにその未来像をさぐる初の〈日本水族館史〉の試み。　四六判２９０頁　'03

114 古着（ふるぎ） 朝岡康二
仕立てと着方、管理と保存、再生と再利用等にわたり衣生活の変容を近代の日常生活の変化として捉え直し、衣服をめぐるリサイクル文化が形成される経緯を描き出す。四六判２９２頁 '03

115 柿渋（かきしぶ） 今井敬潤
染料・塗料をはじめ生活百般の必需品であった柿渋の伝承を記録し、文献資料をもとにその製造技術と利用の実態を明らかにして、忘れられた豊かな生活技術を見直す。四六判２９４頁 '03

116-I 道I 武部健一
道の歴史を先史時代から説き起こし、古代律令制国家の要請によって駅路が設けられ、しだいに幹線道路として整えられてゆく経緯を技術史・社会史の両面からえがく。四六判２４８頁 '03

116-II 道II 武部健一
中世の鎌倉街道、近世の五街道、近代の開拓道路から現代の高速道路網までを通観し、道路を拓いた人々の手によって今日の交通ネットワークが形成された歴史を語る。四六判２８０頁 '03

117 かまど 狩野敏次
日常の煮炊きの道具であるとともに祭りと信仰に重要な位置を占めてきたカマドをめぐる忘れられた伝承を掘り起こし、民俗空間の壮大なコスモロジーを浮彫りにする。四六判２９２頁 '04

118-I 里山I 有岡利幸
縄文時代から近世までの里山の変遷を人々の暮らしと植生の変化の両面から跡づけ、その源流を記紀万葉に描かれた里山の景観や大和・三輪山の古記録・伝承等に探る。四六判２７６頁 '04

118-II 里山II 有岡利幸
明治の地租改正による山林の混乱、相次ぐ戦争による山野の荒廃、エネルギー革命、高度成長による大規模開発など、近代化の荒波に翻弄される里山の見直しを説く。四六判２７４頁 '04

119 有用植物 菅 洋
人間生活に不可欠のものとして利用されてきた身近な植物たちの来歴と栽培・育種・品種改良・伝播の経緯を平易に語り、植物と共に歩んだ文明の足跡を浮彫にする。四六判３２４頁 '04

120-I 捕鯨I 山下渉登
世界の海で展開された鯨と人間との格闘の歴史を振り返り、「大航海時代」の副産物として開始された捕鯨業の誕生以来四〇〇年にわたる盛衰の社会的背景をさぐる。四六判３１４頁 '04

120-II 捕鯨II 山下渉登
近代捕鯨の登場により鯨資源の激減を招き、捕鯨の規制・管理のための国際条約締結に至る経緯をたどり、グローバルな課題としての自然環境問題を浮き彫りにする。四六判３１２頁 '04

121 紅花（べにばな） 竹内淳子
栽培、加工、流通、利用の実際を現地に探訪して紅花とかかわってきた人々からの聞き書きを集成し、忘れられた〈紅花文化〉を復元しつつその豊かな味わいを見直す。四六判３４６頁 '04

122-I もののけI 山内昶
日本の妖怪変化、未開社会の〈マナ〉、西欧の悪魔やデーモンを比較考察し、名づけ得ぬ未知の対象を指す万能のゼロ記号〈もの〉をめぐる人類文化史を跡づける博物誌。四六判３２０頁 '04

122-Ⅱ　もののけⅡ　山内昶

日本の鬼、古代ギリシアのダイモン、中世の異端狩り・魔女狩り等々をめぐり、自然＝カオスと文化＝コスモスの対立の中で〈野生の思考〉が果たしてきた役割をさぐる。　四六判280頁　'04

123　染織（そめおり）　福井貞子

自らの体験と厖大な残存資料をもとに、糸づくりから織り、染めにわたる手づくりの豊かな生活文化を見直す。創意にみちた手わざのかずかずを復元する庶民生活誌。　四六判294頁　'05

124-Ⅰ　動物民俗Ⅰ　長澤武

神として崇められたクマやシカをはじめ、人間にとって不可欠の鳥獣や魚、さらには人間を脅かす動物など、多種多様な動物たちと交流してきた人々の暮らしの民俗誌。　四六判264頁　'05

124-Ⅱ　動物民俗Ⅱ　長澤武

動物の捕獲法をめぐる各地の伝承を紹介するとともに、全国で語り継がれてきた多彩な動物民話・昔話を渉猟し、暮らしの中で培われた動物フォークロアの世界を描く。　四六判266頁　'05

125　粉（こな）　三輪茂雄

粉体の研究をライフワークとする著者が、粉食の発見からナノテクノロジーまで、人類文明の歩みを〈粉〉の視点から捉え直した壮大なスケールの〈文明の粉体史観〉　四六判302頁　'05

126　亀（かめ）　矢野憲一

浦島伝説や「兎と亀」の昔話によって親しまれてきた亀のイメージの起源を探り、古代の亀卜の方法から、亀にまつわる信仰と迷信、鼈甲細工やスッポン料理におよぶ。　四六判330頁　'05

127　カツオ漁　川島秀一

一本釣り、カツオ漁場、船上の生活、船霊信仰、祭りと禁忌など、カツオ漁にまつわる漁師たちの伝承を集成し、黒潮に沿って伝えられた漁民たちの文化を掘り起こす。　四六判370頁　'05

128　裂織（さきおり）　佐藤利夫

木綿の風合いと強靭さを生かした裂織の技と美をすぐれたリサイクル文化として見なおす。東西文化の中継地・佐渡の古老たちからの聞書をもとに歴史と民俗をえがく。　四六判308頁　'05

129　イチョウ　今野敏雄

「生きた化石」として珍重されてきたイチョウの生い立ちと人々の生活文化とのかかわりの歴史をたどり、この最古の樹木に秘められたパワーを最新の中国文献にさぐる。　四六判312頁〔品　切〕　'05

130　広告　八巻俊雄

のれん、看板、引札からインターネット広告までを通観し、いつの時代にも広告が人々の暮らしと密接にかかわって独自の文化を形成してきた経緯を描く広告の文化史。　四六判276頁　'06

131-Ⅰ　漆（うるし）Ⅰ　四柳嘉章

全国各地で発掘された考古資料を対象に科学的解析を行ない、縄文時代から現代に至る漆の技術と文化を跡づける試み。漆が日本人の生活と精神に与えた影響を探る。　四六判274頁　'06

131-Ⅱ　漆（うるし）Ⅱ　四柳嘉章

遺跡や寺院等に遺る漆器を分析し体系づけるとともに、絵巻物や文学作品の考証を通じて、職人や産地の形成、漆工芸の地場産業としての発展の経緯などを考察する。　四六判216頁　'06

132 **まな板** 石村眞一
日本、アジア、ヨーロッパ各地のフィールド調査と考古・文献・絵画・写真資料をもとにまな板の素材・構造・使用法を分類し、多様な食文化とのかかわりをさぐる。 四六判372頁 '06

133-Ⅰ **鮭・鱒**（さけ・ます）Ⅰ 赤羽正春
鮭・鱒をめぐる民俗研究の前史から現在までを概観するとともに、原初的な漁法から商業的漁法にわたる多彩な漁法と用具、漁場と社会組織の関係などを明らかにする。 四六判292頁 '06

133-Ⅱ **鮭・鱒**（さけ・ます）Ⅱ 赤羽正春
鮭漁をめぐる行事、鮭捕り衆の生活等を聞き取りによって再現し、人工孵化事業の発展とそれを担った先人たちの業績を明らかにするとともに、鮭・鱒の料理におよぶ。 四六判352頁 '06

134 **遊戯** その歴史と研究の歩み 増川宏一
古代から現代まで、日本と世界の遊戯の歴史を概説し、内外の研究者との交流の中で得られた最新の知見をもとに、研究の出発点と目的を論じ、現状と未来を展望する。 四六判296頁 '06

135 **石干見**（いしひみ） 田和正孝編
沿岸部に石垣を築き、潮汐作用を利用して漁獲する原初的漁法を日・韓・台に残る遺構と伝承の調査・分析をもとに復元し、東アジアの伝統的漁撈文化を浮彫りにする。 四六判332頁 '07

136 **看板** 岩井宏實
江戸時代から明治・大正・昭和初期までの看板の歴史を生活文化史の視点から考察し、多種多様な生業の起源と変遷を多数の図版をもとに紹介する〈図説商売往来〉。 四六判266頁 '07

137-Ⅰ **桜Ⅰ** 有岡利幸
そのルーツと生態から説きおこし、和歌や物語に描かれた古代社会の桜観から「花は桜木、人は武士」の江戸の花見の流行まで、日本人と桜のかかわりの歴史をさぐる。 四六判382頁 '07

137-Ⅱ **桜Ⅱ** 有岡利幸
明治以後、軍国主義と愛国心のシンボルとして政治的に利用されてきた桜の近代史を辿るとともに、日本人の生活と共に歩んだ「咲く花、散る花」の栄枯盛衰を描く。 四六判400頁 '07

138 **麴**（こうじ） 一島英治
日本の気候風土の中で稲作と共に育まれた麴菌のすぐれたはたらきの秘密を探り、醸造化学に携わった人々の足跡をたどりつつ醱酵食品と日本人の食生活文化を考える。 四六判244頁 '07

139 **河岸**（かし） 川名登
近世初頭、河川水運の隆盛と共に物流のターミナルとして賑わい、船旅や遊廓などをもたらした河岸（川の港）の盛衰を河岸に生きる人々の暮らしの変遷としてえがく。 四六判300頁 '07

140 **神饌**（しんせん） 岩井宏實／日和祐樹
土地に古くから伝わる食物を神に捧げる神饌儀礼に祭りの本義を探り、近畿地方主要神社の伝統的儀礼をつぶさに調査して、豊富な写真と共にその実際を明らかにする。 四六判374頁 '07

141 **駕籠**（かご） 櫻井芳昭
その様式、利用の実態、地域ごとの特色、車の利用を抑制する交通政策との関連から駕籠かきたちの風俗までを明らかにし、日本交通史の知られざる側面に光を当てる。 四六判294頁 '07

142 **追込漁**（おいこみりょう） 川島秀一

沖縄の島々をはじめ、日本各地で今なお行なわれている沿岸漁撈を実地に精査し、魚の生態と自然条件を知り尽した漁師たちの知恵と技を見直しつつ漁業の原点を探る。 四六判３６８頁 '08

143 **人魚**（にんぎょ） 田辺悟

ロマンとファンタジーに彩られて世界各地に伝承される人魚の実像をもとめて東西の人魚誌を渉猟し、フィールド調査と膨大な資料をもとに集成したマーメイド百科。 四六判３５２頁 '08

144 **熊**（くま） 赤羽正春

狩人たちからの聞き書きをもとに、かつては神として崇められた熊と人間との精神史的な関係をさぐり、熊を通して人間の生存可能性にもおよぶユニークな動物文化史。 四六判３８４頁 '08

145 **秋の七草** 有岡利幸

『万葉集』で山上憶良がうたいあげて以来、千数百年にわたり秋を代表する植物として日本人にめでられてきた七種の草花の知られざる伝承を掘り起こす植物文化誌。 四六判３０６頁 '08

146 **春の七草** 有岡利幸

厳しい冬の季節に芽吹く若菜に大地の生命力を感じ、春の到来を祝い新年の息災を願う「七草粥」などとして食生活の中に巧みに取り入れてきた古人たちの知恵を探る。 四六判２７２頁 '08

147 **木綿再生** 福井貞子

自らの人生遍歴と木綿を愛する人々との出会いを織り重ねて綴り、優れた文化遺産としての木綿衣料を紹介しつつ、リサイクル文化としての木綿再生のみちを模索する。 四六判２６６頁 '09

148 **紫**（むらさき） 竹内淳子

今や絶滅危惧種となった紫草（ムラサキ）を育てる人びと、伝統の紫根染を今に伝える人びとを全国にたずね、貝紫染の始原を求めて吉野ヶ里におよぶ「むらさき紀行」。 四六判３２４頁 '09

149-I **杉Ｉ** 有岡利幸

その生態、天然分布の状況から各地における栽培・育種、利用にいたる歩みを弥生時代から今日までの人間の営みの中で捉えなおし、わが国林業史を展望しつつ描き出す。 四六判２８２頁 '10

149-II **杉II** 有岡利幸

古来神の降臨する木として崇められるとともに生活のさまざまな場面で活用され、絵画や詩歌に描かれてきた杉の文化をたどり、さらに「スギ花粉症」の原因を追究する。 四六判２７８頁 '10

150 **井戸** 秋田裕毅（大橋信弥編）

弥生中期になぜ井戸は突然出現するのか。飲料水など生活用水ではなく、祭祀用の聖なる水を得るためだったのではないか。目的や構造の変遷、宗教との関わりをたどる。 四六判２６０頁 '10

151 **楠**（くすのき） 矢野憲一／矢野高陽

語源と字源、分布と繁殖、文学や美術における楠から医薬品としての利用、キューピー人形や樟脳の船まで、楠と人間の関わりの歴史を辿りつつ自然保護の問題に及ぶ。 四六判３３４頁 '10

152 **温室** 平野恵

温室は明治時代に欧米から輸入された印象があるが、じつは江戸時代半ばから「むろ」という名の保温設備があった。絵巻や小説、遺跡などより浮かび上がる歴史。 四六判３１０頁 '10

153 **檜**（ひのき）　有岡利幸

建築・木彫・木材工芸に最良の材としてわが国の〈木の文化〉に重要な役割を果たしてきた檜。その生態から保護・育成・生産・流通・加工までの変遷をたどる。　四六判320頁　'11

154 **落花生**　前田和美

南米原産の落花生が大航海時代にアフリカ経由で世界各地に伝播していく歴史をたどるとともに、日本で栽培を始めた先覚者や食文化との関わりを紹介する。　四六判312頁　'11

155 **イルカ**（海豚）　田辺悟

神話・伝説の中のイルカ、イルカをめぐる信仰から、漁撈伝承、食文化の伝統と保護運動の対立までを幅広くとりあげ、ヒトと動物との関係はいかにあるべきかを問う。　四六判330頁　'11

156 **輿**（こし）　櫻井芳昭

古代から明治初期まで、千二百年以上にわたって用いられてきた輿の種類と変遷を探り、天皇の行幸や斎王群行、姫君たちの輿入れにおける使用の実態を明らかにする。　四六判252頁　'11

157 **桃**　有岡利幸

魔除けや若返りの呪力をもつ果実として神話や昔話に語り継がれ、近年古代遺跡から大量出土して祭祀との関連が注目される桃。日本人との多彩な関わりを考察する。　四六判328頁　'12

158 **鮪**（まぐろ）

古文献に描かれ記されたマグロを紹介し、漁法・漁具から運搬と流通・消費、漁民たちの暮らしと民俗・信仰までを探りつつ、マグロをめぐる食文化の未来にもおよぶ。　四六判350頁　'12